作者近照

中国环境外交（下）

——从里约热内卢到约翰内斯堡

China Environmental Diplomacy（Ⅱ）

——From Rio de Janeiro to Johannesburg

王之佳　编著

中国环境科学出版社·北京

图书在版编目（CIP）数据

中国环境外交（下）/王之佳编著．—北京：中国环境科学出版社，2012.5
ISBN 978-7-5111-0964-4

Ⅰ．①中…　Ⅱ．①王…　Ⅲ．①环境保护—国际合作—概况—中国　Ⅳ．①X-12

中国版本图书馆 CIP 数据核字（2012）第 065134 号

责任编辑　吴再思　沈　建
责任校对　扣志红
封面设计　彭　杉

出版发行　中国环境科学出版社
（100062　北京东城区广渠门内大街 16 号）
网　　址：http://www.cesp.com.cn
电子邮箱：bjgl@cesp.com.cn
联系电话：010-67112765（编辑管理部）
发行热线：010-67125803，010-67113405（传真）
印装质量热线：010-67113404
印　　刷　北京市联华印刷厂
经　　销　各地新华书店
版　　次　2012 年 5 月第 1 版
印　　次　2012 年 5 月第 1 次印刷
开　　本　787×960　1/16
印　　张　25
字　　数　378 千字
定　　价　75.00 元

中国环境外交（下）

——从里约热内卢到约翰内斯堡

China Environmental Diplomacy（Ⅱ）

——From Rio de Janeiro to Johannesburg

王之佳　编著

中国环境科学出版社·北京

再版序

2003 年 4 月始，到联合国环境规划署工作。这期间，外交部、北京大学、外交学院等来联合国开会的代表见面时均提到我出的两本小册子:《中国环境外交》,《对话与合作——国际环境问题与中国环境外交》。看来这两本书还有些用，没有浪费宝贵的纸张。这促使本人愿与中国环境科学出版社商谈再版之事，以应断档之需。

斯德哥尔摩联合国人类环境会议召开已近 40 周年，巴西里约热内卢联合国环境与发展大会召开也近 20 周年，联合国环境规划署亦将迎来其 40 周岁生日。此时，再版此书，是希望为从事、支持和热爱环保事业的人们提供过去几十年人类解决环境问题的部分历史资料和记录，提供有关划时代的环保宣言和行动纲领，提供国际环境问题的由来和解决进程，以史为鉴。企盼此书能为解决困扰人类的若干全球性环境问题和探索可持续发展的途径发挥些许有益的参考作用。

此次再版，对两书稍做了修改。将《中国环境外交》一书中的资料照片删减了，更名为《中国环境外交（上)》；将《对话与合作》更名为《中国环境外交（下)》。同时，对两书的部分内容做了增删和调整。

自 1976 年在国务院环境保护领导小组办公室从事环保工作至今，已经 36 个年头了。作为一位环保外交战线的老兵，面对全球严峻的环境和资源形势，吾愿与国内外环保仁人志士一道，为使我们共同的地球家园天更蓝、水更清、大气更清新、大地更美好而努力。是为序。

王之佳

2012 年初春于肯尼亚内罗毕

前　言

2002 年 9 月，在南非约翰内斯堡可持续发展世界首脑会议上，朱镕基总理代表中国政府宣布，中国已核准关于气候变化的京都议定书。这时，全场响起热烈的掌声。中国领导人在国际环发舞台上再一次展示了一个负责任大国的风采。作为一名参会的中国官员，我感到十分高兴和自豪。随着国力的增强和国际地位的提高，中国在全球环境与发展论坛的影响日益凸现，中国对全球环境问题的立场举世瞩目。作为一名参与者，我自认为应尽己所能为关心全球环境问题的人们提供一些有用的资料。

自 1972 年瑞典斯德哥尔摩联合国环境会议到 2002 年南非约翰内斯堡可持续发展世界首脑会议，人类社会在保护地球、探寻可持续发展的道路上已整整经历了 30 个年头。为筹备有关纪念活动，我再次拜访了中国环境外交的老前辈唐克同志，他是当年出席斯德哥尔摩联合国人类环境会议的中国代表团团长。唐老从书房里取出我 3 年前编著的《中国环境外交：中国环境外交的回顾与展望》一书来到客厅，对我说，此书写得不错。对多年来环境外交工作应该有个总结性的东西。还询问我近几年环境保护的国际合作情况。唐老的褒奖使我对编著本书增添了一份责任感。

前不久，我去看望著名艺术大师黄永玉先生，黄老关切地问及臭氧层问题的来由及现状，我做了简要的阐述。在致力于雕塑、版画、写作、绘画的创作时，黄老不仅仅从与大自然的交融中汲取营养和感悟，还将眼光投向了更深更广的全球环境问题。这件事使我对编著此书增添了一份紧迫感。

这本《对话与合作：全球环境问题和中国环境外交》可以说是《中国环境外交：中国环境外交的回顾与展望》一书的姊妹篇。它重点介绍了几个方面：重要的全球环境问题及公约，如，保护臭氧层、气候变化、生物多样性、化学品管理等；重要的会议，如，可持续发展世界首脑会议、亚欧环境部长会议等；以及加入世界贸易组织之后中国在环境领域面临的一些挑战和机遇。同时，这本书增补了 1994 年中日两国政府签署的环境合作协定和近几年我国同外国签署的双边环境合作协议或备忘录。本书还收录了几个当前国际环发领域经常引用的重要文献，如，世贸组织多哈部长宣言、发展筹资问题国际会议的蒙特雷共识、可持续发展世界首脑会议政治声明和执行计划等。希望本书能为从事环境保护领域的同事们和有兴趣了解国际环境合作的人士提供有用的资料和参考。同时，本人也想借此书之完成对自己大半生所从事的工作有个阶段性的总结。

"未觉池塘春草梦，阶前梧叶已秋声。"童年熟读的诗句告诉人们时间的短暂与宝贵。生活确实如此。自读书到工作，时间总是觉得不够用。假如，我有更多一点儿时间，这本书会完成得更好一点。书中若有不妥或谬误之处，还望读者指教。

最后，本人要真诚感谢那些多年来与我同甘共苦的同事们对我工作的支持，我们有挑灯夜战的辛劳，有近乎面红耳赤的争执，也有分享成就的快乐。这在我人生旅程中是一段很充实、很愉快、很值得回味的经历。当然，组织和领导的培养，相关部委同事的合作，外交部朋友们的支持都是令人难忘和值得珍惜的。

另外，我要感谢在出版本书过程中那些真诚帮助过我的朋友们，没有他们的帮助，本书很难付梓。

王之佳

2002 年冬写于北京琴翰斋

目 录

第一篇

只有一个地球
——人类可持续发展扫描

一、从斯德哥尔摩到约翰内斯堡

——一条曲折的轨迹

早在100多年前，恩格斯就曾告诫过我们："我们不要过分陶醉于对自然界的胜利，对于每一次这样的胜利自然界都报复了我们。每一次胜利，在第一步都确实取得了我们预想的结果，但是在第二步和第三步都有了完全不同的、出乎预料的影响，常常把第一个结果又取消了。"遗憾的是由于认识的局限性，人类在发展过程中走了许多弯路。第一个人类造成的环境问题是生态破坏，从刀耕火种、围湖造田、毁林开荒，到乱挖滥采、超载放牧与过度捕捞、不合理的灌溉等行为，造成了土地沙漠化、盐碱化、水土流失、生物多样性破坏、物种的锐减与灭绝、淡水资源的减少等问题。第二个环境问题是污染，伴随着18世纪产业革命而出现的工业污染，到了20世纪50年代至60年代开始危及人类的生存。那段时间的标志性事件是震惊世界的"八大公害"事件：1930年12月，比利时的马斯河谷烟雾事件；1943年美国洛杉矶光化学烟雾事件；1948年10月，美国宾夕法尼亚州多诺拉镇烟雾事件；1952年12月，英国伦敦烟雾事件；1953年至1968年，日本熊本县水俣病事件；1961年，日本四日市哮喘病事件；1968年日本爱知县米糠油事件；1955年至1972年，日本富山骨痛病事件。

在全球舆论的压力下，在各国政府的推动下，联合国于1972年在瑞典首都斯德哥尔摩召开了第一次人类环境会议，通过了著名的《斯德哥尔摩宣言》，提议成立总部设在肯尼亚首都内罗毕的联合国环境规划署，设立一项1亿美金的环境基金，确立了一项国际行动计划。会议还确定每年的6月5日为"世界环

境日”。

斯德哥尔摩会议之后，人类社会在环境保护领域不断取得进展：环境保护和可持续发展的观念逐步为各国所接受，环境意识正在成为全人类的共识；各国普遍建立了环境保护机构和组织，颁布了环境保护法律法规和标准；环境保护科研和监测体系在各国逐步建成。但是，摆在人类社会面前的环境问题依然十分严峻：广大发展中国家没有摆脱贫困，他们首先要解决的问题是生存问题；全球环境恶化的趋势仍未得到控制，在解决全球性环境问题上进展缓慢；在环境管理和治理上人类走了一些弯路，使一些制约人类生存与发展的环境问题日益恶化；发达国家虽然较好地解决了其国内和一些局部的环境问题，但是对广大发展中国家解决其环境问题的资金和技术援助没有达到应有的水平，国际合作举步维艰。

第一次人类环境会议 20 年后，1992 年 6 月，在国际社会的热望中，在巴西里约热内卢召开了全球第二次环境峰会——联合国环境与发展大会。会议产生了五个重要文件，即：《21 世纪议程》、《里约宣言》、《关于森林问题的原则声明》、《生物多样性公约》、《联合国气候变化框架公约》。会后建立了联合国可持续发展委员会会议机制。

在这次大会上，可持续发展的观点成为人类的共识。同时，在解决全球环境问题上明确了发达国家和发展中国家负有“共同但有区别的责任”，发达国家承诺将向发展中国家每年提供占其国内生产总值 0.7%的官方发展援助。环发大会后，可持续发展战略已经成为众多国家努力的目标。中国政府于 1994 年率先制定了世界上第一部国家级可持续发展战略——《中国 21 世纪议程——中国 21 世纪人口、环境与发展白皮书》，在国际上引起了极大反响。目前，全世界已有 6 000 多个城镇制定了“地方 21 世纪议程”，还有一些国家制定了国家级 21 世纪议程。应该说，在平衡发展与环境关系方面，人类朝着可持续发展的方向迈出了尝试性的步伐。

尽管人们已认识到可持续发展的重要性，但当今全球可持续发展状况并不令人满意。在环发大会以后的 10 年中，全球森林面积减少了 2.2%；主要江河一半以上水流量大幅减少或被严重污染，40%的人口严重缺水；过度耕作使 23%

的耕地严重退化，土地荒漠化危及100多个国家10亿人民的生计；1/4的哺乳动物和12%的鸟类濒临灭绝。可持续发展仍面临重大挑战。按照目前的趋势，2025年全球人口将增加到80亿，到那时全世界将有近一半的人口面临水危机；全球气温仍将升高，森林面积仍将减少。

联合国秘书长安南指出，21世纪人类面临的最大挑战就是能否实现可持续发展。在可持续发展领域，“1992年地球首脑会议以来所取得的进步，比预期的迟缓；更重要的是，比需要的更慢。”10年过去了，全球可持续发展道路上的障碍日渐明显。越来越多的人认识到，南北方国家在资源和财富分配上的不平衡，是导致全球可持续发展进程迟缓的根本原因。发达国家享有权利和承担责任的不平衡，阻碍了全球可持续发展进程。尽管世界经济在10年中以前所未有的速度发展，但南北差距进一步扩大。全球有12亿人口每天仅靠不到1美元度日，8亿多人营养不良，24亿人缺乏基本的卫生设施。而仅占世界总人口1/5的发达国家，收入占世界总收入的60%，个人消费占85%，同时这些高收入人群还消费着58%的能源、45%的鱼肉和84%的纸张。人类目前对地球资源的掠夺性使用，已超出了地球承载能力的25%。如果世界上每个人都像高收入国家的人那样消费，那么还需2.6个地球才能满足需求。

里约环发大会以来，全球在可持续发展方面距离实现大会目标还有很大差距。用联合国秘书长安南的话说，某些方面的情况“实际上还不如10年以前”。主要原因是发达国家和发展中国家，即北方国家和南方国家之间的合作关系还没有得到根本改善，北方国家在履行承诺方面打了折扣。

里约环发大会倡导国际合作与全球伙伴关系，除达成环境与发展密不可分、消灭贫困是可持续发展的优先目标、南北国家在环境问题上负有“共同但有区别的责任”等共识外，发达国家还作出了向发展中国家提供“新的发展援助”等承诺。这些重要原则和承诺对于全球的可持续发展有着十分重要的意义。

但10年过去了，实际情况是大多数发达国家所承诺的、官方发展援助占其国民生产总值0.7%的目标不但没有实现，而且有逐步减少的趋势。发达国家官方援助总额从1992年的582亿美元下降到2000年的531亿美元。发达国家官方发展援助平均流量在其国民生产总值中的比重从1992年0.35%下降到2000

年的 0.22%。2000 年，只有丹麦、卢森堡、荷兰、挪威和瑞典等 5 个国家达到了 0.7%的援助目标。

据推算，如果发达国家能够履行援助诺言，那么它们应向发展中国家提供 2000 多亿美元的援助资金，这对改善发展中国家的环境与发展状况将起到重大作用。相反，由于援助不到位，发展中国家的环境继续恶化，减贫工作裹足不前。情况最糟糕的是最不发达国家，它们当中的大多数国家得到的官方援助比 10 年前下降了至少 25%。

在向发展中国家优惠转移清洁和对环境无害的技术，特别是与全球环境有关的技术方面，发达国家以市场机制等作为借口逃避责任，致使南北国家之间知识和技术鸿沟不断加大，南方国家寻求和应用新技术的难度有增无减。

在发展中国家强烈要求和联合国的推动下，发达国家在 2002 年 3 月召开的联合国发展筹资会议上作出了程度不同的提高官方援助额的承诺。美国答应把目前每年 100 亿美元的官方发展援助提高到 150 亿美元；欧盟允诺官方援助从目前的占国民生产总值 0.33%提高到 0.39%，预计每年援助额也将达到 150 亿美元。尽管它们的新举措同 0.7%的目标相距甚远，但总算前进了一步。

发达国家履行承诺义不容辞，主要是由于：环境问题主要是发达国家在工业化过程中过度消耗自然资源和大量排放污染物造成的；全球区域发展失衡、财富分配畸形，占人口比例很少的发达国家在继续消费大量资源；全球化的主要受益者是发达国家；威胁全球安全的因素之一是贫困，而贫困带来的负面影响无处不在。

在里约环发大会召开 10 年后，人类在可持续发展的道路上走到了新的转折点，世界各国的人们期待促进南北关系的进一步改善，而不是停滞或倒退。2002 年联合国在南非约翰内斯堡举行的可持续发展世界首脑会议是人类社会第三次全球环境保护大会，被认为是解决全球可持续发展中所面临的重大问题，促进南北合作，落实发达国家承诺的良好机会。尽管困难重重，但人们对这次可持续发展世界首脑会议仍然充满了期望。

在期望中开幕的世界首脑会议

2002年8月26日上午，可持续发展世界首脑会议在南非约翰内斯堡开幕。在这一21世纪迄今级别最高、规模最大的国际盛会上，各国首脑试图通过进一步磋商和确定一种恰当的生活和生产方式，促使人类社会沿着可持续发展的道路前进。这是迄今为止在非洲大陆召开的最大一次国际会议，也是继1992年里约联合国环境与发展大会之后，再次由发展中国家承办的全球环境问题峰会。会议的最终目的就是促进世界各国在环境与发展上采取实际行动。104个国家元首和政府首脑，192个国家的1.7万名代表在为期10天的会议期间，就全球可持续发展现状、问题与解决办法进行了广泛的讨论。

大会主席、南非总统姆贝基在开幕词中表达了绝大多数与会国家的共同心愿，他指出，“贫困、落后和不平等，加上不断加剧的全球生态危机，是笼罩人类的阴影。一个多数人贫穷、少数人繁荣的全球社会是非可持续的。人类的共同繁荣是可以实现的，因为在人类历史上，人类社会首次拥有了消除贫困和落后的能力、知识和资源。要实现可持续发展，需要各国遵循“共同但有区别的责任”的原则。里约地球首脑会议通过的《21世纪议程》等重要文件，以及随后一系列有关社会和人口发展、儿童权利、国际贸易、食品安全、健康、人居、发展筹资等国际会议，使人们认识到，社会与经济发展必须与环境保护相结合，才能确保地球的可持续发展和人类的繁荣。”一位印度尼西亚政府代表说：“我们只有一个地球，我们有60亿人口，我们必须拯救我们的地球。我们必须齐心协力，确保会议的成功。”匈牙利代表说：“在对待环境问题上，人类过去犯了错误，因此这次会议的代表们应当正视现实，认真磋商，推进全世界的可持续发展。”

开幕仪式之后，各国代表们转入紧张的讨论，议题涉及政治、经济、环境与社会等方面。会议全面审议1992年联合国环发大会通过的《里约宣言》、《21世纪议程》等重要文件和其他一些主要环境公约的执行情况，并在此基础上拟定今后的行动战略与措施。

8月26日至9月1日，大会主要围绕水资源、农业生产、能源、健康和生物多样性五大议题进行一般讨论。

能源，特别是可再生能源问题，成为会议的焦点议题之一。一些代表在会上强烈呼吁，国际社会必须采取切实措施，加快可再生能源的发展。在大会举行的能源专题讨论会上，瑞典代表约翰松说，能源与可持续发展的所有领域有着错综复杂的联系，在不远的将来世界能源消耗仍将大幅上升，能源问题在健康、环境等方面给人类带来挑战，而推广可再生能源是解决这些挑战的主要途径之一。约翰松认为，国际社会应就发展可再生能源制定出切实的行动目标和时间表，加大对可再生能源技术的投资，并将重点放在提高发展中国家在这方面的技术能力上。

发展可再生能源，既需要发达国家向发展中国家提供技术、资金等援助，也要求发达国家减少对矿物燃料消费的补贴。塞内加尔政府代表指出，非洲要想获得发展，必须利用其巨大的水力发电潜力，但只靠私有资金无法达到这一目标，发达国家的帮助是必要的；斯洛文尼亚代表在发言中呼吁发达国家取消对矿物燃料等能源的补贴。代表们指出，如果在能源问题上不采取坚决的行动，推广使用清洁的、可再生的能源，全球将不会有真正的可持续发展。一些国家还介绍了各自在发展可再生能源方面的措施和进展。

尽管各方都呼吁发展可再生能源，但“可再生能源”这个概念本身就已引起了争论。风能和太阳能是没有异议的，但水力和生物质能是否算可再生能源，发达国家和发展中国家持不同看法。分析人士说，概念之争实际上也反映了各方的利益不同。

水危机被列为未来10年人类面临的最严重挑战之一。代表们呼吁让更多的人喝上安全的饮用水，享受用水卫生设施，并加强水资源管理。大会发表的材料说，全世界目前有11亿人未能喝上安全的饮用水，24亿人缺乏充足的用水卫生设施。到2025年，全世界淡水需求量将增加40%，近一半人口生活在缺水地区。现在缺水或水资源紧张的地区正不断扩大，北非和西亚尤为严重。水危机已经严重制约了人类的可持续发展。

在关于水资源问题的全体大会上，全球水资源合作机构主席卡尔森作主题发言时指出，全世界大量的河流、湖泊因过度用水而消失，而水污染又使得很多水源无法饮用，再加上水资源管理不善，全世界的水危机已经非常严重。水供应和卫生合作委员会的代表高什在主旨发言中指出："水是生命，而卫生是生命的必由之路。"他指出，由于缺乏基本的用水卫生设施，妇女的健康受到严重损害。

关于如何解决水危机，一位非洲代表指出，国际社会应当加强合作，加强解决水危机的力度，发达国家应向发展中国家提供适当的技术，保护水资源的安全，建立和完善用水卫生设施。丹麦代表说，解决水危机需要加强管理，合理利用有限的水资源，解决健康和贫困问题。

基于共同的政治意愿

8 月 29 日，可持续发展世界首脑会议进入了综合辩论和发言阶段。各国代表对人类在健康、生物多样性、农业生产、水和能源五大方面所面临的紧迫挑战达成了共识。代表们一致认为，它们是全球可持续发展的基础，但目前人类在这五大领域面临非常严重的挑战，这五大领域状况的恶化会加速全球环境的破坏，而环境破坏也会使人类在这五大领域陷入更大的困境，如不及时采取有力的措施，人类可持续发展的梦想就会成为泡影。连续几天来，无论是大会的全体会议、专题分会，还是大会文件磋商，都取得了一定的进展，特别是 95% 的主要文件已达成共识，这在一定程度上使大会前景更趋乐观。

在针对这五大议题召开全体大会的同时，代表们还针对人口、妇女、环境立法等专题进行分会场讨论。除了公开会议，各国代表还以"闭门会议"的形式激烈磋商。大会公开讨论侧重于就宏观问题达成共识，唤起公众对可持续发展的高度重视，而"闭门会议"则是世界各国就可持续发展问题进行实质性谈判，涉及各国的切身利益，因而更加紧张和激烈。大会公开讨论通常到晚上 6 时左右就结束了，而"闭门会议"的结束时间经常因为难以形成一致意见而一拖再拖。如关于金融、贸易和全球化问题的“闭门会议”，从 8 月 27 日一直开到 28 日凌晨 3 时，才就这一问题中 99%的内容达成共识。

经过艰苦的努力，代表们围绕大会主要文件《执行计划草案》的磋商取得了一系列比较重要的进展。特别是在贸易和融资问题上进展较大。其他的成果包括：到 2015 年恢复受损的渔业资源；到 2005 年消除教育领域的性别不平等；到 2005 年制定出粮食战略等。

大会新闻发言人说，种种迹象表明，磋商“进展非常好”，只剩下 5%最棘手的内容，这些问题主要集中在农业补贴、全球化和良政等议题中。但总的来说，无论是大会公开讨论还是“闭门会议”，进展都比原先预计的大，特别是各方就恢复受损渔业资源达成的协议，被认为是会议磋商迄今取得的第一个真正意义上的“行动计划”。其中的原因，可能在于各国都有期望会议成功的政治意愿。

各国首脑共商可持续发展大计

1. 未来与现在的对话

9 月 2 日，在 5 位儿童纯真的呼吁声中，可持续发展世界首脑会议进入关键的首脑级会议阶段。联合国秘书长安南、南非总统姆贝基等在开幕式上呼吁国际社会担负起保护地球的重任。包括中国国务院总理朱镕基在内的 100 多个国家的元首或政府首脑，出席了首脑级会议。各国领导人在一般性辩论中发言，就环境与发展问题阐述各自立场，共商全球可持续发展大计。

在开幕式上，安南呼吁国际社会，特别是发达国家，为地球、为人类未来负起责任，向世界发出就可持续发展采取行动的明确信息。他强调，各国在发展经济的过程中必须注重环保，如果人类目前不采取紧急措施改善日益恶化的环境，今后将会为此付出更昂贵的代价。姆贝基呼吁与会者消除分歧，为最后通过《执行计划》铺平道路。他说，必须尽早结束横亘在穷国与富国之间的“全球隔离”。随后，来自中国、加拿大、厄瓜多尔及南非的5名儿童登上主席台，就地球未来发表自己的看法。“我们不能购买一个地球，我们为什么不惩罚那些破坏环境的国家和人呢？”“我们需要实际行动。如果你们不采取实际行动，我们最终将挑战你们。”孩子们真挚的呼声不时激起台下首脑们的掌声。

2．发展中国家的立场

一些发展中国家领导人在大会发言中敦促发达国家在资金、贸易、债务和技术等方面为发展中国家提供更有力支持，落实1992年里约环发大会上提出的“共同但有区别的责任”。

巴西总统卡多佐认为，现在是国际社会在可持续发展上采取行动的时候了，国际社会必须在经济繁荣、环境保护和社会公正之间寻找到平衡。要实现这一点，必须以“共同但有区别的责任”的原则为基础，建立全新的可持续发展模式。“发展如果是不公正的，或者局限于非对称的全球化，那么这样的发展将是不可持续的”，他认为，应该改革国际贸易中的不合理关税和不公平补贴。印度尼西亚总统梅加瓦蒂强调说，国际社会必须考虑到发达国家与发展中国家在发展能力上的差别，必须将注意力集中到全球化给绝大多数发展中国家带来的影响上。全球化既带来了机遇，也形成了相当大的挑战。因此，国际社会为发展中国家提供支持至关重要，这些支持包括进一步开放市场、提供持续和足够的资金来源以及提高发展中国家掌握与应用技术的能力。纳米比亚总统努乔马在发言中列举了发展中国家在可持续发展上面临的困境。他指出，艾滋病、贫困和国内冲突，加上外债的压力，限制了发展中国家投资环保、教育、健康和其他项目的能力，“因此，如果发达国家能够增加资金和技术援助，发展中国家实施《21世纪议程》的能力必将得到增强。” 努乔马还认为，《21世纪议程》要成功实施就必须坚持“共同但有区别的责任”的原则。这一原则并不意味着发展中国家可以推卸责任。相反，它不仅是对不同国家能力差别的承认，同时也确认了不同国家从全球环境中获得的好处本来就是“不平衡的”。努乔马呼吁，必须借助公平贸易和投资，缩短富国和穷国间不断扩大的鸿沟。

3. 空前孤立的美国

在可持续发展世界首脑会议上，领导人大会发言一直在友好的气氛中进行。9月4日上午却出现了出人意料的一幕。美国国务卿鲍威尔的发言被一片起哄声淹没，很多会议代表站起来呐喊示威，讲话最后在一片嘘声中结束。

当大会主持人、南非外交部长祖马宣布请鲍威尔上台时，全场就响起一片起哄声。鲍威尔走到主席台上脸色铁青地读着发言稿，历数美国在可持续发展领域为全世界作出的“巨大贡献”。当鲍威尔讲到大约2分钟的时候，一位代表站起来冲向主席台向鲍威尔示威，被警察强行拉走。

在鲍威尔讲到美国如何“实现承诺”时，全场又响起长时间的起哄声，他不得不暂停发言。尽管大会主持人用木槌连敲主席台，告诫大家遵守会场秩序，但起哄声依然一浪高过一浪。鲍威尔只得在嘘声中继续发言。当他刚读完发言稿，全场又响起了长时间的起哄声。鲍威尔摇了几下头，尴尬地走下主席台。

随后，美国的几个非政府组织召开了新闻发布会，强烈抨击鲍威尔的发言。他们说，人们期望本次首脑会议能比1992年的里约地球首脑会议更前进一步，但现在美国在可持续发展领域的立场，比10年前还有所倒退。

在本届地球首脑会议上，美国甚至遭到了英国、法国、德国、日本等发达国家代表的强烈批评。一些发展中国家代表说，美国繁荣的基础，是大量地占有全世界，特别是发展中国家的生态资源。如今这种趋势愈演愈烈，美国也不拿出实质性措施承担自己的责任，严重阻碍了全世界的可持续发展。

《京都议定书》渐露曙光

2002年3月、6月，欧盟和日本先后核准了《京都议定书》。但由于世界温室气体头号排放“大户”——排放量为1990年全球排放总量36%以上的美国于2001年突然宣布退出，目前核准《京都议定书》的发达国家，温室气体排放量仅为1990年全球温室气体排放总量的37.1%，尚未达到使这一议定书生效的要求。

可持续发展首脑会议进入首脑级会议阶段后，欧洲领导人不约而同地谈到了《京都议定书》问题。德国总理施罗德在5分钟的大会发言中用了近一半时间谈论《京都议定书》问题。他说，德国、奥地利和捷克最近几周遭受了历史上最严重的水灾，一些人丧生，数千人流离失所，历史城市受损。全球范围内极端天气更为频繁，清楚地表明"气候变化已经不是一个令人怀疑的预测"，而是"痛苦的现实"。施罗德说，气候变化的挑战需要人们采取果断的行动，本次会议应该呼吁各国尽快批准《京都议定书》，以使其能在年底前生效。施罗德同时呼吁，那些不同意加入《京都议定书》的国家，"至少应为减排温室气体作出同等的贡献"。英国首相布莱尔在发言中表达了类似观点。他说，《京都议定书》是"正确的"，所有国家都应批准。欧盟委员会主席普罗迪也表示，欧盟已经批准了《京都议定书》，希望其他国家很快宣布类似决定，尽快使这一温室气体减排机制生效，从而启动对付全球变暖的进程。

俄罗斯温室气体排放量1990年占世界总量的17%左右，如果俄罗斯核准《京都议定书》，那么不考虑美国的态度就可以使它生效。因此俄罗斯的态度如何一直受世人关注。在早些时候的磋商中，俄罗斯谈判代表曾表示要对《京都议定书》"重新考虑"，引起其他国家的不安。

在本次大会上，中国总理朱镕基宣布，中国已核准旨在减少温室气体排放的《京都议定书》。之后，俄罗斯总理卡西亚诺夫表示，俄罗斯准备在"不远的将来"核准这一文件。这使得《京都议定书》具备国际法效力的前景更加乐观。他说，俄罗斯已经签署了《京都议定书》，并正在为核准这一文件做准备。卡西亚诺夫称，他希望这在近期能成为现实，而且"可能是在年内"。他还说，俄罗斯将在明年主办一个有关气候变化问题的国际会议。

"伙伴关系"缘何炙手可热

本届可持续发展世界首脑会议，正在成为展示可持续发展"伙伴关系"的

舞台。大会收到来自各方的218个“伙伴关系”项目倡议。“伙伴关系”作为大会的一个鲜明特色，受到广泛关注。

发达国家是可持续发展“伙伴关系”最为积极的倡导者，其中美国调门最高。美国代表团专门为此举行新闻发布会，介绍了美国倡议的5项“伙伴计划”，其中包括在今后3年内投资9.7亿美元，为全球贫困地区解决水问题。其他一些“伙伴计划”则涉及清洁能源、在非洲地区扶贫、保护中非刚果盆地自然资源以及防治艾滋病、肺结核等传染病。美国官员称“伙伴关系”项目是朝着可持续发展方向迈出的关键一步。欧盟、日本、澳大利亚及一些联合国机构、国际组织等，先后在不同场合详细介绍了40多个“伙伴关系”项目，这些项目大多涉及发展中国家，重点围绕扶贫及本届可持续发展世界首脑会议确立的水、能源、健康、农业和生物多样性等主题。

在国际政治和经济合作中，“伙伴关系”近年来很是流行。但本次会议上的“伙伴关系”有着特定内涵，被联合国认为是一个机制“创新”。“伙伴关系”的设想最早在本届会议的第二次筹备会上提出，与《约翰内斯堡政治声明》和《执行计划》一起，被视为本届会议的三大成果。大会秘书长德塞指出，“伙伴关系”是落实本次大会文件精神的重要体现。他说，大型国际会议通常最后只形成一个文件，它涉及各国政府将作出什么样的承诺，往往需要磋商形成。而本届会议的“伙伴关系”项目倡议，将能确保会议结束后能在可持续发展问题上真正有所行动。

发展中国家对“伙伴计划”基本是认同的，但态度大多谨慎，甚至不乏怀疑。“地球之友”等一些环保组织则在大会上毫不客气地对此公开进行批评，称发达国家不过是在“作秀”，认为美国等发达国家热衷于“伙伴关系”，真正用意是为了逃避政府应当承担的责任。一些分析人士指出，西方国家竞相推出“伙伴关系”，可能是为了争夺在可持续发展领域制定“游戏规则”的主动权，加强在国际社会上的主导地位，以获取最大利益。

本届会议上的另一个焦点话题是如何对参与“伙伴关系”的跨国公司进行有效监管和审计。按照联合国的规定，可持续发展“伙伴关系”项目可由参与各方自愿确定，无须联合国等国际机构的正式批准。一些环保人士担心，这有可能造成一些大公司打着联合国的招牌，作为掩盖其在发展中国家进行危害环境行为的保护伞。

可持续发展领域的“伙伴关系”有其积极的一面，一些环境与发展问题单靠政府确实无法解决。但正如德塞所指出的，“伙伴关系”只能是政府承诺之外的一种补充，“而不是一种替代”。

发达国家上演的“三国演义”

可持续发展世界首脑会议如同一个大的舞台，主角是世界各国的代表。这个大舞台上每天都有精彩的“表演”，主要表现在两个方面：一方面是发展中国家与发达国家的冲突。发展中国家的代表认为发达国家欠下了“生态债务”，发达国家想少还甚至不还；另一方面是发达国家内部矛盾。作为发达国家的美国、欧盟成员国和日本各提主张，时有抵牾。在可持续发展领域，发展中国家与发达国家之间的矛盾由来已久，但发达国家之间在这次大会上的矛盾显现却颇引人瞩目。

订出“清晰的目标”和时间表是大会计划通过的《执行计划》中最引人注目的内容，也是美国最不愿承诺的事情之一。在很多领域美国代表坚决反对设立时间表，认为设立全球统一的步调“不可能，也没有意义”。对此欧盟首先表示反对。8 月 26 日大会刚开幕，欧盟就举行新闻发布会，呼吁大会在减少贫困和扭转环境恶化等方面订出“清晰的目标”和时间表，并认为这对兑现本次会议的承诺至关重要。8 月 27 日，欧盟又重申在 3 月的蒙特雷联合国发展筹资会议上作出的承诺，即从今年开始至 2006 年，欧盟将向发展中国家额外增加 220 亿欧元官方发展援助。欧盟负责发展和人道主义援助的专员尼尔森强调，各国应该在约翰内斯堡对行动目标和时间表达成协议。联合国机构和一系列国际会议已经就环境与发展问题提出了有组织的议程，只有制定出具体的实施时间表，兑现有关承诺才“更有保障”。美国在 8 月 29 日提出了建立“伙伴关系”的建议，并称“伙伴关系”项目是朝着可持续发展方向迈出的关键一步。欧盟没有反对美国的这一建议，但顺势提出了自己的“伙伴关系”计划，让人觉得更加高明。一些大会代表认为，欧盟与美国在大会上的矛盾是它们在国际事务上一系列矛盾的一个缩影。美国对首脑会议态度消极，特别是美国总统布什不参加大会，而欧盟各大国领导人都参加大会。

日本也试图在全球可持续发展领域争取更大的发言权，但它不愿得罪美国。总的来说，日本对美国的批评比欧盟缓和，而其批评主要针对美国在全球变暖问题上的消极态度，这原因或是因为《京都议定书》是在日本通过的。

尽管发达国家围绕影响力和“发言权”的争夺在会议上引人注目，但归根到底，它们还是为了在全球可持续发展进程中维护各自利益。发达国家特别是美国对全球可持续发展的消极态度，不仅遭到了不少国家会议代表的批评，而且也遭到美国非政府组织的非议。

在全球可持续发展领域，目前的主要矛盾仍然是发达国家与发展中国家之间的矛盾。发达国家是否能采取实质性措施，是解决这一矛盾的关键。正如联合国秘书长安南在大会发言时反复强调的，在可持续发展领域，“责任”两字至关重要。现在是发达国家切实承担起“责任”的时候了。

来自非政府组织的声音

1. 世界气象组织警告全球自然灾害正在加剧

大会期间，世界气象组织向新闻界发布的一份报告说，肆虐全球的洪灾和干旱等自然灾害正在加剧，人类生存环境面临严峻挑战。该报告说，从2002年年初以来，80多个国家超过800万平方公里的土地遭受洪灾，造成3000多人死亡，1700万人的生活陷入困境，财产损失高达300亿美元。同期，其他一些地区的持续干旱也令人担忧。持续干旱使非洲中部和南部许多国家的饥荒形势更加严峻；在北美，干旱已经袭击了美国37%的国土；印度等一些国家遭受到洪灾和旱灾的双重威胁。

世界气象组织表示，虽然目前还无法证实洪灾和干旱与气候变化有关，但人为因素不容忽视。如侵占河湖堤岸、滥伐森林和不合理使用水资源等，这些做法都在破坏原有生态系统的平衡，使自然灾害变本加厉，从而给人类社会经济发展带来严重的负面影响。

为了减少自然灾害对人类造成的损失，世界气象组织建议对河流江湖系统的水资源进行有效管理，合理使用土地，保护森林，同时加强对自然灾害的预报，成立应急机制，增强抵御自然灾害的能力，从而保证可持续发展。

2．美国环保组织批评美国的环保政策

8月30日，美国环保组织“国家环保信托基金”散发了一份调查报告，批评美国政府拒绝批准《京都议定书》、继续大量排放引起全球气候变暖的温室气体的做法，指出这不仅给美国，也给全球的环境带来巨大的破坏。

这家总部设在华盛顿的环保组织在题为《排放第一，解决在后》的报告中说，调查表明，美国一直是全球最大的温室气体排放国家，排放量甚至超过非洲、拉丁美洲和大部分亚洲发展中国家排放量的总和，因此对全球气候变暖负有不可推卸的责任。

报告说，美国是世界上最富的国家，完全有能力和技术减少温室气体的排放，然而政府以减排会损害美国利益为由，拒绝采取有效措施，甚至没有建立监控温室气体排放的机制。报告还指出，包括中国和印度在内的许多发展中国家，不仅经济发展迅速，在减少温室气体排放方面也取得了比美国更大的成效。

这份长达81页的报告特别赞扬了中国在节能方面取得的成就。报告指出，从1989年起，中国在开发节能和环保家电，实施节能标准方面走在了世界前列。1996年，中国又对日光灯、冰箱、空调和洗衣机实行了更严格的标准。中国的节能政策和投资使全国的能源消耗每年减少150万吨煤。中国能源消耗量下降的速度超过了工业化国家。

报告警告说，如果美国继续推脱责任，拒绝减少温室气体排放量，将不仅会给广大发展中国家而且也会对美国的经济、环境带来严重的后果。

在会议召开期间，会场内政治家们激烈讨论着全球可持续发展问题，会场

外各种游行示威活动此起彼伏。来自南美洲、亚洲与南非本土的各派激进分子以各种方式向大会提出抗议，以期引起与会者的重视。非洲农民和渔民在自由论坛上严词抗议，指责土地沙化引起了耕种面积缩减，过度捕捞造成了渔业威胁。12 名“绿色和平”组织成员直接和南非警察发生了冲突。他们被指控威胁到非洲唯一一家核电站的安全，因为他们擅自爬上了核电设备，并在上面展开了一条上书反核能源标语的旗帜。

此外，一些“反对全球化”组织也早早放言：他们要向世人揭示所谓地球盛会的“伪善性”，让大家知道峰会只能给穷人和地球带来更多的灾难。活动策划者更向记者们坦言：“不管发生什么，我们都要坚持这项行动，哪怕是坐牢或是挨枪子。”

引人注目的中国代表团

中国政府对这次联合国可持续发展首脑会议十分重视。在会议召开之前，对会议的有关议题进行认真的研究，提出对案，做了充分的准备。朱镕基总理参会并发表讲话。在会议期间，国家环保总局局长解振华代表朱镕基总理出席了“观点相近的生物多样性大国”首脑早餐会，同瑞典、挪威、意大利、奥地利和罗马尼亚等十几个国家的环境部长或大臣举行了会谈，并签署了中瑞、中意备忘录等一系列有关双边环境合作的文件。

中国政府代表团以负责任的态度参加大会的所有谈判和磋商，并积极提出自己建设性的建议，阐述我国的观点和立场，发挥了积极作用。中国代表们参加的磋商层次高、议题广、问题多，每天都有 20 多场，分专题、分小组，用一句话来说就是“非常忙”。

中国代表团对会议所涉主要议题明确了如下立场：

1. 关于发展问题，中国政府认为

南北关系是当代国际关系中最突出的问题之一，核心是发展问题。20 世纪

80 年代以来，发展中国家和发达国家举行了一系列有关国际经济合作与发展的多边磋商，但由于发达国家缺乏诚意，未取得实质性成果。进入 90 年代后，经济全球化和信息化飞速发展，但多数发展中国家并未从中受益，南北差距反而进一步拉大。在此形势下，广大发展中国家强调经济全球化不能以牺牲穷国利益为代价，必须惠及全球，要求进行南北对话，建立国家政治经济新秩序，实现共同发展的呼声高涨。发达国家意识到广大发展中国家长期处于贫困和落后状况，对其自身的发展也不利，因此，不得不在南北对话问题上作出一些姿态。此外，亚欧会议、北美自由贸易区、亚太经合组织等区域或跨区域组织发展势头良好，也为南北关系的发展开辟了新的途径。总的来看，南北关系既有合作的重要机遇，也存在深刻的矛盾，南北对话在一定时期内难以取得重要进展，北强南弱和北攻南守的总体局面不会发生大的变化。在这种形势下，中国政府主张：

（1）由于经济实力和发展水平不同，特别是旧的国际经济秩序依然存在，近年来，经济全球化对发展中国家的负面影响日益显露，南北差距进一步拉大。这既不利于发展中国家的经济发展，也不利于世界的和平与稳定。国际社会，特别是发达国家应从世界经济长期、稳定、均衡发展的大局出发，在金融、债务、贸易、发展援助等相关领域兑现承诺，创造良好的外部条件，帮助发展中国家克服困难，增强自我发展的能力。

（2）联合国应该在发展问题上发挥重要作用。近年来，联合国就发展问题举行了一系列全球会议，为加强国际发展合作开辟了新的道路。希望联合国继续保持这一势头，推动实施各项国际共识和承诺。

（3）长期以来，中国致力于国际发展事业，并为发展中国家的发展做出了力所能及的努力。中国与各方进行积极合作，为促进发展中国家的经济发展和维护世界和平与稳定做出贡献。

2．关于本次大会拟议通过的《执行计划》，中国政府坚持以下原则

（1）中国希望各方表现出真正的政治意愿，消除分歧，扩大共识，使计划体现绝大多数国家的愿望，尤其是计划能够充分反映广大发展中国家的需求，

帮助发展中国家实施可持续发展。

（2）“共同但有区别的责任”的原则是国际环境与发展合作的基石，这样重大的原则问题不允许重新谈判。

（3）关于资金和技术转让问题。注意到最近蒙特雷发展筹资会和全球环境资金增资取得了一些进展。但我国认为还不够，应该尊重里约热内卢环发大会达成的共识和承诺。

（4）关于贸易问题。贸易问题和环境保护应该相互支持，良好的外部环境、增加市场准入对于发展中国家实现可持续发展具有重要意义。发达国家应该根据多哈会议成果，向发展中国家开放市场，反对以环境保护为借口实施贸易保护主义。

3. 关于《政治声明》问题，中国的立场是

（1）《政治声明》应是世界各国在21世纪对实现全球可持续发展的又一次郑重的政治承诺，应成为21世纪国际环境与发展合作的新起点。政治声明应该简短、精练、突出重点，重在明确体现政治意愿，强调行动。

（2）应重申里约热内卢会议确定的一系列基本原则，尤其是“共同但有区别的责任”的原则，希望政治声明向全世界发出明确的信号，里约会议的原则和精神具有重大现实意义。

（3）当前，全球化、信息化和市场化的进程加快，但广大发展中国家从中获益很少，声明应对此予以充分关注。

（4）实现可持续发展是发展中国家和发达国家的共同目标，但必须正视的现实是，双方在可持续发展能力上具有相当大的差别，因此，发达国家应该在声明中体现政治承诺，加强多边合作，率先采取行动，并提出切实的措施，特别是在资金和技术转让方面，帮助发展中国家克服障碍，实施可持续发展战略。

（5）声明应鼓励各国从国情出发，制定适合自己的发展战略，努力促进经济、社会和环境的协调发展。坚决反对以环境保护为借口实行贸易保护主义，并倡导以环境友好的贸易促进环境保护。

4．关于“伙伴关系倡议”，中国政府认为

（1）该倡议应充分体现里约会议确定的全球伙伴关系精神，是对可持续发展世界首脑会议执行计划的一种补充，而不是替代；只有各方在执行计划之中体现较高的政治意愿，才能有效实施。

（2）这种伙伴关系应确保发展中国家平等和公正的参与，使其从中受益；伙伴关系应公正、透明，并且不应该有排他性，为此应建立伙伴关系的基本原则和公正、透明的监督机制。

（3）非政府组织间的合作对促进可持续发展是一种有效的伙伴关系，但我们认为政府部门应在伙伴关系中发挥政策引导、协调和促进作用。

（4）伙伴关系应充分反映发展中国家的实际和迫切需要，中国建议将“伙伴关系倡议”的重点放在消除贫困、水、资源、环境和资源保护、能力建设、健康、教育等方面。

（5）中国将根据需要和具体倡议的功能和作用，有选择地参与伙伴关系。“伙伴关系倡议”的资金必须落实，并且应达到一定的规模。“伙伴关系倡议”要有新的和额外的资金来源，不能挤占政府间承诺的资金，或将原有的行动贴上“伙伴关系倡议”的标签。

5．中国参加“观点相近的生物多样性大国集团”首脑早餐会所持立场

9月3日，墨西哥以早餐会的形式召集“观点相近的生物多样性大国集团”首脑早餐会，讨论通过《生物多样性和可持续利用首脑宣言》。“观点相近的生物多样性大国集团”是由墨西哥等拉美国家发起的，旨在保护发展中国家中生物多样性大国的共同利益。2002年2月，在墨西哥坎昆召开了首次“观点相近的生物多样性大国集团”环境部长会议，标志着该集团正式成立。国家环保总局解振华局长应邀参加会议。4 月在荷兰海牙召开的生物多样性公约第六次缔约方会议、6 月在印度尼西亚巴厘岛召开的可持续发展世界首脑会议第四次筹备会议期间，该集团分别召集了工作层会议及部长级会议。该集团现有15个成员，亚洲：中国、印度、印度尼西亚、马来西亚、菲律宾，拉美：巴西、哥斯

达黎加、哥伦比亚、厄瓜多尔、墨西哥、秘鲁、委内瑞拉、玻利维亚，非洲：肯尼亚、南非。解振华局长出席会议并阐述了中国的立场。

（1）生物多样性问题是可持续发展领域的一个重大问题，对墨西哥发起的旨在加强发展中国家保护生物多样性资源、维护自身利益的这样一个集团表示赞赏。

（2）作为本集团的成员，中国政府愿意与其他各成员加强沟通，协调立场，更好地维护我国在生物多样性领域共同的利益。

（3）支持集团所倡导的建立更加公平、透明的遗传资源和惠益分享关系，并希望在有关生物多样性领域的国际多边论坛上加强磋商。

（4）希望本集团的工作根据《坎昆宣言》所确定的原则，循序渐进，结合成员国的实际情况，促进生物资源的可持续开发和利用。将重点放在提高生物和遗传资源的开发、利用水平，制定更加公平、透明的遗传资源惠益分享措施等方面，并促进在此领域的南南合作，使发展中国家在生物多样性问题上团结一致，维护自身利益。

（5）在充分发挥目前集团的论坛性质，满足集团利益的要求的同时，能与77国集团和其他发展中国家充分协商，在维护本集团利益时，也照顾到其他发展中国家的利益和关注。考虑到集团建立不久，有关工作进展应稳步开展，不要推进太快，工作面不要铺得太大。

（6）宣言属于一般性声明，与生物多样性公约的目标基本一致，主要是从机制上维护生多大国的生物资源权益做努力和铺垫。

中国的五点主张和三项呼吁

9月3日，国务院总理朱镕基在可持续发展世界首脑会议上发言，向世界宣告中国坚定不移地走可持续发展道路的决心。代表中国政府和人民热烈祝贺可持续发展世界首脑会议的召开，并感谢南非政府和人民为此次会议所作的努力。他说：这次首脑会议在非洲举行，正值非洲联盟成立不久，意义尤为深远。

伴随着非洲联盟的成立和非洲新伙伴计划的实施，非洲大陆的面貌必将出现新的历史性变化，并为世界和平与发展作出新的贡献。

朱镕基指出，实现可持续发展是世界各国共同面临的重大和紧迫的任务。10 年前，各国领导人在巴西里约热内卢确定了可持续发展的原则、目标和行动纲领。10 年来，国际社会和各国政府为实施《里约宣言》和《21 世纪议程》作出了不懈努力，在推进经济与人口、资源、环境协调发展方面迈出了重要步伐，形式多样的区域及双边环发合作走向深入。同时也应看到，全球环境恶化的趋势还没有根本扭转。随着经济全球化趋势的发展，南北差距、数字鸿沟也在扩大。特别值得注意的是，恐怖主义活动、地区冲突、跨国犯罪、毒品走私等威胁和平与安全的问题还相当严重。国际社会面临的压力和挑战不是少了，而是多了。实现《21 世纪议程》确定的可持续发展目标，任重而道远。

朱镕基表示，人类进入 21 世纪，世界正发生复杂而深刻的变化。新形势要求我们从人类与自然协调和谐、环境与发展相互促进的高度，以更大的决心、更坚实的步伐，走可持续发展之路。在发言中，朱镕基向与会代表阐明了中国政府促进可持续发展的五点主张：

（1）深化对可持续发展的认识。可持续发展是里约环发大会确立的新的发展观，实质是改变传统的发展思维和模式。经济发展必须有利于资源的永续利用，有利于生态系统的良性循环，绝不能以浪费资源和破坏生态环境为代价。由于各国国情和发展水平不同，可持续发展模式各异。要坚持以各国的多样化发展为基础，通过局部发展促进全球发展，将解决各国面临的问题和解决全球环境问题结合起来，努力实现全球的可持续发展。

（2）实现可持续发展要靠各国共同努力。要以共同发展为目标，建立相互尊重、平等互惠的新型伙伴关系。坚持里约环发大会所确定的各项原则，特别是“共同但有区别的责任”的原则。联合国应在协调国际环境与发展总体战略及技术转让、技术咨询、人员培训与援助等方面发挥积极作用。有关国际、区域组织和机构应加强与各国特别是发展中国家的合作。各国应发挥社会团体、企业和广大民众的积极性，为实现可持续发展共同奋斗。

（3）加强可持续发展中的科技合作。当今世界科学技术迅速发展，日益成

为人类社会进步更加强大的动力。要把科学技术，特别是信息、生物等高新技术领域的成果，广泛应用于资源利用、环境保护和生态建设。科学技术的传播不应以国划界。国际社会和各国政府要采取新的政策和机制，解决知识产权保护与科技成果推广应用之间的矛盾，促进国际间技术转让。

（4）营造有利于可持续发展的国际经济环境。实现全球可持续发展，需要公正、合理的国际经济新秩序和国际贸易新体制。用过高的环境标准构筑贸易壁垒，不但解决不了环境保护问题，而且将严重损害发展中国家可持续发展的能力。国际社会应充分理解发展中国家在资金、贸易、债务等方面的困难，采取有力措施，消除各种形式的贸易保护。发达国家尤其应该开放市场，取消贸易壁垒。发展中国家应积极参与国际合作与竞争，不断提升可持续发展能力。为此，新一轮全球多边贸易谈判要妥善处理贸易与环境的关系，使两者相互促进。

（5）推进可持续发展离不开世界的和平稳定。和平是人类生存和发展最重要的前提条件。当今世界总体上是和平、缓和、稳定的，但局部战乱、紧张、动荡也很突出，天下并不太平。各国应遵循联合国宪章的宗旨和原则，遵循公认的国际关系准则，共同维护地区与世界的和平稳定。一切国际争端和地区冲突都应通过和平方式解决，反对诉诸武力或以武力相威胁。

在发言中，朱镕基还向大会介绍了中国近10年来在环发领域所作出的努力和取得的成就。里约环发大会后，中国政府本着高度负责的态度，信守承诺，率先制定了《中国21世纪议程》，先后制定并实施科教兴国战略、可持续发展战略，确定了21世纪初中国可持续发展的重点领域和行动计划。国家制定和完善了120多部关于人口与计划生育、环境保护、自然资源管理、防灾减灾等法律法规，建立了中央政府和地方政府多部门参与、多层次运作的组织管理体系。同时，中国加入了一系列国际公约，积极参与国际环境合作。经过10年的艰苦努力，可持续发展战略已贯穿于中国经济和社会发展的各个领域，有力地促进经济与人口、资源、环境持续协调发展，取得了举世瞩目的成就。在改革开放推动下，中国国内生产总值增长了1.58倍。在经济持续快速发展和人民生活水平不断提高的同时，人口过快增长的势头得到控制，自然资源保护与管理得到加强，环境污染治理和生态建设步伐加快，部分城市和地区环境质量有较大改善。经过长期探索，我们已经找到中国特色的发展模式，可持续发展呈现良好的前景。到 2005 年，生态恶化趋势总体上将得到遏制，主要污染物排放总量比 2000 年减少 10%。到 2010 年，中国国内生产总值将比 2000 年增长一倍，国民素质不断增强，国土资源开发更趋合理，生态环境质量进一步改善，经济与人口、资源、环境协调发展将取得更加丰硕的成果。

朱镕基最后强调：中国作为最大的发展中国家和环境大国，是国际环境合作中的一个重要力量。我们深知自己肩上的责任。中国的事情办好了，就是对世界可持续发展的贡献。我们将坚持不懈地作出努力，义无反顾地承担起责任，用行动来实践诺言，坚定不移地走可持续发展之路。以这次会议为契机，可持续发展战略在各国会得到更好的实施。我们将一如既往地积极参与国际环境合作，与世界各国一道为保护全球环境，实现世界可持续发展，携手奋进。朱镕基总理的发言博得了全场热烈的掌声。

同时，朱总理在发言中宣布中国已核准《京都议定书》。这显示了中国参与国际环境合作，促进世界可持续发展的积极姿态。

8 月 30 日，中国常驻联合国代表王英凡大使向联合国秘书长安南交存了中国政府核准《京都议定书》的核准书。中国政府认为，《联合国气候变化框架公约》及其《京都议定书》为国际合作应对气候变化确立了基本原则，提供了有效框架和规则，应当得到普遍遵守。欧盟各成员国及日本已批准了议定书。中国希望其他发达国家尽快批准或核准议定书，使其能够在今年内生效。

当朱镕基宣布中国已核准旨在延缓全球变暖的《京都议定书》时，会场上响起如潮的掌声，各国代表盛赞中国在全球可持续发展领域作出的巨大贡献以及中国政府以实际行动向全世界作出的郑重承诺。欧盟委员会主席普罗迪在随后举行的新闻发布会上用掌声欢迎中国核准《京都议定书》，称中国的这一决定是为《京都议定书》最终生效作出的又一重要贡献。许多与会人士纷纷赞扬中国政府的这一决定。非洲联盟秘书长埃西说："这是一个非常振奋人心的好消息。这不仅对中国而且对全世界都具有深远影响。我为中国感到自豪。"联合国一位主管可持续发展事务的高级官员说："中国在延缓全球变暖方面作出了很大贡献，朱镕基总理今天宣布这一消息，为世界树立了一个榜样。”联合国教科文组织一位官员说：“中国是世界上负责任的大国，我对中国政府的这一决定表示钦佩”。

9月3日，国务院总理朱镕基在可持续发展世界首脑会议圆桌会议上发言。他说，中国作为世界上人口最多、国土面积最大的发展中国家，高度重视可持续发展问题。实现可持续发展，是世界各国的共同任务。发达国家和发展中国家都应承担义务，但发达国家负有更大的责任。全球可持续发展战略能否得到实施，相当程度上取决于里约环发大会确定的“共同但有区别的责任”原则的落实情况。过去10年，在这方面既有进展，也有挫折，有些承诺没有得到认真履行。中国政府认为，国际社会应继续以这一原则为指导，争取在环境与发展领域的国际合作方面取得更大进展。朱总理提出了三项呼吁：

（1）加强发展中国家可持续发展能力建设。国际社会应积极支持发展中国家走自主发展道路，以各国的多样化发展，推动全球可持续发展战略的实现。发达国家应在解决本国环境问题的同时，向发展中国家提供咨询、人员培训、机制建设等方面的帮助。教育在促进可持续发展方面具有极其重要的作用，国际社会应采取行动，帮助发展中国家提高教育发展水平，增强公众的可持续发展意识和素质。

（2）多渠道动员各种资金用于可持续发展。充分的资金是各国执行《21世纪议程》的必要条件。发展中国家受到经济发展水平的制约，资金短缺。希望发达国家在提供资金和技术转让方面采取有效行动，兑现承诺。在蒙特雷召开的国际发展筹资会议上，发达国家在向发展中国家提供资金援助问题上取得了可喜进展。希望联合国和有关国际机构加强协调，确保这次筹资会议的成果得到落实。

（3）大力推进国际科技与贸易合作。发展中国家扩大出口贸易，有利于提高经济发展水平，更好地保护环境。应改变目前以保护环境为借口限制发展中国家产品出口的现象。要充分理解发展中国家在贸易、技术转让等领域面临的困难，消除贸易和技术壁垒。

朱镕基最后强调，实施可持续发展战略，涉及经济、社会发展和人口、资源、环境等诸多领域。应该真诚合作，讲究实效，做好各项工作。特别是要优先解决广大发展中国家所关心的贫困饥饿、水资源短缺、城市空气污染、水土流失、能源和健康等问题，国际社会应理解和支持发展中国家在这些问题上的合理要求。只有这样，才能够最终实现全球可持续发展的目标。

让孩子们不再失望

9 月 4 日，在各国领导人对下一代的承诺中，可持续发展世界首脑会议在约翰内斯堡桑顿会议中心落下帷幕。闭幕式上通过了两份主要文件——《执行计划》和《约翰内斯堡政治声明》。在为期 10 天的会议期间，与会代表对会议的主要文件进行了激烈磋商，取得了比较乐观的成果，特别是中国、俄罗斯、日本和加拿大等国家在会议期间相继宣布批准了《京都议定书》。

大会主席、南非总统姆贝基在闭幕词中深情地说，9 月 2 日首脑会议开幕时，5 个孩子在发言中对我们大人感到失望，经过这几天的努力，我们所有的人都相信孩子们不会再对我们失望，“我们将采取实际行动”。大会正式通过的政治声明中说：“我们深深感到，迫切需要（为下一代）创造一个更加光明、充满希望的新世界。”联合国秘书长安南指出，这次邀请世界各国元首和政府首脑与会，商讨拯救地球、保护环境、消除贫困、促进繁荣的世界可持续发展计划，他们回去后开始贯彻实施，“就世界可持续发展而言，这仅仅是个开端，联合国将成立有关监督机构，监督并报告各国对《执行计划》的实施情况，促进世界可持续发展”。“此次首脑会议使可持续发展变成了现实”，会议将进一步促使国际社会走向“减少贫困与保护环境兼顾的道路。这条道路将为所有人服务，包括富人与穷人，今天的一代与未来的子孙。”

各国领导人再次郑重表达了实施可持续发展的承诺。他们在政治声明中表示，将联合采取行动以“拯救我们的星球，促进人类发展，并实现共同的繁荣与和平”。领导人们还承诺，将加速实现本次会议上达成的、有时间限度的社会经济和环境目标。

《执行计划》是这次大会取得的主要成果，充分体现了这次峰会化语言为行动的宗旨。该计划分为 10 章，包括序言、消除贫困、改变有悖于可持续发展的消费和生产方式、保护和管理实现经济和社会发展的自然资源、全球化世界的可持续发展、健康与可持续发展、发展中小岛国家的可持续发展、非洲国家的可持续发展、执行方法和实施可持续发展的机制框架，其中最后两章是重点。《执行计划》提出了一些新的环境与发展目标，并设定了相应的时间表。

《执行计划》首先重申对世界可持续发展具有奠基石作用的里约峰会的原则和进一步全面贯彻实施《21 世纪议程》，认为《执行计划》是里约峰会原则的继续，强调全方位采取具体行动和措施，包括执行“共同但有区别的责任”的原则在内，实现世界的可持续发展。《执行计划》指出，消除贫困是当今世界面临的最大挑战，也是可持续发展的必然要求，提出到 2015 年前，将目前全球日收入低于 1 美元、面临饥荒和不能得到安全饮用水的贫困人口数量减少 1/2；到 2020 年前，显著提高目前全世界 1 亿多城市贫民的生活水平，努力实现“城市无贫民窟”的奋斗目标。《执行计划》强调在该计划具体实施的过程中，贯彻执行“共同但有区别的责任”原则的极端重要性，敦促发达国家兑现 10 年前提出的将国民生产总值的 0.7%用于援助发展中国家的可持续发展的庄严承诺，为实现世界可持续发展迈出实际步骤。

会上，各国政府、非政府组织和企业等还宣布了 220 多项可持续发展“伙伴计划”，重点涉及大会所确立的健康、生物多样性、农业、水、能源等五大主题，总金额达到 2.35 亿美元。

会议发表的《政治声明》由 69 条组成。首先强调世界各国领导人对促进和加强环境保护、社会和经济发展肩负的集体责任和做出的政治承诺；重申里约峰会的原则和全面执行《21 世纪议程》的重要性；欢迎约翰内斯堡政治声明对人类基本需求的重视，认识到技术、教育、培训和创造就业的重要性；同意保护和恢复地球的生态一体化系统，强调保护生物多样性和地球上所有生命的自然延续。宣言最后呼吁联合国监督这次峰会所取得成果的贯彻执行，承诺团结一切力量拯救地球、促进人类发展和赢得全人类的繁荣与和平，并向全世界人民宣告：相信人类可持续发展的共同愿望定能实现。

两种截然不同的评价

从目前的情况看，约翰内斯堡会议及其成果得到的评价是毁誉参半。积极的评价一般来自官方，而消极评价主要来自于非政府组织。对执行计划的评价多于对政治宣言的评价。

1．政要们的评价

9 月 4 日，联合国秘书长安南在记者招待会上说，他对这次大会所取得的成绩表示满意。他说："有很多人对这次在约翰内斯堡召开的会议感到很失望，认为并没有解决他们所期望解决的问题，不过我认为我们已经取得了很大的胜利，我对这次大会取得的成果很满意。"

出席可持续发展世界首脑会议的美国代表团在大会最后一次会议上提醒各国代表，长达 65 页的《执行计划》并不能合法地阻止和妨碍美国在实现自己的目标上有所犹豫。在美国的盟友中，只有澳大利亚宣称可持续发展世界首脑会议取得了很大成功。

欧盟则表示，这次峰会有可能将是全世界各国首脑齐聚一堂、共商解决全球问题大计的最后一次盛会。丹麦首相拉斯穆森表示，总的说来，他本人对此次会议表示"满意"，但他同时补充道："并不是所有的一切都让人感到愉快"。为此，拉斯穆森特别提出，在呼吁"实质性"地增加使用如风能和太阳能等可再生能源的问题上，由于来自美国和欧佩克石油组织的压力，在具体实施方面根本达不到协议中所规定的严格标准。他说，"我认为会议的成功并不能保证协议的有效执行"。

2．世界主要媒体对会议的看法

美联社认为：会议未把口号变为行动

10 年前在巴西里约热内卢召开环境与发展大会的时候，人们是那样雄心勃勃，立誓要拯救地球所有的资源——从微小的海藻到庞大的大象。结果，之后整整 10 年都未能把口号变为行动。

物种消失、传染疾病、贸易补贴、清洁能源这些非常关键的问题悬而未决；诸如将全世界饥饿人口的数量减少一半、全世界电量的 1/10 改由风能或太阳能发电等这些积极的提议也半道流产。

尽管峰会已把可持续发展问题与和平及人权问题放在同等高度，其性质仍让人疑心。到底是一次庄重严肃的会议还是市井一桩可讨价还价的买卖？美国最终同意在 2015 年之前，将全球无法得到足够卫生设施的人口降低一半，竟是以欧盟暂缓实施可再生能源方案为代价的。

步美国总统布什后尘，法国总统希拉克拒绝出席会议，而英国首相布莱尔匆匆露面后也过早从峰会上消失。

真正的赢家当属大企业，跨国公司们纷纷宣布建立了上百项伙伴关系，表示要帮助不发达国家发展其市场。但形形色色的“伙伴关系”既有可能是大公司的“金字招牌”，也有可能成为掩盖其在发展中国家进行危害环境行为的保护伞。

法新社说：《行动计划》稍欠火候

在结束了 3 天的峰会讨论之后，南非总统姆贝基宣布，联合国可持续发展世界首脑会议在南非约翰内斯堡闭幕。会议最终为消除贫困和改善全球生态环境作出承诺，并出台了一份具体的、但“稍欠火候”的行动计划。

会议通过的《约翰内斯堡政治声明》重申了帮助全世界 20 亿最贫困人口摆脱贫困、恢复和保护全球受损环境的承诺。

同时，由各国首脑共同签署的《执行计划》为实现以上目标制定了具体的步骤和措施。该“计划”将有可能成为未来 10 年内国际社会在环境保护领域所遵循的时间表。

然而，一些环保人士和组织却认为，《执行计划》在人类怎样面对自然灾害方面明显缺少内容。另外，“地球之友”等环保组织在针对美国和欧盟等少数发达国家为维护自身利益而破坏会议制定发展援助时间表等恶劣行径表示谴责时指出，由于美国和少数集团的阻挠，无疑使大会在某些重大决策方面一次次“错失良机”，这也不由令人对可持续发展世界首脑会议心生悲哀。

路透社：10秒钟的掌声

马拉松式的可持续发展世界首脑会议在9月4日落下帷幕之际，环保运动参与者们激烈质问美国国务卿科林·鲍威尔，并指出此次会议的结果令穷人和这个星球失望。

会议结束时，接连出现抨击《执行计划》的情况，批评者们认为这一计划太弱，以致不能解决艾滋病、耗损的渔业资源等问题。就连正式批准此项计划的来自近200个国家的会议代表，也只鼓掌了10秒钟。

鲍威尔9月4日在台上发言时，会场出现“骚动”，在鲍威尔为美国政策辩护，反驳美国是最富的又是最大的污染国时，抨击者们喊叫着“布什可耻”，两次打断了鲍威尔的发言。美国在会议期间宣布了十几个与企业合作的项目，但环保人士们称该国没有在2015年以前使贫困人口减半的援助方面制定新的指标。

峰会结束的时间至少延迟了两个小时，因为人们在《约翰内斯堡政治声明》中关于巴勒斯坦领土、艾滋病等问题上发生了争执。

《共和国报》：约翰内斯堡可持续发展世界首脑会议达成共识

尽管美国依然坚持己见，但由于俄罗斯、中国和加拿大等国政府均宣布已核准《京都议定书》，本次约翰内斯堡可持续发展世界首脑会议终于就旨在拯救地球、减少温室气体排放和大气污染等一系列问题达成共识。这样，美国在是否签署《京都议定书》问题上不仅面临更大的压力，而且更为孤立。

《星期日日报》：各国只顾及本国利益，以全人类的前途为代价来讨价还价

参会国家组成了10多个利益集团，主要是欧盟、77国集团、阿拉伯国家、亚洲国家、非洲国家、拉美、OPEC及日、美、加、澳大利亚、新等国战略同盟，以集团内部协商取代了全体会议；各集团内部也很难取得一致。

3. 非政府环保组织对会议的评价

一些非政府环保组织指责南非地球峰会为“背叛和失败”。环保组织“地球之友”表示，可持续发展世界首脑会议政治声明没有促进贫困和环境问题的解

决。国际援助组织乐施会则声称，峰会协议为穷人提供的援助微不足道。该组织发言人说："世界各国的大多数领导人缺乏勇气和决心，他们无法达成能有效解决贫困和环境恶化问题的全面协议。"

他们批评本次峰会未能设立明确的指标。一些人对欧盟的态度感到愤怒。因为面对美国的反对，欧盟未能为增加使用清洁能源确立指标。在美国、日本等国的压力下，欧盟被迫不再要求为增加风能、太阳能等清洁能源的使用设立明确的指标。欧盟曾试图要求，在 2010 年前这类能源在全球能源消费中的比例由 14%上升为 15%。

环保组织"绿色和平"的一名发言人说，峰会协议"比我们想象的还要糟"。乐施会则表示，峰会协议是"贪婪和自私的胜利，对穷人和环境来说则是一场悲剧"。

未来的十年应是行动的十年

联合国可持续发展世界首脑会议是继 1992 年联合国环发大会后又一次具有广泛影响的会议，它表明人类在实现可持续发展的道路上又向前迈出了一步。

大自然对人类的馈赠是丰厚的，但并非如人们描述的那样"取之不尽，用之不竭"。随着发展步伐的加快，特别是一些地区经济的快速发展，自然资源正以前所未有的速度消失。摆在人们面前的另一个严峻的现实是，贫困和人口的膨胀在很大程度上限制了环境目标的实现。现在，地球上拥有超过 60 亿的居民，到 2050 年，全球人口预计将增至 90 亿。未来的世界是一个人口密度增加的世界，也是一个对粮食、饮水、住房、能源和经济平等需求与日俱增的世界。在这样的前提下谋求发展，合理利用资源又不损害自然环境，不能不说是一个巨大的挑战。

在这次会议上，围绕着《21 世纪议程》的进一步实施，经过广泛的讨论，通过了长达 65 页的《执行计划》，在水、渔业资源、健康、生物多样性、农业、能源等具体领域确定了具体的行动目标。与该计划一并通过的《政治声明》，既是各国把计划化为行动的最高政治承诺，也是各国坚持可持续发展战略的决心和意志的表现。在这次会议上，朱镕基总理宣布中国已核准《京都议定书》，充分体现了中国实施可持续发展战略的诚意和努力。

走可持续发展的道路，需要各个国家和地区的共同参与和努力，需要全人类携手合作，而发展中国家的努力尤为令人关注，因为他们肩负着消除贫困和实现人与自然和谐发展的双重任务。对他们来说，除了有一个适合本国国情的可持续发展战略外，还需要有一个“支持性的经济环境”。特别需要发达国家在资金和技术上给予支持与帮助。发达国家应贯彻 1992 年联合国环发大会确定的“共同但有区别的责任”原则，兑现蒙特雷发展筹资会议上向发展中国家追加官方发展援助资金的承诺，把《执行计划》真正落到实处，实现共同繁荣、造福人类子孙后代的目标。

这次会议是 1992 年里约地球首脑会议的后续。里约会议 10 年来，世界范围内贫富分化更趋严重，人类在健康、生物多样性、农业生产、水和能源 5 大领域面临非常严重的挑战，全球可持续发展状况有恶化的趋势。在作为这次首脑会议政治宣言的《约翰内斯堡政治声明》中，各国承诺将不遗余力地执行可持续发展的战略，把世界建成一个以人为本，人类与自然协调发展的美好社会。《执行计划》指出，当今世界面临的最严重的全球性挑战是贫困，消除贫困是全球可持续发展必不可少的条件。把消除贫困纳入可持续发展理念之中、并作为这次首脑会议的主旋律之一，是里约会议 10 年来的最大进步，标志着人类的可持续发展理念提高到了一个新的层次。

与里约会议通过的《21 世纪议程》相比，这次首脑会议设立的目标更加明确，并在多数项目上确定了行动时间表。除了以公开讨论的形式审视全球 5 大领域的现状之外，本届首脑会议的核心部分，就是产生最后文件的秘密磋商。会议文件的谈判十分激烈，主要表现在：一方面，发展中国家按照里约会议“共同但有区别的责任”的精神，要求把反贫困、增强执行可持续发展战略的能力作为重点，并要求发达国家作出承诺，在具体的反贫困问题上制定时间表；另一方面，个别发达国家在设定时间表、发展援助、贸易、市场准入和农产品补贴等关键问题上坚持维护短期和局部利益的立场。两个文件的形成是各国妥协的结果，正如谈判代表们所说，每一步进展都来之不易。直到首脑会议闭幕的当天，各国代表还在对文本进行最后的修改。显然它无法使所有的人满意，但人们不难看出，在共同的紧迫挑战面前，大多数国家拿出了诚意，表现了付诸实际行动的政治意愿。为了使这次大会取得实质性结果，以中国和77国集团为代表的发展中国家在谈判中发挥了建设性作用。

本次会议的另一个重要成果是诸多"伙伴关系"的建立。所谓"伙伴关系"，是指政府之间以及政府与非政府组织和企业等社会各界之间合作，实施具体的可持续发展项目。代表们在历时10天的会议上建立了涉及水、能源、森林等领域的220多个"伙伴关系"项目。"伙伴关系"无疑有积极意义。但一些发展中国家代表指出，美国等发达国家热衷"伙伴关系"，很可能是为了逃避政府应当承担的责任。

在全球可持续发展领域，目前的主要矛盾仍然是发达国家与发展中国家之间的矛盾。发达国家能否采取实质性措施，偿还工业革命以来对地球欠下的"生态债务"，是解决这一矛盾的关键。联合国秘书长安南在大会讲话中指出，可持续发展是人类的共同责任。发达国家对全球环境的破坏最大，同时也具备实现可持续发展所需要的经济和技术基础，在可持续发展问题上作出表率是"共同但有区别的责任"原则的要求。大会秘书长德塞说，不能指望一次会议解决所有问题。在可再生能源、贸易和金融机制等方面，会议留下了一些棘手的难题。只有国际社会本着对自己和后代负责的态度，加大行动的力度和速度，而不是计较短期利益的得失，人类才能克服这些障碍真正走上可持续发展之路。欧盟轮值主席、丹麦首相拉斯穆森说："我们应该把未来的10年变为行动的10年。"

人类在解决环境与发展问题上面临的困难还很多，道路也很漫长。但是，里约热内卢的共识，约翰内斯堡的目标，应该让发展中国家和发达国家携起手来，共同走向可持续发展的未来。

在人类面前可持续发展之路逐渐清晰了

1. 可持续发展不再是抽象的概念

尽管这次大会的成果很多，影响深远，但如果跳出大会本身，就会发现大会留下的宝贵遗产是：对于人类社会的发展，旧有模式不灵了；对于各国政府来说，光说不练不行了；对于每个人来说，袖手旁观不成了。

“旧有模式不灵了”是大会的重要共识，表明人类发展道路的深刻变革。以美国为代表的发展模式曾一度被很多国家向往：19 世纪后半叶开始，美国崛起成为经济最发达的国家；20 世纪 90 年代，又抓住了知识经济的机遇，目前美国经济占世界经济总量的比例由 24%上升到 33%，这一切似乎说明美国模式无可挑剔。但是首脑会议上代表们指出，这种发展模式不可持续，它建立在对全球资源的奢侈性占有，特别是对发展中国家的“生态掠夺”基础上。

旧有模式不灵了，那么什么模式才能灵呢？这正是这次大会探讨的重大问题。问题的答案集中体现在大会通过的《约翰内斯堡政治声明》和《执行计划》中，就是人类必须走可持续发展的道路，既满足现代人的需求又不损害后代人满足需求的能力。

尽管在 1992 年里约热内卢环发大会上就提出了可持续发展战略，但由于可持续发展涉及各国的利益，因此很多国家，尤其是发达国家出现了“光说不练”的现象，造成南北差距进一步拉大，生态环境进一步恶化。大会秘书长德塞多次强调，大会的主要目的就是敦促各国在可持续发展领域采取实际行动。“实际行动”是这次大会的主要目标，是联合国秘书长安南在开幕致辞中反复强调的“责任”一词的具体体现。

各国政府在大会上纷纷提出行动计划、时间表和伙伴关系项目。然而，个别国家不顾全球的长远利益，仍然“光说不练”，在大会上成为“过街老鼠”。会议代表和记者经常直接质问美国代表团，发展中国家的政府代表在各种场合

批评美国不负责任的态度，连欧盟以及日本、德国、法国和英国代表也批评美国不签署《京都议定书》和拒绝设定解决某些可持续发展问题的时间表的态度。

政府“光说不练”受批评，那么个人呢？答案是：“袖手旁观不成了”。“为了全球可持续发展，应当从我做起，从现在做起”是大会的共识之一。对于每个人应当干些什么，孩子的话更加震撼人心。在 9 月 2 日可持续发展世界首脑会议峰会开幕式上，5 个来自世界各地的孩子用纯真的声音发出呼吁说：“全世界的孩子很失望，因为太多的大人过于关心金钱和财富，而顾不上关心影响我们未来的严重问题。”“想想你们自己的孩子，你们想给他们留下一个什么样的世界？”可持续发展世界首脑会议上作出的决定，将逐渐影响到现在的每一个人以及我们的子孙后代。选择走可持续发展的道路，是本届会议留下的最宝贵财产。

2. 可持续发展依旧任重道远

《约翰内斯堡政治声明》和《执行计划》两个文件终于获得通过。大会的实质性成果与会前的悲观预言相反，但许多代表感到它还称不上十全十美。他们说，在现实的障碍面前，全球可持续发展依旧任重道远。一些环保团体和非政府组织不断散发声明，对文件的最终文本进行挑剔，认为协议的达成是妥协的结果。但分析人士指出，批评固然必要，但妥协也未必是坏事。190 多个国家在一起讨论整个地球的未来，有分歧是正常的。为取得一致，彼此妥协有时也是必需的。

《执行计划》被认为是关系到全球未来 10 至 20 年环境与发展进程走向的路线图，是国际社会在可持续发展领域积极努力的最新结晶，其重要性不容低估。计划本身虽然不具备法律约束力，但其正式文本有政治甚至“道义”上的含义，将对未来环境与发展产生积极影响。

这份文件的最主要价值，在于它“在促进经济发展的同时保护生态环境”发出了行动信号。10 年前，里约联合国环发大会通过的《21 世纪议程》为全球可持续发展指明了大方向。但文件提出的只是一系列相对模糊的目标，缺乏具体的行动计划。与之相比，本次大会通过的《执行计划》提出了诸多明确目标，并设立了相应的时间表，其中包括：到2020年最大限度地减少有毒化学物质的危害；到2015年将全球绝大多数受损渔业资源恢复到可持续利用的最高水平；在2015年之前，将全球无法得到足够卫生设施的人口降低一半以及到2005年开始实施下一代人的资源保护战略等。

本次会议并未在里约会议之外另起炉灶，而是针对过去10年来被忽视和未得到解决的一些最紧迫生态问题设立了可行的时间表，并将重点集中在水、生物多样性、健康、农业、能源等几大具体领域，体现了务实态度。这些时间表能得到各国认可，充分表明走可持续发展之路，在全球范围内已是大势所趋，且这一趋势不会因暂时的阻力而逆转。尽管个别国家拒绝批准《京都议定书》，并在谈判中设置障碍，但会议文件最终仍加入了“强烈敦促”各国批准《京都议定书》的内容。

《执行计划》谈判历时9个月，最终形成的文本长达70多页。文件是枯燥的，但从字里行间，特别是透过各国就《执行计划》一些分歧段落和文字进行的激烈交锋，人们对可持续发展可以有更新、更深的认识。

（1）可持续发展的一些基本准则需要维护。在具体磋商中，一些国家曾对里约环发大会确立的“共同但有区别的责任”提出疑义。该原则意味着，发达国家在可持续发展的资金等方面，应比发展中国家承担更多义务。虽然最后通过的文件重申了这一原则，但质疑声的出现值得警惕。

（2）环境保护与现行国际贸易体制之间的矛盾仍须解决。里约环发大会确定的“预防原则”在谈判中引起争议。该原则认为，即使是在没有充足证据的情况下，也应优先考虑环保。但这客观上会限制一些潜在的危害环境物质的流通，从而与世界贸易组织促进贸易的条例产生抵触。该原则在最后文本中也得到重申，另外各国在文件中还原则同意环境条约可不受世贸规章的制约。这些虽是积极迹象，但并不意味着环保与贸易间的问题得到根本消除。

（3）营造公正、合理的国际经济秩序的要求更显迫切。全球化、发展援助和减少贫困等问题实际上是文件讨论中真正核心的问题。《执行计划》将根除贫困视为当前全球面临的最大挑战，并同意设立消除贫困的自愿性“团结基金”。文件同时承认发展中国家在全球化进程中面临着特殊困难，敦促发达国家作出具体努力，将提供给发展中国家的官方发展援助额提高到占其国内生产总值的0.7%。尽管如此，批评者认为，在援助、减债、消除农业补贴等方面，会议并未出台任何新时间表，发达国家也未作出新的实质性承诺。

通过一次会议解决援助和减债等发展中国家与发达国家间根深蒂固的老问题并不现实，但这并不有损于本次可持续发展世界首脑会议的历史性意义。对国际社会来说，现在最重要的是行动，是切实履行《执行计划》订出的目标，确保下一个10年中全球环境与发展状况能真正有所改善。

二、当代女娲

——重炼五色之石以补天缺

在中国古代的神话传说中“女娲补天”早已是妇孺皆知的了。然而到了20世纪后20年这种“补天”的天方夜谭却成为了现实。从20世纪70年代以来，无论是在欧洲的维也纳，加拿大的蒙特利尔，还是亚洲的北京，从联合国的高级官员、获诺贝尔奖的科学家，到各国的政要，不分肤色、不分国籍、不分民族，人们都在为一个共同的使命而奔走努力——保护臭氧层，拯救人类、拯救地球。

据报道，1985年英国一支南极考察队在南极（南纬60°）观测站发现臭氧“空洞”。雨云7号卫星观测数据表明，已出现全球性平流层臭氧浓度下降，南纬60°至39°臭氧减少5%～10%，南纬19°至北纬19°近赤道区减少1.6%～2.1%，北纬40°至64°减少1.2%～1.4%。数据表明，中国境内华南地区减少3.1%，华东、华北地区减少1.7%，东北地区减少3.0%。科学家们通过多年的研究已经证明，平流层臭氧减少1%，紫外线对地球表面辐射量将增加2%。据美国环保局预测，如对氟氯烷烃和氟氯烷烃的消费量不加限制，到2075年，平流层臭氧将比1985年减少40%。届时全世界皮肤癌患者可达1.5亿人；白内障患者可达1 800万人；农作物将减产7.5%；水产将损失25%；个体免疫功能减退，这将是极为严重的后果。

大气层中90%以上的臭氧分子富集于在距地球11～45千米的大气中，构成了厚厚的臭氧层。臭氧层如同一把巨大的保护伞，挡住了来自太阳的紫外线。然而，20世纪80年代初，科学家们发现，在南极上空的臭氧变得越来越稀薄，并形成一个空洞。臭氧空洞逐渐扩大，最大时达 2 720 万平方公里，超过欧洲面积的 2 倍，南半球一些有人居住的地区暴露在太阳紫外线的直射之下。此外，北极、青藏高原上空也出现臭氧洞，欧洲和其他高纬度地区的臭氧层均遭受不同程度的破坏。

臭氧层对地球到底意味着什么呢？臭氧层被大量破坏后，到达地球的紫外线明显增加，将给人类及其他生物带来一连串的损害。紫外线会损伤角膜和眼晶体，引发白内障、眼球晶体变形。有关研究表明，平流层的臭氧减少 10%，全球白内障的发病率将增加 6%～8%，因白内障而引起失明的人数将增加 10 万到 15 万人。紫外线的增加会诱发巴塞尔皮肤瘤、鳞状皮肤瘤和恶性黑瘤。臭氧浓度下降 10%，恶性皮肤瘤的发病率将增加 26%。此外，人类存在于皮肤中的免疫功能也会因紫外线的强烈辐射而受损伤，人体抵抗疾病的能力大大降低，大量疾病会乘虚而入。臭氧层的破坏也将给陆地和海洋生态系统带来同样的厄运：豆类、瓜类等农作物的质量和产量都会程度不同地下降，海洋浮游生物及浅海鱼类也会减少。

到底是什么东西破坏了臭氧层？在 20 世纪 30 年代，含氟的制冷剂被研究发明后，首先在美国进入商业化生产，苏联、日本和欧洲各国也不甘落后，氟利昂的应用范围也由制冷剂扩展到发泡剂和气雾剂，其产量与日俱增。到 1974 年，全球氟利昂的产量已达到 80 多万吨。1986 年全球 ODS（注 1）的年消费量已高达 100 多万吨。氟利昂的应用使人类拥有了冰箱、空调、漂亮的包装介质、先进的灭火设备、时尚的化妆品……

然而，自从 1958 年以来，人们对臭氧层观测研究而发现臭氧层浓度有减少趋势，70 年代后，这种减少趋势更为明显。1974 年，美国加利福尼亚大学罗兰特教授和莫伦博士发表论文题为《环境中的氟氯烃》，首次提出了含氟氯烷烃（注 2）逸散到大气中可能引起臭氧层减少的问题。他们和另外一位科学家因其先驱性的贡献而被授予 1995 年诺贝尔化学奖。这一发现令陶醉于自己智慧的人类十分尴尬：被大量使用的制冷剂、发泡剂、灭火剂、干燥剂、清洗剂及发胶中的氟利昂、哈龙等原来是消耗臭氧层的物质。

氟氯烷烃以及溴氟烷烃（注 3）排入大气，进入平流层，从化学上讲，臭氧是很活泼的，会使平流层中的臭氧层浓度减少，导致透过平流层对生命有损害作用的太阳紫外线辐射量增加，危及人类与生态环境。太阳辐射分为三段光谱带：可见光谱（400～800 微米）、紫外光谱（100～400 微米）和红外光谱（800 纳米～1 微米）。来自太阳的辐射通过大气层时，由于空气分子的吸收和散射作用而有很大的变化。在紫外辐射中，波长愈短，减弱的即愈多，它占到达地球的太阳总辐射能的 7%。紫外线的对手是臭氧层，在距地面 25 公里至 40 公里高的同温层中，臭氧浓度最大。由光化学反应生成的臭氧层具有很重要的生物学意义，也是地球的一个保护层，它可以阻止大量的波长在 280 纳米以下的短波紫外线（UV—C）到达地球表面，不能穿透臭氧层。臭氧层破坏就是指平流层中的臭氧浓度减少，臭氧浓度越小，紫外线的穿过部分越多；而紫外线波长越短，对生物体伤害越大。

氟氯烷烃的人为排放，不但导致臭氧层破坏，它们也是温室气体之一。其在大气中的浓度虽比二氧化碳小得多，但其温室效应却强很多。当前导致全球气候变暖中所起作用约占 20%。

在国际社会的共同努力下，1985 年《保护臭氧层维也纳公约》签署；1987 年由 23 个国家共同签署了要求所有国家参加的《消耗臭氧层物质的蒙特利尔议定书》，规定了消耗臭氧层的化学物质生产量和消耗量的限制进程，这标志着国际社会认识渐趋一致，并开始联合行动。受控制的化学物质是氟氯烷烃和氟溴烷烃两类。·该议定书于 1989 年 1 月 1 日生效。

1991 年我国正式提出加入经修正的《蒙特利尔议定书》，表明了我国对全球环境问题的关心和支持，同时也表明了我国愿意履行“议定书”的国际义务。“议定书”规定的受控制物质种类和发展中国家的限制进程已成为我国对消耗臭氧层物质管理的工作目标。

由于随着臭氧层消耗进一步发展，迫使国际社会采取更严厉的限制措施。连续几次《蒙特利尔议定书》缔约国会议上，对消耗臭氧层物质种类、进程进行了不断的修订和调整。

1991 年召开的第三次缔约国会议把受控物质扩大到五类 20 种，规定了受控物质的逐步削减量和进程，同时把氢氯烷烃类物质（HCFC）列入缓控物质，

还规定了缔约国与非缔约国之间的贸易限制。

1992 年第 4 次缔约国会议上对发达国家控制进程作了重大调整：

CFCs 类物质：1994 年减少 75%，1996 年停止使用。

哈龙类物质：除了必要用途外，1994 年停止使用。

四氯化碳：1994 年减少 85%，1996 年停止使用。

甲基氯仿：1994 年减少 50%，1996 年停止使用。

HCFCs（注 4）类物质：2005 年减少 35%，2010 年减少 65%，2030 年停止使用。

1993 年第 5 次缔约国会议上，决定不允许对发达国家 1994 年的哈龙生产和消费给予任何豁免。

尽管发展中国家仍有 10 年宽限期不变，但我国完全淘汰上述物质的期限亦将由 2010 年提前至 2005 年。

按“议定书”规定，每两年须对保护臭氧层问题的状况作一次再评估，所以不能排除今后进一步加快限制进程的可能性。

蒙特利尔之后我们都做了些什么

1987 年 9 月 16 日，《消耗臭氧层物质的蒙特利尔议定书》在加拿大蒙特利尔通过，出席会议的中国政府代表王之佳根据授权在最后文件上签字。该议定书于 1989 年 1 月 1 日生效，迄今已有 175 个缔约国。

消耗臭氧层物质是指被认为可能改变臭氧层的化学和物理特性的各种自然和人类来源的化学物质。这些物质包括：一氧化碳、二氧化碳、甲烷、氮氧化物和氯氟烃类等。“议定书”的基本目标是：根据科学知识的发展，重视技术和经济上的考虑以及发展中国家的需求，采取措施逐步在全球消除耗损臭氧层的物质，从而保护臭氧层。要求到 1999 年将 CFC 的消费量冻结在 1995—1997 年的平均水平上。目前，发达国家已停止生产和使用 CFC。“议定书”自生效起每年举行一次缔约国大会，到 2001 年已举行了 13 次缔约国大会。“议定书”经过四次修订，内容得到不断充实，法律效力及约束力也进一步加强。这四次修正分别为1990年的“伦敦修正案”、1992年的“哥本哈根修正案”、1997年“蒙特利尔修正案”、1999年的“北京修正案”。1990年6月29日在伦敦通过《关于消耗臭氧层物质的蒙特利尔议定书修正案》（伦敦修正案），在受控物质清单和过渡性物质清单中分别增加了12种和34种新的化学品，并有提供报告的要求。它还增加了有关技术转让和建立财政机制的条款，包括建立过渡性多边基金以帮助有资格的缔约方采取控制措施。1992年11月25日在哥本哈根又通过了“关于消耗臭氧层物质的蒙特利尔议定书修正案”（哥本哈根修正案），该修正案提前了列在受控物质名单之内的许多耗损臭氧物质包括氢化氯氟烃和甲基溴的淘汰日期，并确定了捐助多边基金的财务安排。

2001年11月16日，第十三届《蒙特利尔议定书》缔约国大会在斯里兰卡首都科伦坡开幕。与会代表就如何限制生产和销售及打击非法买卖氯氟烃制品、帮助发展中国家逐步淘汰这些产品等问题进行讨论。来自175个成员国的500多名代表，其中包括50多个国家的环境部长出席了会议。

在过去10多年中，我国积极参与保护臭氧层的各项国际活动。1987年中国代表在《维也纳公约》上签字，1989年正式加入“公约”，并在第一次缔约国会议上，首先提出了“关于建立保护臭氧层多边基金”的提案。1991年我国正式加入“议定书”伦敦修正案，并及时成立了有15个部、委、局、总公司、总会参加的中国保护臭氧层领导小组办公室，负责“议定书”的组织实施工作。1992年率先组织制定了《中国消耗臭氧层物质逐步淘汰的国家方案》，在1993年初得到国务院与多边基金执委会的批准。1994年又组织制定了《烟草行业消耗臭氧层物质逐步淘汰的补充方案》。1995年率先组织制定了气溶胶、泡沫塑料、家用冰箱、工商制冷、汽车空调、哈龙灭火剂、电子零件清洗、受控物质生产等8个行业的逐步淘汰受控物质的战略研究，并得到多边基金执委会的批准。这些政策和措施为中国控制ODS的生产和消费增长，促进替代品和替代技术的研制、开发和推广，加快多边基金项目的实施起了积极作用。

我国淘汰ODS的活动得到了国际社会的大力支持。我国政府认真、负责并按期履行“议定书”规定，在国际社会受到广泛好评。经过长期不懈的努力，

在淘汰 ODS 方面我国取得了长足进展。

1. 建立完善的政策法规体系

为控制消耗臭氧层物质的生产和消费，我国先后已颁布了 30 多项政策法规。包括：控制新建、扩建和改建生产或使用 ODS 的生产设施，实行生产配额许可证管理制度，替代品生产登记、审批管理制度，必要场所和非必要场所使用限令、行业消费禁令、消费配额制度，ODS 生产和消费纳入排污申报登记管理体系，ODS 替代品质量标准、环保标准和安全标准，对 ODS 替代产品颁发环境标志等。在进出口管理方面，环保总局、外经贸部和海关总署联合成立了消耗臭氧层物质的进出口管理办公室，对 ODS 的进出口实施配额证和许可证两证管理。

2. 加快各行业的淘汰进程

到 2001 年 3 月，我国获得的多边基金赠款达 5.3 亿美元，主要用于拆除 5.13 万吨 CFCs 生产线、1.06 万吨哈龙生产线，淘汰 7 万多吨 ODS。1999 年 7 月 1 日，按照议定书的要求，我国实现了 ODS 的生产和消费冻结目标。目前，正在为 2005 年削减 50%的目标而努力。

我国的履约活动涉及近 1 万个企业。这些企业中，一些将关闭并拆除生产线，一部分将进行工业重组，大部分将通过技术转换，达到淘汰消耗臭氧层物质的目的。项目实施方式已从单个项目执行过渡到行业整体淘汰方式（简称“行业计划”）。迄今为止，已经有 5 个“行业计划”获得批准，分别为化工生产、消防、汽车空调、清洗和烟草行业。另外塑料发泡、工商制冷、化工助剂、制冷压缩机等“行业计划”正在编制当中。

1997 年年底，我国完成了一般用途气雾剂全行业 CFC 淘汰；到 2000 年年底已关闭 CFCs 生产企业 30 家，全国生产量从 5.13 万吨减至 3.70 万吨；关闭 20 家灭火剂生产企业，13 家灭火器厂，哈龙生产量从 1.16 万吨降到了 0.40 万吨，消费量从 1.08 万吨降到了 0.36 万吨。

3. 积极开发和生产替代品

前几年，我国保护臭氧层工作重点在 ODS 的消费上。技术转换涉及的许多替代品，如清洗剂、制冷剂和发泡剂等，大都依赖进口。1998 年以来，随着哈龙、化工等行业整体淘汰计划相继批准，我国有可能利用整体淘汰计划的部分赠款支持替代品生产，逐步使 ODS 生产淘汰、消费淘汰和替代品生产趋于平衡。考虑到履约活动的各种要求，我国将集中 1 亿到 1.5 亿美元，用于支持 ODS 的替代品生产。

化工行业：编制了《替代品建设的管理办法》，结合技术援助项目，组织了国内替代品生产企业的企业水平调查。通过招标、评标，选择了替代品 HFC—134a 生产建设的项目承担单位。HFC—134a（注 5）、HFC—152a（注 6）等 CFCs 替代品标准的制定工作正在进行。

哈龙行业：佛山 ABC 干粉替代品生产线已开始试生产；轻质 CO_2 灭火器瓶体生产线建设正在进行国际设备采购。建立了哈龙银行广东分行，目前正在进行设备采购。

泡沫行业：正在筹建 CFC—141b（注 7）和戊烷体系硬泡组合料配料中心，并开展了 PU 泡沫无氟利昂技术适用的聚醚、助剂的开发战略研究。

清洗行业：CFC—113 清洗剂的替代品 HEP—2 的生产线建设正在申请立项。

南北之争——五大分歧

在淘汰 ODS 方面，从一开始以中国为代表的发展中国家与发达国家就存在着分歧，这种分歧主要体现在以下几个方面：

（1）淘汰进程问题。在“议定书”第一次缔约国大会上，发达国家与发展中国家就 ODS 的淘汰进程问题展开了激烈讨论。发达国家要求发展中国家与其有相同的淘汰时间表，而发展中国家坚持“共同但有区别的责任”的原则，坚

持与发达国家有不同的淘汰时间表。会议经过反复磋商，通过了《保护臭氧层赫尔辛基宣言》，提出最迟在2000年前停止生产和使用ODS。由于发展中国家的坚持，宣言中保留了“要适当考虑发展中国家的特别情况”的条文。

（2）资金问题。虽然“议定书”在设立资金机制方面比其他多边环境公约要好一些，但仍存在着资金严重不足的问题。在审批项目经费时，随意削减经费现象经常发生，影响发展中国家项目的执行。多边基金执委会制定的有关行业资助指南存在许多问题，一部分内容明显对发展中国家不利。如生产行业指南要求发展中国家先拿钱关生产厂，然后再考虑资助生产，致使已经淘汰ODS的企业改用进口替代品，造成对发达国家进口替代品的依赖。

（3）技术转让问题。目前还没有一个有效的机制来保证发展中国家能够迅速得到最好的环境技术。一些发达国家借口技术商不愿转让技术或以知识产权为由拒绝转让，即使同意转让，也附加了无法接受的条件，影响项目执行的速度和效果。

（4）环境与贸易问题。“议定书”在制定和实施过程中存在着比较严重的环境与贸易的矛盾：一是淘汰ODS的前提是淘汰消费市场，也就是使发展中国家没有消费市场，这样，生产市场就自行消失。但这一前提造成发展中国家在没有生产市场之后，大量消费必须转向那些拥有替代品的发达国家，这既破坏了发展中国家的原有工业，同时所获得的基金又返回到投资国手中。二是一些淘汰进程及措施的确定，带有明显的绿色贸易壁垒倾向，如甲基溴等。

（5）在淘汰进程方面的问题。一些消耗臭氧层物质的淘汰进程尚未确定，如甲基溴。由于它涉及一些发展中国家的国计民生问题，许多发展中国家不希望尽快确定甲基溴淘汰进程，但一些发达国家出于贸易竞争力等因素考虑，希望发展中国家尽快淘汰。有些ODS已确定淘汰进程，而一些国家主张提前淘汰。但大多数国家认为淘汰进程的不稳定性将影响到一些国家的工业发展，不主张经常变动淘汰进程。

共同但有区别的责任

1987 年 9 月，联合国环境规划署在加拿大蒙特利尔召开了“保护臭氧层公约关于含氯氟烃物质的议定书全权代表大会”，16 日，24 个国家签署了《蒙特利尔议定书》。《蒙特利尔议定书》规定对 5 种 CFCs 和 Halons 的生产和消费实行控制，然而由于其中某些条款对发展中国家提出了苛刻的要求，中国和其他发展中国家强烈要求对此进行修正与调整。

1989 年 5 月，在赫尔辛基缔约国第一次会议上，中国代表团提出了第一次会议的第一号议案。议案主要针对两个问题：一是发达国家和发展中国家在淘汰时间表上必须有所区别；二是发展中国家的淘汰工作必须得到发达国家的资金和技术支持。

以美国为首的发达国家对此态度强硬，他们认为，在建立基金问题上，根据“污染者付费”原则，发达国家和发展中国家都要拿出资金，统一按照每公斤 1 美元的治理费用建立基金。同时要求发展中国家的淘汰时间表要与发达国家同步，在 1997 年 1 月 1 日即停止 ODS 的生产和使用。

发达国家提出的貌似公允的议案遭到了中国和其他发展中国家的强烈反对。由于技术进步，发达国家在 ODS 的生产和使用中已经获利甚丰。而发展中国家则不同，生产和使用 ODS 的企业才刚刚起步。从当时 ODS 的消费量来看，1986 年全世界 ODS 的消费量总计达 120 万吨，其中占世界人口 23%的发达国家的消耗量竟占到了 84%;而占人口 77%的发展中国家的消耗量却只有 16%(当时美国每年人均消耗 ODS 达 1.2 公斤，中国人均消耗量仅为 0.03 公斤)。要求同时淘汰，就意味着发展中国家的经济利益将遭受巨大的损失。而发达国家由于已经生产和排放了大量的 ODS，它们才应当是破坏臭氧层的主要责任人。

1. 伦敦会议情况

1990 年 6 月，由当时的国家环保局、外交部、原轻工部、原机械部、原内

贸部、公安部等部门组成的中国代表团参加了在伦敦召开的"议定书"第二次缔约国会议。中国政府公正、合理的建议不仅得到了其他发展中国家的支持，北欧、西欧、日本等一些发达国家也先后表示理解，而联合国环境规划署执行主任托尔巴更是全力支持。

然而，中国政府合理的要求也遭到一些国家的非议。西方国家有报道说，中国不参加"议定书"，是为了无限制地发展ODS，照这样估算，到2000年，中国ODS的消费量将达到30万吨，而当时中国的消费量只有4万多吨。来自各方面的压力没有左右中国代表团的态度。在会议期间，我团特意举行了新闻发布会，表明了中国政府愿意在公正合理的条款下加入"议定书"的决心，对不负责任的谣言进行澄清。

在中国和其他发展中国家的强烈呼吁下，在保护人类生命安全的大前提下，会议最终确定了"共同但有区别的责任"这一原则，通过了《伦敦修正案》。《伦敦修正案》建立了基金机制，确保技术转让在有利条件下进行；对不利于发展中国家的条款进行了修正。鉴于修正后的"议定书"公正、合理，中国代表团在会上明确表示，回国后建议中国政府加入。1991年6月，在内罗毕第三次缔约国会议上，中国正式加入了《蒙特利尔议定书》（伦敦修正案）。

议定书订于1987年，主要是为了执行维也纳公约的规定，限制并最终取消消耗臭氧层物质的生产与消费。修改的关键是资金援助和技术转让问题。在1989年3月举行的保护臭氧层伦敦会议上，中国与其他发展中国家建议设立保护臭氧层基金，以资助发展中国家减少并最终取消消耗臭氧层物质的生产与消费。该建议得到大多数发达国家的赞同与响应。为此，联合国环境署召开三次六期工作组会议，就基金机制和技术转让问题进行具体研究。我国派代表出席会议并与其他发展中国家一起提出了许多建设性意见，多数被采纳。在会上我国政府表明了对保护臭氧层问题的积极态度，愿意为保护全球环境作出贡献，在加入维也纳公约后，积极慎重地参加了议定书的修改工作，与联合国环境署共同研究，提出了中国国别研究初步报告，确认为实现逐步减少消耗臭氧层物质的生产和消费，头三年需要国际资助4 100万美元。同印度等主要发展中国家协调立场，积极维护我国及其他发展中国家的利益，争取把对我国不利的条款减少到最低程度，删去议定书中贸易、退出和表决权等方面对发展中国家不利的歧视条款。力争落实建立保护臭氧层基金的有关规定，确保发达国家以优惠的条件向发展中国家转让有关技术，明确发展中国家履行议定书应以发达国家履行基金规定和技术转让等义务为前提。

为进一步加快受控物质的削减，并为发展中国家执行“议定书”创造有利条件，联合国环境署召开多次会议，对议定书进行了较全面的修改：

（1）经修正的“议定书”使受控物质从原来的8种增加到20种，而且规定，发达国家缔约国，上述20种受控物质，除1,1,1—三氯乙烷（注8）时限可延长到2005年外，其他全部在2000年1月1日停止消费。

（2）以法律的形式确定了建立保护臭氧层的国际资金机制，为发展中国家缔约国实现对消耗臭氧层物质的控制措施提供帮助。这个机制包括一个多边基金，由发达国家的缔约国捐款筹资，这为发达国家与发展中国家在环境领域中的国际合作树立了典范。

（3）发达国家应配合资金机制，采取一切实际可行的步骤，以公平和最优惠的条件向发展中国家缔约国迅速转让替代品和有关技术，发展中国家执行控制措施的能力将取决于财务资助和技术转让的有效实行。这是发展中国家团结一致，艰苦努力所取得的成果。

（4）在表决程序、非缔约国贸易及退约等条款中删去了对发展中国家歧视或明显不利的条款，充分展示了发展中国家在环境立法领域中的胜利。

（5）保留了原“议定书”的第五条第一款的规定，即任何发展中国家在议定书生效后的10年内，每年氟氯化碳和哈龙消费量少于平均每人0.3千克，为了满足国内的基本需要，有权暂缓执行控制措施进度。

由此可见，经修正的“议定书”比原来的有了较大的改进，使其更有利于发展中国家，也为更多的发展中国家加入经修正的议定书创造了必要的条件。

2. 我国加入修正的议定书的理由

我国政府决定加入“议定书”是经过反复研究与论证，并权衡利弊而做出的。具体地说有以下几方面具体的理由：

（1）臭氧层破坏是当今重大的全球环境问题，各国政府对此都极为重视，逐步减少或停止消耗臭氧层物质的生产和消费是大势所趋，势在必行。我国于1989年9月加入了维也纳公约，加入“议定书”，将更好地树立我国在保护臭氧层这项重大全球环境行动中的形象。

（2）我国曾提出建立保护臭氧层基金、在公平优惠条件下确保向发展中国家转让有关技术、删除不利于发展中国家的条款等3个条件。经过我国与发展中国家的共同努力，在修正的“议定书”中，上述3个条件都已经基本落实。

（3）有利于争取外援和对外贸易。我们可以利用建立的资金机制，争取基金资助与有关技术转让。有利于积极开展环境外交。议定书虽然有了较大的改进，但是发达国家与发展中国家在保护臭氧层问题上的分歧尚未解决，如果以缔约国的身份出现，则更有利于团结发展中国家，同发达国家进行谈判。

开罗会议的焦点

1998年11月18日至24日，在埃及首都开罗召开缔约国第十次会议，我国派出了由国家环保总局、外交部、财政部组成的代表团出席会议，并在会上进行了维护权益的积极努力。

1. 违约惩罚程序问题

1990年和1992年会议制定和修订了违约惩罚程序。在1997年不限名额工作组会议上，加拿大、澳大利亚等国代表提出再次修改问题，以适应新的形势，但大多数国家认为此问题较复杂和敏感，因此，第九次会议通过决议，成立该问题特别工作组，由14个国家代表组成，我国是其中之一。1998年7月不限名额工作会议之前，召开工作组第一次会议，会议根据各国所提的建议，进行逐条讨论，考虑到1999年之后各种ODS控制措施和义务纷纷开始生效，我国是世界上最大的生产国和消费国，今后一段时期内，任务十分艰巨，如果缔约国大会通过不利于我国的违约惩罚程序决议，将有碍于我国履约和国际形象，因此，我国代表在本次会议上提出了我国处理该问题的三原则：判断一个缔约方是否违约，不能只看它是否在某期限内已经达到受控物质淘汰目标，而且要看帮助其实现义务的外部条件如资金和技术援助是否具备。履约委员会只能在充分了解有关情况的基础上才能提出有关建议；议定书主要采取积极的措施帮助有关违约缔约方履行其义务；任何惩罚某个违约方的决议必须由缔约国大会来作出。这三个原则得到大多数会议代表的赞同和支持。

2. 计量吸入器（MDI）中 CFC 淘汰战略问题

计量吸收器（注 9）CFC 淘汰，由于技术上的原因和涉及病人需求等重要问题，一直是淘汰进程中的难题。一些国际生产公司已开发无氟 MDI，并拥有一定的市场，因此议定书下的经济与技术评估专家组建议制定 MDI 中 CFC 淘汰过渡战略框架，并要求各国制定相应的国家战略，建议第二条（注 10）国家在 2005 年完成 CFC 淘汰，此问题目前对我国的影响还是间接的，但从长远利益来看，其影响是很大的，原因是我国病人对 MDI（中西药）的需求在不断增长；由于其在淘汰技术上存在难题，即使技术难题解决了，无氟 MDI 市场价格估计要比有氟的要高，将出现病人经济承受能力问题。另外，目前第二条国家仍在申请 CFC 在 MDI 中使用作为必要用途获得豁免，到 2010 年以后我国停用 CFC，届时第二条国家已完成淘汰。因此，我国代表提出，在制定该问题技术过渡战略时，必须充分考虑第五条国家的病人需求和经济承受能力，由于 CFC 在 MDI 中使用量并不大且对臭氧层的影响也不大，我国不支持对第五条国家（注 11）提出完全淘汰的时间表；各国有权根据各自的实际情况制定各自的战略，多边基金应支持各国制定这样的战略；为帮助第五条国家开展这方面 CFC 淘汰工作，多边基金应支持有关国家的努力。同时，有关 MDI 生产公司应向第五条国家转让其技术，使这些国家有能力生产无氟 MDI。此外，中西药的 MDI 中 CFC 淘汰应平等对待。

3. ODS 作为加工助剂使用排放控制问题

由于四氯化碳等 ODS 作为加工助剂的使用排放量不断增长，已引起国际社会的关注。其作为加工助剂使用是否受控，缔约国会议一直未做决定，而欧盟积极推动此项工作。在 1997 年缔约国大会上曾提出有关决议，但遭到印度等国的反对，1998 年 7 月不限名额工作组会议上，欧盟再次提出相关决议，建议 2002 年以后除非各国采取减排措施，否则其作为助剂使用的 ODS 的消费不再计算在其 ODS 生产和消费之中，同时要求 1998 年 12 月 31 日以后各国不允许建立使用 ODS 作为加工助剂的新工厂。印度改变过去的立场，要求多边基金支持 ODS 作为加工助剂的淘汰。我国的立场是 ODS 作为加工助剂使用的排放要由三种减排措施即工艺改造、技术减排措施和小厂关闭或转产来实现。多边基金要尽快制定有关指南和批准项目支持 ODS 作为加工助剂的减排和淘汰。关于禁止建立使用 ODS 为加工助剂新厂问题，将日期推至 1999 年 6 月 30 日以后至 1999 年 12 月 31 日以前。第二条国家可以继续使用 ODS 作为加工助剂，直至 2001 年年底；2002 年后，除非有关国家采取措施降低 ODS 作为加工助剂使用的排放，其作为加工助剂使用的 ODS 的生产量和消费量不计算在其 ODS 生产和消费量中；第五条国家可以采用工艺改造、工厂关闭和减排技术等手段减少 ODS 作加工助剂使用的排放，并可以得到多边基金的支持。多边基金执委会在 1999 年优先考虑该行业资助指南的制定和有关项目的批准；继续就该行业的淘汰活动进行技术和经济研究，并在 2002 年提出报告交缔约国大会进一步考虑此问题；在 1999 年 6 月 30 日以后，各国不允许再建立新的使用 ODS 作为加工助剂的设施和工厂。

4. 甲基溴（注 12）检疫和装运前使用豁免标准问题

1997 年缔约国大会第九次会议确定了第二条国家在 2005 年淘汰甲基溴使用，第五条国家在 2015 年淘汰甲基溴，但议定书规定甲基溴检疫和装运前使用不在控制范围之内。议定书下的甲基溴技术专家组通过调查发现甲基溴检疫和装运前使用量在不断上升，因此欧盟建议应重新审定甲基溴豁免使用标准，以阻止受控使用转移到豁免使用。根据我国的情况，目前用于检疫和装运前熏蒸还没有比甲基溴更有效的替代品，随着我国进出口产品增长，甲基溴使用量可能还要增加，因此我国不支持制定更加严格的豁免标准。有关甲基溴紧急使用量，提出过去缔约国会议所定的 20 吨/次对所有缔约国并不完全适合，要考虑一些人口较多国家农业上的紧急需求。

5．生产行业问题

生产行业 ODS 淘汰问题一直未受到议定书缔约国会议的重视，主要原因是一些主要发达国家认为淘汰消费行业，自动就会使生产行业萎缩。但这一想法和做法对我国这样的 ODS 生产和消费大国已产生较大影响，由于这种情况我国 ODS 替代品开发和生产一直落后，造成我国替代品大部分依靠进口的局面，同时这种局面无助于新工业结构的形成。我国生产行业 CFC 达到 1999 年冻结目标尚有较大困难，因此，我国联合印度等国家敦促多边基金执委会尽快批准有关生产行业项目。

6．关于主办第十一次缔约国大会问题

我国是全球 ODS 最大的生产和消费国，在 ODS 淘汰方面的行动备受关注。到 1998 年，我国已从多边基金获得近 2.4 亿美元的资助，实施了 200 多个 ODS 淘汰项目。1999 年缔约国大会正逢 2000—2002 年多边基金增资谈判，我国主办本次会议有助于谈判争取好的结果，对之后三年的资金需求至关重要。同时，在我国召开缔约国大会对我国 ODS 淘汰工作和保护臭氧层工作将有较大的推动，也为我国树立良好的国际形象作出贡献。因此，我国愿意主办第十一次会议。

相聚北京　缔约蒙特利尔

1999 年 11 月 29 日至 12 月 3 日，第五次《维也纳公约》缔约方大会及第十一次《蒙特利尔议定书》缔约方大会在北京召开。这是迄今为止我国政府承办的规模最大、层次最高的国际环保会议。“议定书”各缔约方和观察员国家代表、具观察员地位的国际组织代表、联合国有关机构的代表、与保护臭氧层关

系密切的其他政府和政府间组织代表以及非政府组织代表出席了此次会议。

1. 会议基本情况

这次会议共有213个国家和国际组织的1000多名代表参加，其中126个国家的政府代表455人，副部长级以上的代表48名。

经国务院批准，以国家环境保护总局局长解振华为团长，国家环境保护总局、外交部、财政部、国家经贸委、国家发展计划委员会、信息产业部、农业部、公安部、外经贸部、卫生部、国家石油和化工局、国家出入境检验检疫局、国家机械局、国家烟草专卖局、国家轻工局、中国家电协会和香港环保署等有关单位组成的中国代表团参加了本次会议。

会议分为两个阶段：第一阶段为预备会议，第二阶段为高级别会议。在12月2日上午举行的高级别会议开幕式上，江泽民主席发表了重要讲话。会议期间还举行了保护臭氧层技术及产品国际展览会和多边基金执委会会议。

会议期间，我国代表团广泛开展交流和协调活动。解振华团长、祝光耀和汪纪戎副团长先后会见了印度、刚果（布）、尼日利亚、乌干达、加纳、苏丹、朝鲜、罗马尼亚、孟加拉、俄罗斯联邦、津巴布韦、波兰、赞比亚、印度尼西亚、白俄罗斯、塔吉克斯坦等国环境部长以及日本公使、巴西驻华大使、联合国环境署副执行主任、欧盟副主席等。

在为期5天的会议中，代表们围绕进一步保护臭氧层的具体问题进行了认真磋商。会议讨论了多边基金2000—2002年3年的增资额、甲基溴豁免使用标准等问题，调整了一些受控物质淘汰时间表。各国代表求同存异，最终达成了一致意见。

11月29日上午，由国家环保总局主办的"保护臭氧层技术及产品国际展览会"在北京国际会议中心开幕。联合国环境规划署、联合国开发计划署、联合国工业与发展组织、世界银行等63家中外机构和厂商参加展出。5天展览期间共接待中外来宾4 000多人次。同期，还举办了4个相关的国际技术研讨会。展览会的举办不仅烘托了大会氛围，还作为一个窗口，集中展示了我国保护臭氧层替代技术和产品的发展水平，引起了与会代表的关注。

11 月 29 日上午，第十一次《蒙特利尔议定书》缔约方大会开幕。解振华同志代表中国政府在开幕式上致辞，联合国助理秘书长、联合国环境规划署副执行主任卡卡海尔先生发表讲话。中国国家保护臭氧层领导小组成员、大会组委会成员单位的代表出席开幕式。

11 月 29 日晚，联合国环境署在五洲大酒店举行大会欢迎招待会。应联合国方面邀请，除中国政府参会代表团全体成员参加外，国务院有关部门代表、联合国和各国驻华使节出席了招待会。

12 月 1 日晚，北京市政府在中国剧院为会议代表举办专场文艺演出晚会，汪光焘副市长主持开幕式，刘淇市长致欢迎词。中外与会代表、大会组委会成员等 1 000 多人观看了演出，演出获得很大成功。

12 月 2 日上午，第十一次《蒙特利尔议定书》缔约方大会高级别会议开幕式在北京国际会议中心隆重举行。江泽民主席、温家宝副总理、贾庆林书记等领导同志出席开幕式，江主席发表重要讲话。江主席的讲话引起各国代表的热烈反响，纷纷发表评论，认为江主席出席高级别会议开幕式，是中国政府智慧的举动，充分表明了中国政府对全球环境问题的重视，对人类未来的关心。江主席的行动和讲话必将推动各国政府更加主动地参与全球环境事务，对全球的环境与发展事业产生重要影响。

12 月 2 日晚，温家宝副总理代表中国政府在人民大会堂举行招待宴会，欢迎各国来宾。温副总理在招待宴会上致欢迎词，古老的“女娲补天”传说激起现代“补天”的热情。中外全体与会代表和大会组委会成员共 1 200 多人出席招待宴会。

此外，组委会秘书处还为“公约”工作组会议、多边基金执委会全体会议、执委会招待会等提供了必要的服务。会议期间举行了 3 次新闻发布会，中外记者 300 多人次参加，解振华局长，祝光耀、汪纪戎副局长和环境署副执行主任卡卡海尔先生分别出席会议并答记者问。

联合国助理秘书长、环境署副执行主任卡卡海尔和公约执行秘书萨尔玛先生认为，中国为大会的圆满成功创造了十分有利的会议环境。大会的最终报告指出：全体与会代表高度赞赏此次会议的组织工作，一致认为这次大会组委会的组织工作十分出色，衷心感谢东道国为会议提供了优质、高效的服务。上届大会承办国——埃及代表团团长指出：在缔约方大会历史上，从未有过如此成功的组织工作，而且在将来，也很难会有超出此次会议的组织工作。

2. 第十一次缔约国大会的重点议题

（1）《北京宣言》（注 13）草案。本次会议是 20 世纪末在我国召开的大型国际会议，将产生一定的政治影响。我国政府代表团向大会提交了《北京宣言》草案，并努力使会议通过了宣言。我国在执行议定书方面取得了国际社会公认的成就，通过宣言有助于进一步树立我国负责任的大国形象和扩大我国在全球环境事务方面的影响，正值《赫尔辛基宣言》通过 10 周年之际，全球通过该宣言将起到继往开来的作用，并对 21 世纪的臭氧层保护事业发生较深远的影响。

（2）多边基金 2000—2002 年增资谈判。多边基金增资水平高低直接影响到今后三年 ODS 淘汰的项目资助水平和 CFC2005 年 50%削减目标的实现。因此，我国积极同 77 国集团加强磋商，形成集团压力，同时同欧盟、美国、日本等主要发达国家加强沟通，从以下几个方面阐述我国对资金补充的立场：CFC 生产的淘汰和消费的淘汰必须同步；政府对 ODS 的控制政策只是一种宏观调控措施，只是有辅助性和补充性的作用。而不应将其作为考虑增资水平的因素；已批准项目的削减量应同 1999 年 7 月的冻结以前议定书允许的增长量一并考虑，而不是简单的加减；应考虑今后两年可能批准的一些国家的国际方案和行业机制所需要的资金；对增资中能否有一定比例的减让性贷款问题，坚持我国的一贯立场，不应考虑减让性贷款。

（3）一些 ODS 受控时间表调整。欧盟建议对一些 ODS 受控时间表进行调整，并以北京修正案的形式出现，我国针对具体问题采取具体措施：对第五条国家 2010 年以后不再允许生产 CFC 基准年水平的 15%满足其国内需求的建议，采取不支持的立场；支持 HCFC 生产和消费的淘汰措施的调整。但对 2010 年以后对第五条国家 HCFC 生产的控制措施建议，采取不支持的立场，并要求有关专家组研究有关替代技术、资金和技术援助开发替代品问题；支持有关甲基溴豁免使用量报告的建议，但对修改甲基溴豁免的标准和定义的建议，特别是其中要求装运前和检疫使用必须在14天以内的建议，采取应继续进行研究的立场。

（4）计量吸入器CFC淘汰问题。针对这个问题，我国的立场：多边基金应支持第五条国家制定有关战略和相关淘汰活动；有关淘汰措施的确定必须考虑发展中国家病人的需求和经济承受能力；有关国家应以优惠的条件向第五条国家转让无氟计量吸入器的生产技术，以便第五条国家有能力生产无CFC的MDI；有关淘汰活动应考虑一些国家的传统医学使用的医用气雾剂的CFC的淘汰；考虑到此项活动的复杂性和艰巨性，坚持有关淘汰活动必须考虑发展中国家的特殊情况，采取循序渐进的方式。

（5）一些重要受控措施的法律问题。欧盟建议对一些受控物质的措施调整以大会决议方式通过，并使决议对所有缔约方都有法律效力。许多代表团对此建议持反对态度。我国同其他代表团积极协调，争取促成有关受控物质的受控措施的决议以修正案的形式通过。

3. 会议成果

（1）通过了《北京宣言》。在12月3日召开的全体会议上，缔约方代表一致通过了《北京宣言》。

《北京宣言》将产生积极的政治影响，有助于树立我国良好的国际形象，特别是在世纪之交和《赫尔辛基宣言》（注14）通过10周年之际，《北京宣言》具有继往开来的历史意义。

《北京宣言》还对削减臭氧层物质具有积极推动作用。尽管近10年来臭氧层保护事业取得了可喜进展，但是各国承担的义务依然相当艰巨。宣言中明确提出“呼吁非第五条缔约方（注15）按照议定书的规定，继续保持足够的资金并推动与环境有益的技术的迅速转让，帮助第五条缔约方履行其义务”。这一条款既强调了发达国家在资金和技术转让方面应该承担的责任，也表明了发展中国家履行其义务的条件。《北京宣言》的一致通过，表明各国在国际环境合作方面达成了共识，必将促进臭氧层保护事业的进一步发展。

（2）增资谈判达到预期效果。本次会议要确定2000—2002年多边基金的增

资额度，就此发达国家与发展中国家展开了激烈的争论。最终达成了一致意见：2000—2002 年多边基金增资额为 4.75 亿美元，能够满足“第五条国家”实现 2005 年削减目标的资金需求。

截止到 1999 年 7 月，我国已获得 4.4 亿美元多边基金赠款，用以支持中国氟氯化碳生产、消防和汽车空调等三个行业整体淘汰计划和消耗臭氧层物质单个或伞型项目的实施，帮助各行业进行消耗臭氧层物质的替代转换。中国所获赠款额约占多边基金总投入的 40%。根据目前增资谈判结果，预计中国在 2000—2002 年间可争取多边基金赠款 1.5 亿～2 亿美元。

（3）维护了发展中国家利益

欧盟向本次大会提出了议定书修正案，主要内容是扩大受控物质范围，提高受控措施的要求，加快淘汰消耗臭氧层物质的进程。例如，“第五条国家”将于 2016 年将其 HCFC 的生产冻结在其 2015 年生产和消费的平均水平上。欧盟还主张在增资增款中增加一定比例的减让性贷款。这些要求超出了发展中国家目前履约所能承受的能力，增加了额外负担，所以受到了大多数发展中国家的抵制。

（4）通过《北京修正案》。会议在欧盟所提建议的基础上，各方通过斗争及妥协，最后通过了对蒙特利尔议定书的《北京修正案》。该修正案对受控物质的淘汰进程提出了更高的要求，增加了新的受控物质。该修正案是一个各方协商和妥协的结果。它在推动和加快发达国家受控物质淘汰进程的同时，也使发展中国家的履约行动面临着更为艰巨的挑战。

来自六份报告的指证

1. 《蒙特利尔议定书》规定的淘汰甲基溴的时间表

自 1991 年以来，六个官方的科学评估报告已证实甲基溴是消耗臭氧层物质。根据《蒙特利尔议定书》修正案，发达国家到 2005 年淘汰甲基溴，发展中国家到2015年淘汰甲基溴，同时要求到2002年将甲基溴的消费量冻结到相当于1995—1998年的平均值，到2005年减少20%的消费量。文件规定甲基溴在检疫和装运前的应用可以豁免，即甲基溴淘汰以后，在紧急或危急时刻有限豁免的应用仍是允许的。

2．多边基金与促进甲基溴替代的援助行动

到2000年年底，蒙特利尔多边基金已批准了大约100个项目来促进甲基溴的替代。最近又批准了一些项目，这些项目将淘汰13个国家的甲基溴的主要消费量。只有批准了《蒙特利尔议定书》哥本哈根修正案的国家才能获得这些项目。但蒙特利尔多边基金计划向发展中国家提供更多的项目来帮助这些国家阶段性的淘汰甲基溴。这种帮助可以是以政策对话的形式、也可以是信息交换或示范和投资项目的形式。

3．中国控制甲基溴的行动

（1）“中国甲基溴控制战略框架开发”项目完成。1991年6月中国政府正式加入《蒙特利尔议定书》伦敦修正案，成为按“议定书”第五条第一款行事的缔约国。但目前中国政府尚未加入《蒙特利尔议定书》哥本哈根修正案，这表明中国政府对包括甲基溴在内的一系列受控物质在中国的淘汰是十分慎重的。近年来，尽管中国政府并不引导对甲基溴的生产和消费，但是由于种种原因，甲基溴消费量增长很快，控制甲基溴消费的增长迫在眉睫。

1998年3月举行的第24次蒙特利尔多边基金执委会会议要求联合国环境署与中国合作，制订出中国控制甲基溴消费量增长的行业政策计划。1998年11月，中国、联合国环境署以及来自加拿大和德国的代表在开罗召开会议，将“制订中国控制甲基溴消费量增长的行业政策计划”项目的范围重新定义，即在一个全面控制中国甲基溴的战略框架之下，制定一个中国甲基溴过去、现在和未来生产和消费的行业部门计划。这就是联合国环境规划署1998年的工作计划中获得蒙特利尔多边基金批准的项目“中国控制甲基溴的战略框架开发”。

为此，国家环保总局、农业部、外交部、原国家石化局、原国家国内贸易

局，以及来自国家环保总局政策研究中心、中国农业科学研究院、农业部农药登记管理中心、农业部农业技术推广中心、国家出入境检验检疫局植物检验、国家粮食储备局、浙江化工研究院的专家共同合作，在UNEP的支持下，于1998年12月—1999年年底实施了“中国控制甲基溴战略框架的开发”项目。1999年3月，中方专家与联合国环境署的咨询专家合作，提出了“中国甲基溴控制战略框架”报告。

1999年7月27—29日“中国控制甲基溴战略框架国际研讨会”在北京召开。会议由国家环保总局与联合国环境规划署联合主持。参加会议的中方代表包括农业部、原国家石化局、国家粮食储备局、国家出入境检验检疫局、原国家国内贸易局等部门代表以及中方专家共22人。外方代表包括蒙特利尔多边基金执委会、世界银行、联合国工发组织的项目官员以及来自德国、美国、加拿大、澳大利亚、法国的专家共12人。

会议重点讨论了“中国甲基溴控制战略框架”，评价了那些已经确定的政策计划（包括研究、培训），并提出了有助于中国控制甲基溴增长及最后淘汰的优先的短期、中期和长期计划。会议期间，中外代表考察了北京地区粮食仓储和蔬菜种植中使用甲基溴的情况，“中国甲基溴控制战略框架开发”项目研究对中国决定是否批准哥本哈根修正案起到了促进作用。

（2）“中国甲基溴土壤消毒替代技术示范项目”实施。1997—1999年，由蒙特利尔多边基金支持，“中国甲基溴土壤消毒替代技术示范项目”实施，该项目由联合国工业发展组织作为国际执行机构，由国家环境保护总局、农业部组织并委托中国农业科学院植物保护研究所负责。

参加该项目试验的单位有北京市农业环境监测站、河北省农业环境保护监测站、湖北省农业生态环境保护站、山东省农业环境保护监测站、吉林省农业环境保护监测站及五个当地农业局。

试验的作物有烟草（湖北）、草莓（河北）、番茄、黄瓜和辣椒（北京、山东）、中草药（吉林）。

试验的甲基溴土壤消毒替代技术有浮盘育苗法、烧土法、客土法、人工基质、生物熏蒸、蒸汽消毒、太阳能消毒、抗性品种、棉隆、氯化苦、威百亩、阿维菌素、木霉13种替代技术。

实验结果表明，中国甲基溴土壤消毒替代技术示范项目试验取得了成功。但是这些技术是在非常小的面积上进行的（只有几十平方米），大面积推广使用这些技术还存在着风险和实际障碍。

1999年11月，联合国工业发展组织召开了“中国甲基溴土壤消毒替代技术研讨会”。来自联合国工发组织、联合国环境规划署、农业部、国家环保总局、国内贸易局、中科院、农科院和津巴布韦烟草研究委员会等单位的政府官员、专家、企业代表和农民代表共63人出席了研讨会。会议由一个全体会议和4个技术性研讨会组成，会议就“中国甲基溴土壤消毒替代技术的示范项目”实施情况进行了交流和讨论。

会议建议根据中国农业的实际情况，对有希望的甲基溴土壤熏蒸替代技术在不同代表性的地区进行多点验证试验，进一步明确其效果和存在的问题。由于中国农民受知识和技术水平的限制，对一些非化学品替代技术如浮盘育苗、基质栽培、生物熏蒸等要求较高的技术水平的方法，如使用不当则难以达到预期的效果，并造成巨大损失。因此对技术水平较高的甲基溴替代技术应建立一套技术操作规程以指导农民使用。

中国在甲基溴替代品和替代技术的研究上起步较晚，迫切需要引进国外成熟的技术和经验，并结合中国具体情况，开展适合中国国情的替代技术试验和示范，以加快中国淘汰甲基溴的进程。

（3）中国专家考察国外甲基溴替代技术。2001年2月10—24日，国家环保总局、农业部、外交部和石化局的专家和官员参加了德国技术合作公司和其他合作伙伴组织的甲基溴替代技术考察团。

考察团考察了德国、荷兰和摩洛哥的甲基溴替代技术。中国专家还参观了使用和制造甲基溴替代品的农业研究院所、农场和公司。

中国专家了解到甲基溴最新的替代技术，如生物控制、嫁接技术、天敌、种苗生产、温室、自然基质、园艺以及一些控制害虫的方法。

（4）《中国甲基溴行动》刊物出版。2001年3月在德国技术合作公司支持下，国家环保总局与德国技术合作公司联合出版了《中国甲基溴行动》中英文

双月刊刊物。《中国甲基溴行动》出版的目的是为中国政策制定者及有关部门提供有关使用甲基溴带来的环境问题以及国际社会淘汰这种物质所作的各种努力的信息，这些信息将有助于探讨在中国可能考虑的甲基溴替代技术及其相关的建设性的政策方案。通过该刊物的出版，推动中国签署《蒙特利尔议定书》哥本哈根修正案的进程。

《中国甲基溴行动》期刊将宣传淘汰甲基溴，并鼓励有关人员在期刊上展开讨论，以便为决策者、政策制定者、“议定书”哥本哈根修正案批准者提供信息，也为参与甲基溴的替代品研制、替代技术开发人员提供有关信息。

该出版物分发农业部、外交部、国家经贸委、国家烟草专卖局、进出口检验检疫局、粮食储备局、海关总署、中国石化协会以及与消费甲基溴有关的部委和机构，也将发行到省、市的农业部门、研究院所及甲基溴生产、消费者等有关单位和人员。

（5）中国甲基溴项目最新情况

①中国两个甲基溴项目获蒙特利尔多边基金执委会批准。2001 年 3 月 28—30 日，第 33 次蒙特利尔多边基金执委会批准了联合国环境规划署提交的 2001 年度业务计划，其中有两个是有关推动中国淘汰甲基溴行动的项目，一个是支持中国淘汰甲基溴的公众宣传研讨会，以推动中国政府签署哥本哈根修正案；另一个是中国研究甲基溴替代技术的技术经济评价项目。

②中意“甲基溴土壤消毒替代技术及能力建设”项目签署。该项目是国家环保总局与意大利环境部为推动中国早日淘汰甲基溴而实施的环境领域国际合作项目。该项目自 2001 年 1 月起实施，经费由意方提供，实施期限为 24 个月。

③国家环保总局正在申报一个“中国甲基溴土壤熏蒸消毒替代技术的筛选”项目。该项目将针对主要使用甲基溴土壤熏蒸的作物如烟草、蔬菜和草莓，采用甲基溴化学品替代技术和非化学品替代技术等方法进行研究。

4. 对中国控制甲基溴的几点建议

根据我国的具体情况，建议争取国际援助，在世行、UNEP 和 UNDP 等国际执行机构的支持下，在国际专家的协助下，制订一个中国淘汰甲基溴的行业计划，这个行业计划应包括以下几个方面：

（1）加强甲基溴替代技术的示范实验研究。由于中国经济条件的限制，目前对农药的研究和开发投入有限，希望通过双边合作的形式，争取更多的援助，开展甲基溴的化学品或非化学品替代技术示范研究。从长远角度出发，安全的、不损坏环境的非化学品替代技术是最佳选择，也与中国的生态农业技术路线一致。中国目前研究非化学品替代技术经验不足。荷兰开发、研究非化学品替代技术有一百年的历史。德国、荷兰等国愿意与中国加强这方面的合作。因此，应抓住这个契机，争取更多的国际合作项目，引进发达国家成熟的甲基溴替代技术和经验，开发出符合中国实际情况的甲基溴替代品。

（2）开展淘汰甲基溴对农业生产、社会经济、环境影响的综合评价。中国淘汰甲基溴不仅需要成熟的甲基溴替代技术，而且淘汰甲基溴后，有可能会影响农业经济的发展，特别是加入世界贸易组织后，短期内有可能对中国农业的发展造成不利的影响。因此，建议与国内有关部门加强沟通和合作，争取国际援助，开展淘汰甲基溴对农业生产、社会经济和环境的影响的综合评价。

（3）加强中国淘汰甲基溴的政策研究。甲基溴是《蒙特利尔议定书》哥本哈根修正案中规定的受控物质，国际社会不断向中国施加压力，中国淘汰甲基溴行动涉及国际履约以及与本国环境、农业相关政策的协调，因此，应加强政策研究，争取国际援助，推动中国尽快加入哥本哈根修正案。

履约：正面挑战

1. 履约工作面临的挑战

（1）继续加强保护臭氧层政策法规建设，加强执法监督管理。到目前为止，中国已颁布实施了 20 多项保护臭氧层的政策法规，对消耗臭氧层物质及其制品的生产、消费、进出口等各个环节进行管理。随着淘汰进程的加快和市场经济

体制的建立，还应尽快将保护臭氧层的工作纳入法制轨道，将有关规定纳入《中华人民共和国大气污染防治法》；加快建立消耗臭氧层物质进出口管理制度和监督机构；研究对消耗臭氧层物质及其制品征收环境税或对使用消耗臭氧层物质的企业征收排污费的实施方案，利用经济杠杆促使企业和消费者减少对消耗臭氧层物质及其制品的消费；对消耗臭氧层物质及其制品的替代品研究开发、生产、销售等实行一定的优惠和保护政策，以利于实现消耗臭氧层物质生产淘汰、消费淘汰和替代品同步生产，满足国内消费的需求。

（2）尽快加入《哥本哈根修正案》（注 16）。为了有效控制甲基溴的生产和消费，第十一次《蒙特利尔议定书》缔约方大会再次呼吁：各国尽快签署《哥本哈根修正案》。中国是甲基溴生产和消费的大国，由于种种原因，我国尚未签署《哥本哈根修正案》。现在全球已有近百个国家签署了《哥本哈根修正案》，控制甲基溴的生产与消费增长已成为全球的必然趋势，我国应该积极响应。

为此，我国应尽早将甲基溴替代品的研究开发工作纳入到国家研究开发计划中，积极开展替代技术示范工作。与此同时，对我国甲基溴控制和淘汰活动进行经济和技术评估，提出控制我国甲基溴生产和使用的对策，创造条件，尽快签署《哥本哈根修正案》。

（3）继续争取多边基金的支持和淘汰技术的优惠转让。中国政府履行议定书的前提条件，始终是多边基金提供足够的资金援助和发达国家转让有关技术。在 2000—2010 年，中国实现消耗臭氧层物质的完全淘汰还须增加多边基金费用，各行业要积极筛选，准备更多的消耗臭氧层物质淘汰投资和非投资项目，确保我国争取更多的多边基金的支持。

（4）应加强我国已批准的项目的执行情况管理。目前我国是获资助最多的国家之一，因此我国项目执行情况将备受国际社会的关注。当前我国已是 ODS 最大的生产国和消费国，在 ODS 淘汰方面的工作已引起国际社会的广泛注意。项目执行情况将直接影响到我国能否按照“议定书”规定时间表实现我国履约义务。

2. 今后应采取的立场

（1）多边基金 2003—2005 年增资研究工作大纲。伊朗代表 77 国加中国提出专家组研究，要以国际资金需求评估为基础，但遭到美国的反对；美国提出这是一项独立性研究，必须考虑缔约方大会已有的有关决定和执委会拟定的有关指南，并提高资金利用的有效性；另外一些发展中国家代表提出增资评估研究应该考虑的因素，包括 HCFC 的价格增长因素等等；中国、印度和伊朗强调在开展研究过程中同第五条国家的臭氧机构加强沟通的重要性。各方没有达成一致。大多数国家认为增资要求的主要目标应为：维持已取得的淘汰效果；实现 2005 年和 2007 年淘汰目标；鼓励加快淘汰进程的国家加速 ODS 的淘汰；加强国家臭氧办的能力建设。

（2）第五条国家 HCFC 提前淘汰问题。欧盟于 2000 年工作组会议和缔约方第 12 次会议上两次提出讨论重新调整第五条国家 HCFC 的受控淘汰时间表，但遭到大多数发展中国家的反对，主要原因是提前淘汰将严重影响到发展中国家 ODS 淘汰进程和有关工业发展。美国、日本等国是 HCFC 生产和出口大国，提前淘汰 HCFC 将明显对其经济利益带来不利影响，因此他们并不支持欧盟的建议。欧盟又提出新的议案，要求对发展中国家提前淘汰 HCFC 有关的经济、技术和其他因素进行研究，并提交报告，以便缔约方大会考虑是否调整发展中国家 HCFC 淘汰时间表。伊朗代表 77 国加中国表示反对上述议案，印度表示如果有资金和技术支持，印度可以考虑加快淘汰 HCFC，我国也表示可以开展有关研究，但不能将研究结果作为调整时间表的依据，同时要给更长的时间，以便充分了解发展中国家所面临的问题与挑战。面对这种情况，我国的立场是：反对在近期有关会议上讨论调整 HCFC 时间表；可以接受请研究机构对欧盟的建议给第五条国家带来的影响进行评估，但这种评估必须是全面的，包括经济、技术和社会的因素；评估必须有一定时间的保证，确保评估结论能够真正全面反映有关情况；建议欧盟通过双边或多边基金在第五条国家实施可靠的替代品应用示范项目，或举行有关研讨会，这样会得出更客观的评价结果；评价结果与淘汰时间表的调整不挂钩。

（3）加工助剂问题。缔约方第10次会议决议X/14确定了《附表A》中的25种ODS作为工业助剂的用途，并同时要求成立专家组收集新的ODS作为加工助剂使用的信息，报告缔约方大会，缔约方大会将根据此报告对表A进行调整。在第21次不限名额工作组会议上，专家组报告了来自中国、印度等国20多种新的用途。美国代表以这些信息确切性不充足为由，要求专家组继续收集有关信息，其目的就是加快发展中国家ODS作为加工助剂的淘汰，为其自己继续利用 ODS 作为加工助剂寻找理由。我们应争取欧盟及其他发展中国家的支持，强调目前的重点应该是采取实际行动，执行缔约方第10次会议决议，同时要求专家组加紧收集有关信息，以便缔约方大会作出决定，明确反对一些国家被免除义务而同时要求其他国家继续进行淘汰的歧视性做法。

（4）多边基金机制（注17）评估问题。法国在第21次不限名额工作组会议上提出议案，要求对多边基金机制运行进行评估，这一建议遭到美国的质疑，提出目前多边基金正在进行战略性规划，无须进行评估。加拿大、澳大利亚等国表示可以考虑进行评估。一些发展中国家则担心此项评估可能与增资研究相冲突。我国的立场是：虽然在多边基金执委会上已连续多次讨论了多边基金战略规划问题，但始终没有提出具体的、可操作的、有利于第五条国家履约的国家执行方式的议案，因此支持开展对多边基金机制的评估工作，促使在多边基金执委会上多边基金战略规划问题能取得实质性进展。但此评估工作不应影响增资研究。

（5）多边基金捐款固定汇率问题。在第21次不限名额工作组会议上讨论了多边基金秘书处财务主管向大会提交的一份有关多边基金自 2000 年以来实行捐款固定汇率情况的报告，报告显示实行固定汇率给基金带来了7.8%的损失，使原来增资谈判达成的数额大大缩小。以欧盟为首的主要捐款国表示这种情况不足以说明固定汇率做法不当，提出损失的主要原因是国际金融市场上美元连续强劲，同时也应该从实际购买力角度来分析这一损失，实际上没有给第五条国家带来损失，我国和印度等国对发达国家的意见表示反对，并提出必须采取措施改变这种情况，促使有关各方在继续讨论的基础上，作出将进一步研究以解决基金损失问题的决议。

3. 应当引起重视的问题

由于目前ODS的生产、消费和替代品的发展不够协调和平衡，CFC和Halon等ODS物质的价格呈上涨趋势，可能诱发ODS的地下非法生产和进出口；同时，替代品的价格相对ODS的价格仍然比较高，受经济利益驱使，有些已完成ODS淘汰的企业可能回潮使用ODS。有必要建立国内非法生产、消费ODS物质的控制系统，加强监督管理。

注释：

注1 ODS：消耗臭氧层的物质。

注2 氟氯烷烃：CFCs。

注3 溴氟烷烃：哈龙（Halons）。

注4 HCFCs：氟氯烃（Hydrochlorofluorocarbons），《蒙特利尔议定书》中附件C第一类物质。

注5 HFC—134a：含氢氟烃134a（CH_2FCF_3），替代物之一，消耗臭氧潜能值为0。

注6 HFC—152a：含氢氟烃152a（CH_2CHF_3），替代物之一，消耗臭氧潜能值为0。

注7 CFC141b：（$CHCFCl_2$），《蒙特利尔议定书》附件C第一类物质。

注8 1,1,1—三氯乙烷：即甲基氯仿（$C_2H_3Cl_3$），《蒙特利尔议定书》附件B第三类物质之一，消耗臭氧潜能值为0.1。

注9 计量吸收器：计量吸入器，原统称“药物气雾剂”英文为medical dosage inhaler缩写MDI。这里指“内用喷剂”，主要用于哮喘病人。因含有CFC作为推进剂，属淘汰之列。

注10 第二条国家：依照《蒙特利尔议定书》第二条规定行事的国家，多为发达国家。

注11 第五条国家：由缔约方大会通过，满足《蒙特利尔议定书》第五条第一款规定的发展中国家，第五条国家在履行部分第二条规定时享有10年的宽限期。

注12 甲基溴：CH_3Br（Methyl Bromide），《蒙特利尔议定书》中附件E中的物质，消耗臭氧潜能值为0.6。

注13 《北京宣言》：1999年11月在北京召开的《蒙特利尔议定书》第十一次缔约方大会通

过的关于重申保护臭氧层承诺的《北京宣言》。

注 14 《赫尔辛基宣言》：1989 年 5 月 2 日在赫尔辛基召开的《蒙特利尔议定书》首次缔约方大会上通过的关于保护臭氧层的宣言。

注 15 非第五条缔约方：第二条国家和欧共体。

注 16 《哥本哈根修正案》：1992 年 11 月在哥本哈根召开的《蒙特利尔议定书》第四次缔约方大会通过的修正案，将甲基溴、氟氯烃和氟溴烃列为受控物质，并规定了其淘汰时间表。该修正案于 1994 年生效。

注 17 多边基金机制：根据《蒙特利尔议定书》第十条规定而建立的为了进行财政和技术合作以执行《蒙特利尔议定书》的多边基金。

三、举步维艰的《联合国气候变化框架公约》

自从1992年在里约热内卢缔结《联合国气候变化框架公约》以来，国际社会为减少温室气体的排放作出了一系列努力。1995年的“柏林会议”通过了“柏林授权”，启动了具体谈判进程。1997年的“京都会议”又通过了《京都议定书》，提出了工业国减少温室气体排放的具体目标。1998年的“布宜诺斯艾利斯会议”又制定了《行动计划》。

1997年12月，来自149个国家和地区的代表在日本东京召开了《联合国气候变化框架公约》缔约方第三次会议，经过艰难的谈判，会议通过了旨在限制发达国家温室气体排放量以抑制全球变暖的《京都议定书》。

《京都议定书》中规定，到2010年，所有发达国家排放的CO_2等6种温室气体的数量，要比1990年减少5.2%，发展中国家没有减排义务。对各发达国家说来，从2008年到2012年必须完成的削减目标是：与1990年相比，欧盟削减8%、美国削减7%、日本削减6%、加拿大削减6%、东欧各国削减5%～8%。新西兰、俄罗斯和乌克兰则不必削减，可将排放量稳定在1990年水平上。“议定书”允许爱尔兰的排放量分别比1990年增加10%、澳大利亚和挪威的排放量分别比1990年增加8%、1%。根据《京都议定书》的规定，需要在占全球温室气体排放量55%的至少55个国家批准之后，《京都议定书》才具有国际法效力。

会议虽然开了不少，所有发达国家也都参加了《联合国气候变化框架公约》，并承诺减少温室气体排放，承诺向发展中国家转让有关技术，承诺向发展中国家提供资金援助。但目前的实际情况是，据统计，发达国家温室气体排放，仍在以每年1.5%的速度递增。如果不采取有效措施，到2010年发达国家的温室气体排放将比 1990 年高 18%。

2002 年 9 月 3 日，中国国务院总理朱镕基在约翰内斯堡可持续发展世界首脑会议上讲话时宣布，中国已核准《〈联合国气候变化框架公约〉京都议定书》。朱镕基指出，这显示了中国参与国际环境合作，促进世界可持续发展的积极姿态。此前中国常驻联合国代表王英凡大使已于同年 8 月 30 日向联合国秘书长安南递交了中国政府核准《〈联合国气候变化框架公约〉京都议定书》的核准书。

中国政府认为，《联合国气候变化框架公约》及其《京都议定书》为国际合作应对气候变化确立了基本原则，提供了有效框架和规则，应当得到普遍遵守。欧盟各成员国及日本已批准了议定书。中国希望其他发达国家尽快批准或核准议定书，使其能够在 2002 年内生效。至此，批准议定书的国家已超过 55 个，但批准国家的温室气体排放量仅为全球温室气体排放总量的 36%，尚不足以使《京都议定书》生效。

美国人口仅占全球人口的 3%至 4%，而所排放的 CO_2 却占全球排放量的 25%以上。美国曾于 1998 年 11 月签署了《京都议定书》。但 2001 年 3 月，布什政府以“减少温室气体排放将会影响美国经济发展”和“发展中国家也应该承担减排和限排温室气体的义务”为借口，宣布拒绝执行《京都议定书》。

事实上，《京都议定书》如今所遇到麻烦的根子，早在布什入主白宫前就已经种下了，在 2001 年 11 月于海牙举行的有关执行《京都议定书》的一轮谈判中，美国代表就提出的所谓建立实现《京都议定书》目标的灵活机制的建议，当时这个建议被欧盟代表完全拒绝。按照美国的所谓灵活机制建议，国与国之间可以就废气排放权进行交易，并实行森林和农业吸收 CO_2 的信用债权制度，也就是说如果美国可以通过帮助其他国家种植一定数量的森林，从而取得相应的废气排放权利，以抵消本国所承担的减少排放废气的义务。欧洲的部长们针对美国的这一要求给的回答是，“我们制定限制排放废气的协议，不是要与美国讨价还价，而是要美国在减少排放废气的问题上采取切实的行动。”而美国方面也清楚地表示，不会执行《京都议定书》，因为如果按《京都议定书》的要求去做，美国的经济将付出沉重的代价。

美国政府对《京都议定书》态度的 180 度大转弯，激起了世界各国的一片批评声。很多国家的官员表示，对布什政府的做法感到震惊，作为一个对世界事务有影响的大国，怎么会如此出尔反尔，说话不算话呢？就连美国一位前能源部门的负责人也认为，美国现政府这样做是一种轻率、不成熟的表现。欧洲国家就是否执行《京都议定书》的争吵中，态度十分强硬，认为《京都议定书》已经到了该认真执行的时候。

全球有关气候变暖的话题事实上已经讨论了近10年，早在1992年联合国大会讨论气候变化公约框架时，现任总统小布什的父亲、当时的美国总统老布什，就是这一框架的积极倡导者。

尽管美国与欧盟在执行《京都议定书》的目标上有了严重裂痕，但这并不表明整个“游戏”到此已经结束。现在使《京都议定书》继续“存活”下去的机会还不能说已经完全丧失。虽然2001年11月海牙联合国气候会议没有取得进展，大家不欢而散。但与会各国仍然同意来年再举行这样的会谈。

推进“柏林授权”

1992年5月9日，《联合国气候变化框架公约》在纽约联合国总部举行的气候变化框架公约政府间谈判委员会第5次会议上得到通过。同年6月11日，在里约联合国环境与发展大会上开放签字，李鹏总理代表中国政府签署了该公约。1992年10月30日至11月7日在北京召开的中国第七届全国人大常委会第28次会议上审议并批准加入该公约，1993年1月5日向联合国秘书长递交了加入书。该公约于1994年3月21日生效（50个国家加入后90天）。公约秘书处设在德国波恩。截至1999年10月已有179个国家和一个区域经济组织成为缔约方。

该公约由前言、26条内容及两个附件组成。前言陈述了公约各缔约方在与全球气候变化有关各方面问题及原则立场上取得的共识。其中包括对气候变化的客观存在、人类活动对气候变化的贡献、气候变化可能的不利影响、科学上仍存在的不确定性，发达国家作为主要排放源的现实、发达国家和发展中国家

“共同但有区别的责任”、应付气候变化的国际合作中的主权原则、发达国家应首先采取行动、发展中国家的特殊需要和困难等。在公约的具体条款中对有关定义、目标和原则，各缔约方的承诺、缔约方会议、秘书处、附属机构、资金机制、提供履约信息等作了规定。作为该公约核心部分的第四条，规定各缔约方向缔约方大会提供源（注 1）和汇（注 2）的国家清单，减缓和适应气候变化的措施，控制、减少或防止温室气体人为排放的技术、作法和过程，有关的政策、计划，科学研究、公众教育等方面应做的工作。该条根据“共同但有区别的责任”，要求“附件一”（注 3）所列的发达国家应制定国家政策和采取相应的措施带头依循公约的目标，改变人为排放的长期趋势，要求此类缔约方应在公约对其生效后六个月内，并在以后定期地提供有关政策和措施及源和汇的信息，目的在于使人为排放水平恢复到 20 世纪 90 年代的水平。该条还规定附件二所列的发达国家应提供新的和额外的资金，以支付经议定的发展中国家缔约方为履行本公约的有关条款所规定义务而招致的全部费用。

公约生效以来，发达国家在履行公约方面进展不大。1995 年，在柏林召开的缔约国第一次会议上，160 个国家的代表签署了《柏林公约》。提出要减少排放能造成温室效应的气体，但并没有规定具体的数字和期限。与会者决定，在 20 世纪余下的数年间，不允许加大有害产品的排放量，要求工业化国家对第三世界国家进行生态投资，并选择波恩作为联合国气候变化框架公约常设秘书处所在地。同时，审评了第 4 条第 2 款（a）项和（b）项（注 4），得出结论认为这些是不充足的，一致同意开始一个进程以使其能够为 2000 年以后的阶段采取适当行动，包括通过一项议定书或另一种法律文书，以加强附件一所列缔约方在第 4 条第 2 款（a）项和（b）项中的承诺。这就是所谓的“柏林授权”。

1996 年，在日内瓦召开的第二次缔约国会议上，150 个国家的代表参加确定“相互联系的量化目标”，以限制工业化国家对造成温室效应的气体的排放。

为了推进“柏林授权”要求的进程，成立了“柏林授权特设工作组”，并开始了有关上述议定书或另一种法律文书的谈判，经过艰苦的谈判，1997 年 12 月，在日本京都举行的第三次缔约方大会上通过了一项具有法律约束力的议定书——《京都议定书》。该“议定书”规定，工业化国家在 2008—2012 年将温室气体排放量在 1990 年的水平上平均减少 5.2%。其中欧盟减排 8%，美国减排 7%，日本减排 6%。同时通过了在发达国家间进行排放贸易的决定。

1998 年，在布宜诺斯艾利斯召开的第四次缔约国会议上，170 个国家的代表通过了一个被称作“2000 年日程的工作计划”。“计划”规定，2000 年为启动《京都议定书》确定的清洁发展机制的期限。

1999 年，在波恩召开的第五次缔约国会议上指出，工业化国家与发展中国家之间存在根本分歧，双方在应对气候变化时侧重点也各不相同。

三个谈判焦点

所谓“气候变化问题”是一个十分敏感的问题，为了确保这一问题的解决，我国公约的谈判事宜由外交部牵头，计委、科委、国家环保局、气象局（负责国家信息通报）、电力部、科学院派员参加。为加强履约工作，我国成立了国家气候变化对策协调小组，该协调小组是气候变化对策问题的跨部门议事协调机构，由国家计委牵头，国务院 13 个部门参加。在《联合国气候变化框架公约》问题上我国与发达国家之间存在着一定的分歧，这些分歧主要包括：

1. 关于清洁发展机制问题

为控制温室气体排放，“公约”提出要实施清洁发展机制项目。清洁发展机制涉及发达国家和发展中国家之间在二氧化碳减排量交易方面的合作，目的是协助缔约方实现可持续发展和有益于“公约”的最终目标，并协助发达国家实现其减排承诺。

在资金机制问题上，“公约”规定：发达国家缔约方应提供新的和额外的资金，以支付经议定的发展中国家缔约方为履行规定的义务而发生的全部费用，还应提供发展中国家缔约方所需要的资金，包括用于技术转让的资金。因此，清洁发展机制（注 5）资金不应来源于投资国（发达国家）现有的官方援助基金和全球环境基金，而是新的额外的资金。但有些发达国家企图利用官方援助基金来获得减排量信用额，对此我国坚决反对。

此外，在清洁发展机制项目的基准线如何确定、减排信用能否分享以及如何运作等技术方法和管理机制上的问题，双方也存在较大分歧。

2. 关于技术转让问题

发达国家认为没有必要建立技术转让机制，并过分强调私有技术的重要性，主张尽量依靠市场机制来进行技术转让，认为发展中国家在接受能力方面存在较大障碍，等等。我国反对发达国家强调以市场机制为核心和以知识产权保护为借口的推脱，希望发达国家应履行对技术转让问题的承诺。通过筹集公共资金购买、提供开发研究资金等多种方式实现向发展中国家的技术转让。同时无任何附加条件地向发展中国家转让有良好市场潜力、先进的环境技术。

3. 土地、土地利用变化与森林项目是否应成为清洁发展机制项目的问题

这是“公约”谈判中的一个焦点问题。“公约”中提出要促进可持续地管理，“包括生物质、海洋、森林以及其他陆地、沿海和海洋生态系统”。此类项目的特点是减排潜力大但具有较大的不确定性；减排成本很便宜但难于管理，且受气候影响较大；项目周期很长，具有多种效益，计算成本效益分摊较难；项目特性与工业项目相差较大，相互间减排成本效益可比性差。发达国家想把此类项目纳入清洁发展机制项目，但我国和其他一些发展中国家反对。

第一次缔约方会议的斗争

1995 年 3 月 28 日—4 月 7 日，公约缔约方第一次会议在柏林举行。会议受到与会各国的高度重视。会议规模之大，出席国家之多，仅次于 1992 年的里约会议。欧洲各国更是对会议寄予厚望，进行了广泛的宣传报道，非政府环保组织在会场附近组织了多次游行活动，敦促会议进一步采取限制温室气体排放的措施。

各方在关键问题上分歧较大，各种利益矛盾交错，错综复杂，既有发达国家与发展中国家的矛盾，又有发达国家内部和发展中国家内部的不同利益和意见分歧。在进一步限控等重大问题上，欧盟国家与美、日、澳、加等国的立场明显不同，但在要求发展中国家也开始承担一定具体限控义务方面，意见基本一致，只是在程度上和策略上有所区别。在发展中国家内部，小岛联盟和阿根廷等少数拉美国家强烈要求会议立即开始谈判加强公约义务的议定书；以科威特、沙特为代表的石油国家则担心新的限控措施会对石油收益造成影响，反对开始议定书的谈判；而印度、中国、巴西等一些主要发展中国家则担心发达国家利用议定书的谈判对发展中国家增加新的限控义务，对加强公约义务持谨慎态度。整个会议进程艰难而紧张，各种问题的磋商或谈判夜以继日、通宵达旦。经过连续两周的激烈谈判，会议终于就议定书谈判、联合履约标准、技术转让等主要问题达成一致意见，通过了近 33 项决定。

关于“谈判议定书”问题，在会议筹备阶段未能达成任何协议。发达国家曾想利用此问题套发展中国家承担新的限控义务，使我国及印度、巴西等一些持谨慎态度的国家面临很大压力。会议开始后，印度、巴西、中国等国家联合小岛国联盟，共同提出一份文件，同意就加强发达国家义务问题开始磋商，明确提出这种磋商不能给发展中国家增加任何新的义务，该议案得到了欧盟国家的原则支持。在强大的政治和舆论压力下，经过各个层次、各种方式的反复磋商和艰苦谈判，会议终于达成协议：设立一个各缔约国均可参加的特设工作组开始公约议定书的谈判，以使发达国家在 2000 年以后进一步减少温室气体排放，而不对发展中国家增加任何新的义务；谈判应于 1997 年第三次缔约方会议时完成。欧盟国家、多数发展中国家对此表示欢迎，美国、日本、澳大利亚、加拿大等国勉强接受，小岛国联盟对决定中未明确提及发达国家具体限控指标表示不满，石油输出国则对决定开始议定书谈判表示强烈保留。

在联合履约问题上的主要分歧，一是部分国家认为联合履约仅限于发达国家之间，而其他国家则认为发展中国家也可在自愿的基础上参与；二是关于是否要计算“抵消额”。所谓抵消额是指发达国家可以通过向发展中国家提供高效节能设备和技术或合资造林，以减少温室气体排放，但减少的量应计算在投资

国的账上或双方分享。美国坚决主张“抵消额”是联合履约中最关键的要素。而发展中国家则认为在现阶段应排除对抵消额的计算。经过昼夜的谈判，最终达成协议：先就这种联合履约建立一个试验阶段，发展中国家可在自愿基础上参与；这种活动必须经政府的批准，每一缔约方根据公约所承担的义务不变；试验阶段不计算任何抵消额，缔约方会议应在20世纪末就是否结束试验阶段作出决定。

此外，会议还通过了关于技术转让的决定，要求秘书处编制一份发达国家可向发展中国家转让技术的清单，并提交缔约方大会每年进行审议。会议确定了“全球环境基金”继续在临时基础上作为公约的资金机制；确定了公约下设的科学技术咨询机构和履约机构的作用和工作计划，并选举了两附属机构的主席；决定公约秘书处设在德国波恩。

在会议上，中国代表团系统阐述了在气候变化问题的原则立场，强调发达国家应对气候变化负主要责任，指出发达国家切实履行公约是实现公约目标的第一步，在现阶段不能强加给发展中国家任何新的和额外的义务。在会议进程中，坚决反对所谓“较先进的发展中国家”的提法，使一些欧盟国家在谈判后期不再坚持这种划分。在涉及我国根本利益的问题上态度坚决，而在其他一些问题上又表现出了适当的灵活性，松而不动，退而不让，既维护了国家利益，又保持了在国际环境领域的积极形象，团结了大多数参会国，对会议的成功作出了贡献。大会主席，德国环境部长曾表示：“若无中国代表团的支持与合作，此次会议不可能取得成功”。

在关于是否制定议定书的谈判中，坚守不能给发展中国家增加新的义务的原则，挫败了发达国家套发展中国家承担新义务的种种图谋。对要求发达国家承担新的限控的义务的建议，特别是在规定这类国家的具体限控指标问题上，又表现了一定的灵活性。积极参加“77＋1”（注 6）的磋商，推动发展中国家内部的立场协调和团结，基本保持了发达国家与发展中国家各为谈判一方的态势。

要求发达国家切实履行向发展中国家转让技术的承诺，并提出了具体的决定草案，得到了发展中国家的普遍响应和大力支持，最终形成“77＋1”的共同文件提交大会，并得到通过。

在联合履约问题的磋商中，始终坚持一贯原则和立场：不能通过联合履约将限控义务转嫁给发展中国家；不能将联合履约作为其减排温室气体的主要手段；联合履约的资金不能作为其履行提供资金义务的一部分等。这些原则立场已在有关决定中得到了体现，不仅维护了我国和发展中国家的利益，而且为在将来参加联合履约的活动提供了保障。

在此次会议上，议定书的谈判主要针对发达国家2005年、2010年和2015年承担限控义务，对发展中国家没有增加任何新的义务。

争论不休的京都会议

1997年12月1—11日，缔约方第三次会议在日本京都举行，150多个国家代表参加会议。会议原定10日结束，但由于发达国家在确定温室气体的减排指标问题上争论不休，并采取拖延政策，最后谈判连续进行近 50 个小时，拖至11日下午才结束，通过了《京都议定书》。

1．会前各方的态度

在围绕议定书所展开的激烈的谈判斗争中，各方立场相距甚远，争议较大。但对谈判有影响的主要是欧盟、美国及77国集团加中国三方。各方间的矛盾错综复杂，且在不断变化。

（1）发达国家之间的分歧。发达国家之间的分歧主要反映在限制温室气体的种类，特别是制定什么样的限排指标及措施上。①限控的温室气体。欧盟主张先列明CO_2等三种气体，到2000年再加上另外三种气体。美国主张通过“遵守程序”逐步列入；挪威主张包括所有温室气体；日本主张只限控CO_2；巴西认为迄今99%的温室气体是CO_2，故限控气体应限于CO_2等主要气体，中国支持这种提议。②限控目标。欧盟提出2010年将CO_2等主要温室气体削减15%，美国、澳大利亚、日本等国表示绝不能接受，他们坚持任何指标及政策的制定必须体现“灵活性”与“区别对待”，应从各国的国情出发。③减排措施。欧盟主张参与国家争取统一的减排政策和保证措施，而美国坚持灵活性与区别对待，主张实行排放贸易和联合履约方式，实质是不愿在本土实行减排，在发展中国家中实现自己的减排义务，欧盟对排放贸易持不同看法，认为此事说着容易，做起来难。涉及问题太多，近期难以实现，认为确定目标是最现实的，要求先从本国做起。加拿大、澳大利亚、新西兰态度接近美国。

（2）发达国家之间的联合妥协。虽然发达国家内部矛盾重重，但在要求发展中国家承担义务上是一致的。他们不断要求发展中国家，特别是一些较大的发展中国家应尽快参加到减排的行列中来。美国明确提出，2005 年是全球减排的时限。美国、加拿大、日本、澳大利亚主张在京都会议后立即启动“后京都进程”（注 7），并要求发展中国家在京都通过的议定书中承诺 2000 年后参与减排进程。加拿大称，如果发展中国家不承诺 2000 年后参加减排，本国对签署议定书非常困难；日本、美国称，他们并不要求所有发展中国家参与后京都进程，而是要求那些大的和较富的发展中国家参与，最不发达国家和小岛国除外。

大部分发达国家，尤其是美国寄托希望在国外执行其减排，因此坚持联合履约或排放贸易，并将争取与发展中国家进行联合履约或排放贸易。

（3）发展中国家的联合与可能的分化。发展中国家在根本问题上基本一致，要求发达国家首先履行公约下的承诺，并强调不能向发展中国家引入任何新的义务；小岛国联盟（注 8）与石油输出国之间的矛盾由来已久，小岛国认为，是否大力减排关系其生存，而石油输出国则认为限控将严重影响其石油出口，危害其经济发展，因而坚决反对任何减排指标，并且要求建立赔偿机制。小岛国的主张在一定程度上与欧盟合拍，而石油输出国的观点与美国接近。因此，发展中国家在谈判中会出现“错位”现象，在“表层”共同利益上会保持一致，但随着谈判的深入和自身的根本利益上很可能出现分化。

（4）我国的处境与选择。鉴于这种复杂形势，我国面临的处境会越来越复杂，很有可能处于被孤立的境地。发达国家和许多发展中国家对中国快速增长的经济、不断增强的综合国力、二氧化碳排放量世界第二的事实都不可能不表现出“兴趣”和“关注”，因此，我国除了在错综复杂的矛盾中积极利用灵活的外交手段，为我国和发展中国家争取利益的同时，决不承担超越发展中国家能力的履约义务，但考虑到全球利益，愿意在发展经济的同时致力于采取有效措施减少二氧化碳排放。如果发达国家认真履行在公约中的提供资金和转让技术的承诺的话，可以帮助中国加快限控二氧化碳。

2．会议情况

自1992年在里约签署公约以来，发达国家在减排问题上行动迟缓。因此在1995年4月缔约国第一次会议上，通过了柏林授权文件，要求通过一项议定书或另外一种法律文书，加强发达国家在2000年后减少或限制温室气体排放的目标，并明确规定不能为发展中国家引入任何新义务。围绕这一具有法律约束力的文件的制定，各方进行了两年多艰苦谈判，但无实质性进展。公约缔约方在1997年就召开了三次会议，就议定书下的各项内容进行谈判，旨在争取在京都会议上通过这一议定书。

京都会议的目的是，根据公约第一次缔约方会议一号决定（即“柏林授权”），谈判通过一项为发达国家规定2000年后温室气体减排目标和时间表的议定书。欧盟积极推动制定议定书，并已提出较高的减排指标，每个发达国家到2010年减排15%。美国为逃避其作为温室气体的第一排放大国的责任，会前由克林顿总统发表讲话，宣布了对京都会议的基本立场：推迟温室气体减排的时间并降低减排指标，在2012年前为零排放，并附四个条件，即在“议定书”中规定：排放贸易，联合履行，主要的发展中国家自愿承诺减排温室气体，启动新一轮谈判进程，规定发展中国家参与限制排放。美国大企业集团表示坚决反对美国承诺减排，宣称按目前状况，在美国境内如实现二氧化碳1%的减排，将每年付出2 000亿美元的代价。为减轻其压力并转嫁责任，会议开始，美国便导演了企图套发展中国家承担义务的活动。会议进行到第五天，新西兰抛出“2014年后所有缔约方的限排承诺”的提案，称发达国家在本次会议上作出减排温室气体的具体承诺，要以发展中国家承诺将来承担限制温室气体排放的义务为条件，但77国加中国明确表示反对，30多个发展中国家发言，拒绝启动所谓“后京都进程”，并拒绝对新西兰提案进行讨论，挫败了这一图谋。

南北对抗始终影响着议定书谈判。美国、日本、加拿大等发达国家一方面竭力拖延有关减排指标的谈判，另一方面又在排放贸易、联合履行等问题上向发展中国家施加压力。我国严格按照“柏林授权”，反对为发展中国家规定新义务，阻止启动“后京都进程”，阻止自愿承诺条款（注 9），反对在议定书中确立排放贸易制度。同时对 77 国集团主席及有关国家做了大量深入细致的工作，使会议结果基本符合柏林授权并维护发展中国家根本利益。

3. 会议成果及影响

“公约附件一”（注 10）所列发达国家和转轨经济国家应在 2008—2012 年的承诺期内将 6 种温室气体的排放总量在其 1990 年排放水平上平均减少 5%。发达国家之间可以通过联合履行其减排政策和措施的方式，实现其减排指标。设立清洁发展机制，协助发展中国家对付气候变化的活动，并协助发达国家实现其减排指标，事实上允许发达国家在清洁发展机制下与发展中国家进行联合履行。所有国家根据“共同但有区别的责任”，继续促进履行公约中已规定的现有义务，主要涉及制定、实施及定期更新减缓气候变化措施和促进适应气候变化措施的本国方案等。

“议定书”没有为发展中国家规定任何减排或限排义务；“草案”中要求发展中国家自愿承诺的条款被删去；关于排放贸易，仅规定公约缔约方应就排放贸易的核查、报告和计算的相关规则、模式、原则和指南作出界定，而未将排放贸易制度作为单独条款纳入议定书；发达国家曾力图启动套中国、印度等发展中国家承担减排义务的“后京都进程”，但未果。

围绕议定书的最后谈判，南北双方在京都展开了激烈的斗争，其实质是责任问题。发达国家称：气候变化是全球问题，应由全世界参与解决。这次若要发达国家作出减排温室气体的具体承诺，发展中国家也必须承诺将来承担“限制温室气体排放”的义务，这种观点貌似有理，实际上根本站不住脚。发达国家无节制地排放温室气体是造成当今气候变化的直接原因，而发展中国家的能源消费尚不能满足基本需要，经济需要进一步发展。发展中国家的代表一针见血地指出：发达国家是奢侈排放，而发展中国家是生存排放，所以发展中国家目前没有责任，也不可能参与减排或限排。发达国家这种推脱责任，逃避义务的无理要求被广大发展中国家断然拒绝。

经过反复激烈的斗争，“公约附件一”38 个国家（发达国家及经济转轨国家）终于同意，以 1990 年排放的温室气体为基数，在 2008—2012 年间，实现平均减排 5.2%，其中欧盟将减排 8%，美国减排 7%，日本和加拿大减排 6%。

气候变化方面的专家们对议定书达成的减排指标如此之低表示失望。比如，“议定书”引入了净排放的概念，即森林、植被可作为二氧化碳的汇，抵消一部分减排量，还引入了全球温暖潜值的概念，即在规定的六种温室气体中，除二氧化碳外，其余五种气体均按一定的比例折算为二氧化碳减排额，折算比例按该气体的全球温暖潜值计算，使发达国家仅靠削减这些气体就可抵消不少减排额，此外，发达国家之间、发达国家与发展中国家之间还有可能通过项目等某些手段调节发达国家承诺的减排额。

需要指出的是，发展中国家目前不承担温室气体减排或限排义务、不与发达国家一道为气候变化承担国际责任，并不表明发展中国家不重视气候变化问题。不少发展中国家尽其所能，采取措施，如控制人口增长，鼓励推广节能技术，大力发展再生能源，植树造林、治理荒漠化等手段来努力减缓温室气体的排放增长率。可以说，在某些方面，包括中国在内的有些发展中国家做的比某些发达国家做的还要多。

关于发达国家向发展中国家提供资金和技术问题，“议定书”中有专门章节论述，即：在现行的公约资金机制下，为发展中国家履行其公约现有义务提供新的和额外的资金，包括技术转让。

《京都议定书》作为南北双方各利益集团反复斗争、妥协的产物终于诞生了，该议定书有许多不尽如人意之处，但毕竟在人类通过具体承诺，减少对气候变化的人为影响方面迈出了第一步，应该说是值得欢迎的。

不能接受的"自愿承诺"

1998年11月2—14日，在阿根廷布宜诺斯艾利斯举行了缔约方第四次会议，161个国家的政府代表团、180个政府间组织和非政府组织参加会议。中国代表团为参加此次会议做了充分的准备，团结广大发展中国家，以"77＋1"模式参加了各议题的谈判，对会议的顺利进行作出了积极贡献。

1. 会议的进程

会议对抗气氛浓厚，南北矛盾是主线。"京都会议"后，发达国家认为他们已经承担了减排温室气体的指标，将其工作重点转向压发展中国家承担减排或限排义务，美国推动会议东道国阿根廷提出了所谓发展中国家自愿承诺的议题。美国在会议上要达到的目标，一是套、压发展中国家承担减排或限排温室气体义务；二是确定建立京都议定书规定的机制的时间表，企图在2000年前完成拟订三个机制的运作规则等。欧盟的主要目的是尽快建立机制的工作方案和时间表，同时主张逐步确定发展中国家的义务。美、欧在机制的性质、运作程序等问题上有矛盾，但在对待发展中国家问题上，发达国家是一致的。绝大多数发展中国家坚决反对自愿承诺，"77＋1"在大的原则问题上能保持一致，与发达国家进行了有力的论争。

会议的突出特点是直到最后时刻才达成了一揽子交易。阿根廷在大会第一天通过"议程"时坚持将所谓发展中国家自愿承诺减排或限排温室气体的义务的议题列入议程，引起了激烈的南北对抗。其他议题的谈判也进行得十分艰苦。美国对第一天未能将自愿承诺议题列入议程很失望，故在会议进程中阻挠所有决定的通过；欧盟在一些议题上设置障碍，针对这一形势，"77＋1"提出：除非就发展中国家所关注的问题达成协议，否则不同意就发达国家所关注的机制工作计划和时间表等问题达成协议。大会的前9天，设立了8个工作组，就8个问题进行磋商。主席之友磋商会在最后三天通宵达旦开会，会议延长一个晚上，经南北小型高级别磋商会通宵谈判，到 14 日凌晨 5 时才达成一揽子协议。

会议的结果满足了各方的需要，东道国得到了《布宜诺斯艾利斯行动计划》，满足了其政治宣传的需要。欧盟得到了关于机制问题的工作方案，美国得到了关于拟订三机制运作规则等的时间表，但自愿承诺被打掉，因此不甚满意。对发展中国家而言，自愿承诺被否决，发达国家利用对其义务是否充分进行第二次审评的议题套发展中国家承担义务的企图没有得逞，《京都议定书》三机制工作方案中反映了发展中国家的主要观点，因此对会议结果也感到满意。总之，会议的结果基本符合公约和议定书的规定，反映了各方的利益。

2. 会议成果

（1）删除了关于发展中国家自愿承诺减排或限排温室气体义务的议题。在会议第一天，阿根廷就要求会议通过关于发展中国家自愿承诺减排或限排温室气体义务的议题，通过自愿承诺套、压发展中国家承担限控义务是某个国家的一项长期战略。问题的要害在于通过自愿承诺创立一种新的国家级别，从而打破公约体系内已确立的发达国家和发展中国家的分类，打乱现有的谈判阵营。一旦得逞将给我国等发展中国家增加很大的压力。在广大发展中国家的坚决反对下，这一议题未列入大会议程。

（2）关于发达国家减排义务是否充足的第二次审评问题未达成协议。第二次审评是按公约要求进行的，主要审评发达国家依照公约 4.2 条（A）、（B）项的义务是否充足。但发达国家企图利用第二次审评机会，套、压发展中国家承担减排或限排温室气体义务。美国提出发达国家的义务之所以不充足，是因为发展中国家未承担义务。欧盟则企图利用第二次审评启动一个对发展中国家义务进行审评的进程，将议题篡改为第三次审评，并与政府间气候变化专业委员会第三次评估报告挂钩。“77＋1”坚持只能依公约规定，对发达国家义务进行审评。各方意见严重对立，大会主席在会议最后一刻宣布在此问题上未达成任何结论，并且宣布删去该议题。

（3）通过《行动计划》。各方同意将关于 6 个议题的决定的标题汇集为一项单独的决定：

① 议定书规定的机制问题。会议未对三个机制进行实质性讨论，只是通过了一项包括各国观点和要求的工作方案，并决定在第六次会议上就机制问题作出一项决定。三机制是发达国家在境外寻求减排抵消额的手段，发达国家为减轻国内减排压力，极力推动在2000年建立起三个机制体系。发展中国家因对机制问题缺乏研究和了解，主张优先考虑清洁发展机制，并在解决了各种有关要素之后，逐步建立机制运行体系。双方矛盾体现为是否应确定一硬性的工作时间表，是否要遵守议定书和有关决定的基本要求，核心是要建立什么性质的机制。这次通过的工作方案所附问题清单是一个妥协的产物，是以"77＋1"的清单为基础拟订的，其中大部分反映了发展中国家的要求和观点。

② 共同执行活动。会议就试验阶段的共同执行活动进行了年度审评，决定继续该试验阶段，帮助发展中国家，特别是最不发达国家、非洲国家和小岛国加强能力建设和取得经验；决定开始准备该活动的综合审评过程，以期为缔约方会议就试验阶段的活动做结论性决定。

③ 技术转让。由于发达国家的阻挠，此议题的谈判十分艰难。"77＋1"明确支持技术转让机制的建立，尽管遭到发达国家的强烈反对，在会议决定中还是成功地引入了技术转让机制的观点。除督促发达国家履行义务外，还请附属机构科技咨询机构主席启动一个磋商进程，包括技术转让的实际行动和增强技术转让能力建设。

④ 资金机制。会议对资金机制的目标有：一是制定缔约方大会对公约资金机制运行实体"全球环境基金"（注 11）的额外指导原则，二是确定其在公约资金机制中的地位。"77＋1"、欧盟、美国分别提出了各自的决议草案。发展中国家认为其存在不少缺陷，而发达国家总的基调是赞扬其优点，不提不足。经发展中国家据理力争，大会通过的对其额外指导原则基本上采纳了发展中国家的主要意见，发展中国家在其地位问题上也采取了灵活态度，同意其成为公约资金机制的一个运行实体。

⑤ 公约4.8、4.9条（注 12）。自"公约"生效以来，关于发展中国家特殊情况和特殊需要的这两条措施，一直停留在字面上。会上，发展中国家抱着合作的态度多次让步，但发达国家不断设置障碍。主要分歧在于：如何对待气候

变化本身的影响和应对措施造成的影响；对于应对措施造成的影响，应由谁提供信息，关于下一步的工作计划的时间表。经过艰苦谈判，大会终于通过了发展中国家可以接受的决定。

⑥ 为第一届“作为议定书缔约方会议的公约缔约方会议”的准备工作。大会为此通过了决定，列出了公约两个附属机构应为此做准备的工作清单。

（4）其他决定和结论。国家信息通报。经公约附属履行机构为此问题成立的工作组的磋商和谈判，大会就该议题通过一项决定：附件一国家下一次国家信息通报在 2001 年 11 月 30 日前提交，以后每 3～5 年提交一次，排放清单数据每年提交一次。拟从第六次会议开始考虑修改附件一国家履约信息通报指南，督促发达国家继续按公约及以往缔约方会议的决定履行其有关承诺和义务等。

非附件一国家信息通报问题。发达国家极力推动建立对发展中国家履约信息通报的审评机制，以套发展中国家承担义务。会议关于本议题辩论的核心是信息通报的审议问题。欧盟主张对发展中国家信息通报采取与发达国家信息通报审评相似的程序，并主张在第五次会议上启动对非洲国家信息通报的审评进程，其主张得到美国大力支持。“77＋1”坚持对非附件一国家信息通报只能进行审议，目的只能是加强发展中国家在此问题上的能力建设，总结经验教训。最后的决定基本上反映了发展中国家的观点。

土地利用变化和林业。一些发达国家希望通过增加汇来完成其一部分减排义务，欧盟则对汇的引入持谨慎态度，发展中国家参加磋商很少，未形成明确立场。

研究和系统观测。由于发达国家需要资料，发展中国家需要资金，各方在此问题上形成会议少有的一致。

三大集团与两大问题

2000 年 11 月 13—24 日，第六次会议在荷兰海牙举行，这次会议的任务是就落实公约规定的发达国家帮助发展中国家的各项义务、议定书三个机制、碳

汇作用（注 13）、遵约程序等气候变化领域的主要议题达成协议，加强工业的履行并促使议定书于 2002 年生效。来自 181 个缔约方政府、各国际组织、非政府组织和新闻媒体的近 7 000 人参加会议。

在以往的会议中，部长级高级别会议阶段以政策发言为主，几乎不介入谈判。为推动本次会议进展，按大会主席设想，各国部长在高级别会议阶段直接进行政治和技术层面的谈判。

大会主席将会议议题分为四类，即向发展中国家提供资金援助、能力建设和技术转让；碳汇作用；议定书三个灵活机制；遵约、报告、评审程序。各国部长参加了这四个组的非正式磋商。这种安排在会议历史上还是第一次。大会主席如此安排意在从政治层面上推动谈判，加快谈判进程，但结果却欲速则不达。由于部长们在如此短的时间内难以对负责的议题达成一致意见，因此除了重复各自的立场之外，并没有实现主席加快谈判进程的设想。

1. 三大集团关于两大问题的斗争构成会议焦点

谈判的主要矛盾体现在公平和实质性减排问题上，前者为发达国家和发展中国家之间的矛盾，后者则主要体现为欧盟和美国、日本、加拿大等国及发展中国家集团三大势力之间的矛盾与斗争。

公平问题首先表现为发达国家压发展中国家承担义务上。会前，美国做了大量工作，企图利用资金问题套、压发展中国家承担减、限排温室气体的义务，在“77＋1”的坚决反对下，大会主席及欧盟为确保会议顺利进行也对美国施加了较大压力，迫使美国放弃了原有企图。但套、压发展中国家承担减排、限排义务仍是发达国家的长期战略。公平问题的另一体现是发达国家是否采取实际行动向发展中国家提供资金和技术援助。在这方面，发达国家立场有所松动，尤其在资金问题上，法国总统希拉克代表欧盟表示，支持向全球环境基金增加捐款。尽管离发展中国家的要求甚远，但这是发达国家首次作出实质性表示。

在实质性减排问题上的争论焦点主要是补充性和碳汇利用问题。谈判格局是欧盟和“77＋1”一致压伞型集团（注 14）采取切实的国内减排行动。在补充性问题上，伞型集团企图无限制地利用议定书三机制完成其减排承诺；而欧盟和“77＋1”主张利用议定书三机制必须有严格的上限。在碳汇利用问题上，伞型集团企图通过采用对自己有利的碳汇及其计算方法，达到减少其减排内义务的目的。欧盟和“77＋1”主张更为强调实质性减排效果。

2．主要谈判议题

（1）技术转让、能力建设、资金援助问题。这些问题的核心是发达国家根据“公约”的规定向发展中国家提供新的、额外的资金和技术，并设立相应机构。

技术转让。发展中国家要求发达国家采取切实行动进行技术转让，发达国家对实质性技术转让采取回避态度。在机构设立上，“主席案文”（注 15）提出了建立政府间专家协商组的提议，但发达国家和发展中国家在其组成和职能问题上存在着分歧。

能力建设。各方对能力建设的原则、范围等达成了一致。但在能力建设资金来源与规模问题上还存在着很大的分歧。

资金援助问题。在发达国家提出的资金方案基础上，主席案文建议到 2005 年，发达国家提供资金援助的年度规模应达到 10 亿美元。但在资金的性质、来源和规模上离发展中国家要求仍相距甚远。在资金管理机构问题上，发达国家主张围绕全球环境基金来设计，发展中国家主张建立新机构。主席案文做了折中，在利用全球环境基金的同时建议设立气候资金委员会。

（2）“议定书”三机制。三机制是议定书规定的发达国家通过境外活动进行减排的机制。本次会议上各方在程序性、技术性问题上分歧缩小，但在其他一些问题上分歧仍十分明显，表现为：①补充性。实质是发达国家在多大程度上可利用三机制进行境外减排。伞型集团反对设上限，“77＋1”强调境外活动只能是国内减排行动的补充；欧盟明确提出境外减排不超过减排承诺 50%，主席案文明显偏向伞型集团，未提出量化的上限。欧盟最后表现出与伞型集团妥协的迹象。②关于单边清洁发展机制项目。伞型集团及拉美国家等主张发展中国家可以自行实施该项目，产生减排额后转让给发达国家。中国、小岛国及欧盟反对这一提法，主张该项目应该是发达国家与发展中国家之间进行的双边项目。

在这一问题上发展中国家内部分歧较大。我国和印度等为数不多的发展中国家坚持双边项目的立场坚决，而拉美国家要求单边项目的主张也十分坚决。主席案文中对此未反映。

（3）碳汇利用。碳汇利用可大大降低发达国家的减排成本和在能源部门的减排压力。分歧主要有：①森林管理、农田管理等碳汇利用活动，是否应纳入议定书规定的发达国家承担减排义务的第一个承诺期（2008—2012）。伞型集团主张纳入，欧盟、“77＋1”坚决反对。“主席案文”提出有条件纳入，规定了利用碳汇的上限，并对允许范围内的活动采取折扣的方式加以计算。②碳汇项目是否纳入 CDM。伞型集团及哥伦比亚、智利等中、南美国家极力推进，大部分发展中国家和欧盟以科学上的不确定性为由表示反对。主席案文在强调研究解决不确定性的同时，建议将造林、再造林等有限范围的碳汇项目纳入 CDM。

（4）遵约程序。这是“议定书”的履约核查、监督程序。各方同意建立一个常设遵约机构，并就该机构的基本框架和运行程序基本达成一致。但也存在分歧。在遵约机构组成上，发展中国家主张按联合国公平地域分配原则组成，发达国家主张由他们占多数，“主席案文”试图采用发展中国家的主张，遭到美、加等国的坚决反对；关于发达国家和发展中国家区别对待问题。发展中国家根据“共同但有区别的责任”的原则，主张遵约程序及其后果应区别对待发达国家和发展中国家，发达国家则认为该原则已通过发达国家与发展中国家承担不同的实体义务得到体现，反对在遵约程序中再予以区别对待；在违约后果上，欧盟和大多数发展中国家主张严格的强制性后果，日、加等国反对任何有法律约束力的强制性后果。主席案文确定了应有强制性后果，但程度大大弱化。

美国放弃了《京都议定书》

2001 年 3 月 28 日，美国白宫和国务院发言人分别表示，美国总统布什不会将《京都议定书》提交参议院批准，称“议定书”没有为发展中国家规定义务，美国履行温室气体减排义务成本太高，不符合美国的利益，美将与其盟国寻求“替代协议”。这一表态说明了布什反对“议定书”的态度和美国在气候变化立场上的大倒退，因而引起世界各国的强烈反对。

1．美国放弃《京都议定书》的原因

布什政府宣布放弃《京都议定书》并收回在竞选中做出的控制温室气体排放的承诺，是国内外政治、经济和能源与环境战略等各方面原因综合作用的结果。

从政治倾向上看，布什共和党政府的执政理念是放松对企业（包括能源供给企业）和市场的管制，减少税收（特别是对富人的税收），奉行经济自由主义。而限制企业排放温室气体的规定和促进温室气体减排的税收政策，都有悖于布什政府的执政理念。

在经历了战后持续时间最长的强劲增长之后，美国经济正在面临衰退的威胁。美国最近的 3 次经济衰退与能源价格上涨及能源危机有关。特别是 2000 年年末爆发的加利福尼亚供电危机至今余波未平，华盛顿等地区天然气价格比 1999 年上涨 2～3 倍，今年夏天不断停电的可能性大大增加。按照通常的理解，履行《京都议定书》很可能会使美国国内能源使用成本提高，从而引起国内产出水平的下降和增加通货膨胀压力。减碳造成的国内生产成本上升还可能带来两种不利的效应：一是引起与能源关系密切的产品和服务价格上涨，影响美国产品的国际竞争力；二是引起美国国内资本收益率的下降，造成资本流向那些减碳成本相对较低的国家。

布什政府的决定还取决于其对气候变化给美国带来的影响和美国为削减温室气体所付出的代价的判断。美国国内的主流观点认为：美国减排 1%温室气体约需 2 000 亿美元，加之限制温室气体排放带来的其他不利影响和一些不可避免的气候变化不利影响，其代价有可能等于或高于带来的效益。因此，从美国的利益出发，美国参与全球气候保护便是一项成本巨大但收益并不显著的活动。美国官方认为气候变化对人类的影响（其实可以理解为对美国的影响）尚未完全明了，并以此作为放弃《京都议定书》的借口。

2. 国际社会对美国放弃《京都议定书》的反映

美国放弃《京都议定书》，欧盟国家的反应最快最强烈。2001 年 3 月 29 日，在美访问的德国总理施罗德与布什总统进行了会谈，双方在几乎所有问题上都取得了一致，“唯独气候变化问题除外”，最后只能希望美国在 7 月召开的联合国气候变化会议上改变立场。

2001 年 3 月 31 日，欧盟委员会在瑞典召开欧盟国家环境部长会议，着重讨论美国放弃《京都议定书》及其产生的影响。会议主席、瑞典环境大臣拉松指出，布什政府的环境政策对欧美双方的外交关系构成了挑战，欧盟不会接受美国的立场，即使美国不参加，欧盟也将批准《京都议定书》。欧盟将更加积极地参与，并争取在联合国气候变化会议上加强控制气候变化的努力。

在美国发表放弃《京都议定书》决定后，欧盟委员会环境委员瓦尔斯特伦立即在布鲁塞尔举行记者招待会，对美国的决定表示严重不满。她说，《京都议定书》是国际社会为减少温室气体排放一致努力的结果。美国政府在议定书上签字，就应遵守规则，承担相关义务。2001 年 4 月初，欧盟派出一个高级代表团，与美国进行交涉，但未能劝服美国。瓦尔斯特伦指出：“从现在开始，我们将不再接受美国关于会议进程的要求。如果他们想置身议定书之外，那么也必须置身于决策和规则制定过程之外”。

法国外长韦德里纳尖锐地指出，很难想象，美国一方面声称自己要在世界上发挥其所谓的领导作用，另一方面却对气候变化这一重大问题无动于衷。这样的“世界领袖”谁敢要？

作为“京都会议”的东道主，日本也迅速作出反应。2001 年 3 月 30 日，日本首相森喜朗致信美国总统布什，对布什放弃《京都议定书》的决定产生的影响表示严重关切，并敦促他改变决定，希望美国在联合国气候变化会议上能签署协议。日本执政联盟三党向华盛顿送去联合声明，努力劝说布什政府批准《京都议定书》。自民党总书记还说：“美国单方面宣布不同意议定书的决定，令人非常遗憾，美国对下一代负有重大责任。”日本环境厅长官还与加拿大、澳大利亚、新西兰及挪威的环境部长召开电话会议，一致敦促美国重新考虑其放弃议定书的决定。

2001年4月2日，澳大利亚政府召开内阁会议，认为美国有责任减少温室气体的排放，希望美国能继续气候变化的谈判进程。

2001年3月31日，古巴国务委员会主席卡斯特罗严厉批评美国的决定，认为放弃《京都议定书》是极不负责的行为，布什政府应该履行美国前政府的承诺。国际绿色和平组织以及许多著名学者都对美国的决定表示抗议和不满。

3. 对气候变化谈判进程的前景分析

布什政府放弃《京都议定书》，对国际社会保护全球气候的努力是一次沉重打击，给本来就困难重重的谈判增添了复杂性和不确定性。但是，布什政府拒绝的仅是《京都议定书》，对《气候变化框架公约》本身并未提出质疑。国际社会在联合国框架内、在法律的轨道上寻求建立全球气候保护国际规则的进程依然存在并会继续向前推进。

（1）加大了联合国《气候变化框架公约》缔约方续会成功的困难。2000年11月在海牙召开的第六次会议无果而终，经过各方的努力，国际社会对将于今后召开的缔约方续会寄予很高的希望。但是美国的这一举动，将使续会取得成功的困难进一步加大。

（2）可能造成《京都议定书》流产，或生效时间大大推迟。根据《京都议定书》第25条的规定，必须同时满足以下两个条件，议定书才能生效：一是必须有55个以上的公约缔约方批准加入《京都议定书》；二是必须有1990年二氧化碳排放量占当年附件一缔约方排放总量的55%以上的附件一缔约方批准加入《京都议定书》。1990年，美国二氧化碳排放量占附件一缔约方的36.1%，日本占8.5%，加拿大占3.3%，澳大利亚占2.1%，以上国家总计为50%。如果美、日、加、澳不批准《京都议定书》，就不可能满足议定书生效的第2个法律条件。经过分析，澳大利亚、加拿大最有可能跟随美国，日本也有可能不批准《京都议定书》，使不批准《京都议定书》的国家的排放份额超过45%，从而造成《京都议定书》不能生效或其生效的时间推迟。

（3）欧美在气候变化谈判中的矛盾有可能加剧，欧洲面临对美妥协的巨大

压力。自1992年环发会议以来，欧盟高度重视环境保护，成为气候变化谈判的主要推动力量，在这一舞台上显示了对美的独立性。在《京都议定书》批准问题上的分歧和斗争，将成为目前单极和多极世界斗争的重要组成部分。

美国放弃《京都议定书》让更多的国家更加清楚地看到，议定书不能按计划实施，责任全在美国。同时也表明《联合国气候变化框架公约》及《京都议定书》保护了发展中国家的利益。

对于美国放弃《京都议定书》的做法，我国表示遗憾，并希望美国从保护全球环境的大局出发，重新回到议定书的立场上，并不附带其他条件。

挽救《京都议定书》

2001年7月16日，178个国家的代表齐聚德国波恩，讨论如何具体履行《京都议定书》等问题。本次会议是2000年11月失败的海牙会议的延续。由于美国在2001年3月以该议定书会损害其经济为由，决定拒绝签署，使得谈判工作陷入僵局。经过艰苦的谈判，到7月25日，与会各方终于就尽快落实《京都议定书》而提出的妥协方案达成一致的协议。此举挽救了面临夭折危险的《京都议定书》，为保护人类赖以生存的地球环境订立了可行的章程，对加强国际环境合作、改善全球气候和生态系统意义重大。

1. 美国拒绝签署《京都议定书》导致谈判工作陷入僵局

美国拒绝批准《京都议定书》，还对向发展中国家提供援助资金提出质疑。美方认为，这个决定将对《联合国气候变化框架公约》产生冲击。美国称它不会在议定书上签字，但是它仍是《联合国气候变化框架公约》的缔约方，当《联合国气候变化框架公约》对缔约方有所要求时，美国将会首先保护自己的利益不被侵犯。这一表态说明了布什反对“议定书”的态度和美国在气候变化立场上的大倒退，因而引起世界各国的强烈反对。

《京都议定书》遇到麻烦的根子，早在布什入主白宫前就已经种下了。2000

年 11 月在海牙进行的《京都议定书》谈判中，欧盟代表拒绝了美方提出的建立实现《京都议定书》目标的灵活机制的建议。所谓灵活机制建议是指国与国之间可以就废气排放权进行交易，并实行森林和农业吸收二氧化碳的信用债权制度。即如果美国帮助其他国家种植一定数量的森林，就取得了相应权利以抵消本国所承担的减少排放废气的义务。欧洲的环境部长们回答："我们制定限制排放废气的协议，不是要与美国讨价还价，而是要美国在减少排放废气的问题上采取切实的行动。"而美国也清楚地表示，如果按《京都议定书》的要求去做，美国将付出沉重的经济代价。布什政府放弃《京都议定书》，对国际社会保护全球气候的努力是一次沉重打击，给本来就困难重重的谈判增添了复杂性和不确定性。

美国人口占全球总人口的 4%，而二氧化碳排放量却占到全球的 1/4，美国理应承担主要责任和积极履行减排义务。美国出尔反尔、推卸责任的"单边主义"做法，遭到了世界各国的一致反对。

在意大利召开的八国领袖峰会的最后一天会谈中，各国仍无法就履行《京都议定书》达成协议，只在最后声明草案中表示，八国坚决同意减少温室气体的必要。美国和其他主要发达国家在《京都议定书》上的分歧未得到弥合。但美国表示，将在 9 月的联合国环境大会之前提出另一个减少温室效应的方案。

2. 波恩会议取得突破性成果

美国等国家拒绝《京都议定书》，使全球气候保护进程面临两个选择：一是按照广大缔约方的意志，继续沿着"布宜诺斯艾利斯行动计划"的既定轨道，推进《京都议定书》的生效和实施；另一个则是依照美国布什政府的主张，否定《京都议定书》，由美国另起炉灶，重新启动一个体现美国意志的气候进程，而这一新进程的实质则是要减轻美国等发达国家所应承担的责任，让发展中国家承担更多的责任。第一条道路通过国际协议的环境保护，是属于多边主义范畴的，把未来的进程扎根于过去努力的基础上，欧盟、77 国集团加中国和大部分其他发达国家对此表示赞成；第二条道路则是单边主义的，目前只有美国明确主张。而美国的拒绝，已经对《京都议定书》的存亡形成巨大威胁。在这种情况下，挽救《京都议定书》就成为广大缔约方的首要任务。7 月 16 日至 19 日，经过 3 天半的专家级非正式磋商后，部长级高层会谈正式举行。各缔约方的部长或高级官员围绕着四个专题的核心内容展开了谈判，这些议题包括：

第一，发达国家向发展中国家提供资金和技术援助问题，即如何落实早在 1994 年就已生效的《联合国气候变化框架公约》中发达国家所做出的承诺，向发展中国家提供资金、转移技术和帮助进行能力建设等。在资金机制问题上，《联合国气候变化框架公约》规定：发达国家缔约方应提供新的和额外的资金，以支付经议定的发展中国家缔约方为履行规定的义务而发生的全部费用，还应提供发展中国家缔约方所需要的资金，包括用于技术转让的资金。因此，资金不应来源于投资国（发达国家）现有的官方援助基金和全球环境基金，而是新的额外的资金。

关于技术转让问题。发达国家认为没有必要建立技术转让机制，并过分强调私有技术的重要性，主张尽量依靠市场机制来进行技术转让，认为发展中国家在接受能力方面存在较大障碍，等等。发展中国家反对发达国家强调以市场机制为核心和以知识产权保护为借口的推脱，希望发达国家履行对技术转让问题的承诺。通过筹集公共资金购买、提供开发研究资金等多种方式实现向发展中国家的技术转让。同时无任何附加条件地向发展中国家转让有良好市场潜力、先进的环境技术。

第二，关于《京都议定书》中有关国际排放贸易、联合履行和清洁发展机制等三个“灵活机制”的运作规则问题。清洁发展机制涉及发达国家和发展中国家之间在二氧化碳减排量交易方面的合作，目的是协助缔约方实现可持续发展和有益于《联合国气候变化框架公约》的最终目标，并协助发达国家实现其减排承诺。清洁发展机制项目的基准线如何确定、减排信用能否分享以及如何运作等技术方法和管理机制上的问题等。关键问题是在多大程度上使发达国家利用“灵活机制”的海外减排活动作为其国内减排行动的补充，是否允许在清洁发展机制项目中引入碳汇项目，是否允许单边开发清洁发展机制项目和如何对“灵活机制”项目进行监督核查。

第三，关于土地利用、土地利用变化和森林在碳循环中的作用及其核算等问题，其中关键问题是如何为具有温室气体减排和控排义务的发达国家确定利用碳汇抵消其减排负荷的数量。《联合国气候变化框架公约》中提出要“促进可持续地管理，并促进和合作酌情维护和加强《蒙特利尔议定书》未予控制的所有温室气体的汇和库，包括生物质、海洋、森林以及其他陆地、沿海和海洋生态系统”。此类项目的特点是减排潜力大但具有较大的不确定性；减排成本很便宜但难于管理，且受气候影响较大；项目周期很长，具有多种效益，计算成本效益分摊较难；项目特性与工业项目相差较大，相互间减排成本效益可比性差。发达国家想把此类项目纳入清洁发展机制项目，但我国和其他一些发展中国家反对。

第四，集中处理遵约机制问题，关键问题是有关监督执行机构的人员组成规则和违约罚则的确定。围绕着这些复杂的议题，各缔约方部长和高级谈判代表展开了极其艰苦的谈判。

根据《京都议定书》第 25 款，“议定书”生效需要满足这样的法律条件，即：要有不少于 55 个“公约”缔约方批准“议定书”，而且其中批准“议定书”的发达国家缔约方（附件一缔约方）以 1990 年为基数的二氧化碳排放量要不少于当年附件一缔约方总排放量的 55%，也就是说如果有其相应排放份额总和高于 45%的附件一缔约方不批准“议定书”，“议定书”就无法生效。由于美国已宣布拒绝接受《京都议定书》，澳大利亚也公开宣布与美国为伍。澳大利亚环境部长罗伯特·希尔表示，美国已决定不履行 1997 年达成的《京都议定书》，如果没有美国的参与，该议定书根本就不会取得预期效果，因此国际社会有必要重新寻求新的途径，以控制全球温室效应。因此，在现有附件一缔约方中如果再有任何一个排放份额总和高于 6.8%的缔约方不批准“议定书”，“议定书”就无法生效。这样，排放份额高于 6.8%的俄罗斯（17.4%）和日本（8.5%）在谈判中的态度对“议定书”的生存就变得举足轻重了。俄罗斯、日本两国在谈判的关键时刻都充分利用了自己的特殊地位，成为多边谈判中的焦点。

在会议一直未能取得进展的情况下，大会主席、荷兰环境部长普龙克于当地时间 21 日晚提出新的建议，允许发达国家用更多的森林植被等抵消温室气体减排指标。在此基础上，与会各方又经过紧张谈判，终于达成一致。

在7月22日深夜各方接近达成政治协议时，日本代表在遵约机制问题上坚持其要求，谈判一时陷入僵局。经过历时一夜的多边和双边磋商，各方终于达成妥协。

7月23日上午11:00，大会主席、荷兰环境部长普朗克宣布达成政治协议，代表们热烈鼓掌，祝贺谈判取得初步成果。欧盟代表在表示祝贺和感谢之意后，向大会宣读了一项政治声明，表明向发展中国家提供一定数量资金支持的意愿。伊朗部长在代表77国加中国谈判集团发言时指出：这是多边主义战胜了单边主义。这番讲话赢得了广大与会代表的热烈掌声。相形之下，美国代表重申美国拒绝“议定书”立场的发言，招致了一片嘘声。就在大家沉浸在成功喜悦、准备在次日早晨的全会上正式通过这项政治协议时，突然传来俄罗斯代表对政治协议中关于碳汇额度分配核算方法的质疑，并威胁要在正式全会上反对通过政治协议。

俄罗斯提出的两项异议是：一是有关在森林吸收的问题上作额外让步的事情。俄罗斯原本提出，该国森林每年大概可以抵消掉1 760万吨排放出来的温室气体。但是就在这个数字被通过的2天以后，俄罗斯又提出他们重新计算出的数字——5 000万吨。另一个异议涉及议定书中提到的各国之间进行气体排放量交易问题，俄方认为这种做法有可能会带来污染。这很可能会威胁到各国之间的微妙组合。

《京都议定书》要求包括俄罗斯在内38个工业国家将他们的温室气体排放量控制低于1990年的5%的水平。俄罗斯等38个工业国家可以将本国的森林和农田作为吸收主要温室气体二氧化碳的“汇”，并以此来增加被限定的二氧化碳排放量。俄方希望参加大会的各国能够接受一份额外的谅解条款，就森林“汇”问题达成一致意见。

由于俄罗斯的特殊地位，使得全会主席不得不决定推迟举行全会。一时间，会场气氛再度紧张起来。俄罗斯代表的做法，给大会提出了一个难题：如果接受俄罗斯代表的要求，就意味着允许在形成协议后又回过头来就已经达成协议的问题重开谈判，这样谈判就会无休止地进行下去而毫无结果。经过8个小时的紧张磋商，大会终于找到妥协办法，使这项政治协议得到正式通过。在随后的几天里，会议代表根据通过的政治协议，在技术层面上就有关文件的技术细节继续进行谈判，并最终在7月27日晚第6次缔约方大会最后一次全会上通过了一系列决定。

会议主席荷兰环境部长普龙克感谢与会的所有178个国家代表为达成协议所做出的努力。他说，在全球化的消极影响遭到广泛反对的今天，这份控制全球温室气体排放的协议是一个“积极的信号”。他说，谈判是非常艰苦的，但“我们不能再失败了。”

3. 对有关影响的分析

经过一场马拉松式的谈判，会议终于通过了具有里程碑意义的《京都议定书》。这个议定书是《联合国气候变化框架公约》缔约方大会1997年在日本京都提出的，被称为人类“为防止全球变暖迈出的第一步”。但议定书的效力已经大大减弱。

（1）《京都议定书》艰难通过，但威力已大不如前。由于许可了一些折衷措施，因而不能按原计划将温室效应气体的排放量在2008—2012年间减少5.2%，但它仍将是未来达成协议的重要基础。“灵活的措施”是达成此次协定的关键。但这些措施包括了购买和出售“排放权”，也就是所谓的排放交易。一些国家得到许可，其温室气体排放量可以按净排放量（注16）计算。

世界自然基金会认为，在森林吸收问题上的让步已经降低了议定书原有的效力。实际上，扣除抵消的部分，全球削减的温室气体排放量只有1.8%，仅仅是预定数字的1/3。而气候学家称，为了保证世界气候系统的安全，需要削减50%～60%的温室气体排放。专家计算结果显示，俄罗斯的森林“汇”每年可以吸收1 760万吨二氧化碳。这一数字也可用来抵消该国的温室气体排放量。但俄方则认为该国的“汇”每年可吸收5 000万吨二氧化碳。分析家担心，假如俄罗斯的这项要求被通过，《京都议定书》内有关二氧化碳排放量的规定水准将会大为下降。

会议主席荷兰环境部长普龙克对俄罗斯的声明没有给予足够的重视，只是将它作为建议之一。但是普龙克也指出，在细节问题没有得出结论以前是没有办法预测议定书最后形式的。俄罗斯的“建议”将被放在一个单独的补充文件中，作为一个 “矛盾的问题”来进行讨论，而不会影响议定书的通过。普龙克严厉地警告某些国家，他不会再接受让步。他对代表们说：“我要维护这个协议的尊严。”他的话得到了欧盟和发展中国家的赞同。

（2）在这个协议里，欧盟向澳大利亚、加拿大、日本和俄罗斯作出了很大的让步，削减了这个力求改变全球气候的协议的作用。但代表们认为，这至少让《京都议定书》在美国的重重阻碍下存活了下来。欧盟环境专员称，这是“多边主义对单边主义的胜利”。她说：“国际社会已经向美国和布什总统发出了一个强烈的信号。”

应当指出，这次没有美国参与的波恩会议最终能够达成妥协，是因为广大发展中国家和欧盟国家发挥了作用。美国拒绝了《京都议定书》，对日本、加拿大等发达国家产生了消极影响。在此情况下，荷兰等欧盟国家从大局出发，提出了妥协性的一揽子方案，即一方面同意发达国家以森林植被等绿色资源面积折换减排指标，另一方面发达国家承诺向发展中国家提供环保投资，这样终于达成了一项控制温室气体排放的协议。如果说发展中国家在资金方面对发达国家负债的话，那么发达国家则对发展中国家欠了巨额的环境债务。尽管波恩协议不尽如初衷，但它毕竟拯救了《京都议定书》，为发达国家与发展中国家在全球环保事务方面的有效合作掀开了新的一页。

地球是全人类共有的家园，制止地球气温上升、保护人类生态环境是世界各国的义务，发达国家特别是美国更是责无旁贷。因为发达国家特别是美国是造成地球温室效应的祸首。美国实行利己的单边主义，宣布退出《京都议定书》，自损形象，是道义上的一大失败，在国际社会遭到普遍谴责。布什总统不得不放言寻找《京都议定书》的“替代方案”，也无助于美国摆脱尴尬孤立的处境。对美国来说，修补其负责任大国形象，任重而道远。联合国环境署执行主任特普费尔说，虽然美国出尔反尔，拒绝在 1997 年《京都议定书》上签字，但议定书的大门永远向美国敞开。

（3）本次大会所取得的成果是积极的，它使得《京都议定书》的航船继续向前行驶。但是，在保卫《京都议定书》的过程中，发展中国家做出了重大的让步；在妥协基础上达成的《京都议定书》，使原有的许多内容大打折扣，一些发达国家减轻自己控制温室气体责任和向发展中国家提供经济技术援助责任的企图部分得到实现。同时，在各缔约方将《京都议定书》付诸批准的法律过程中，还不能排除个别具有重要影响的发达国家节外生枝。目前，《京都议定书》从其本身的效力和获得最后批准双重意义上讲，还不能说已经具有十分坚实的基础。在国际社会保护全球气候的道路上，还会有许多的曲折和斗争，但毕竟波恩会议给人们带来了一线希望。

另外，在《京都议定书》成为国际法下的条约以前，还有两个程序上的障碍。一是复杂的操作规则何时能取得一致，另一个障碍是日本和俄罗斯有可能会减缓各国达成一致的步伐，拖延《京都议定书》的执行。

2001 年 11 月，在摩洛哥中部城市马拉喀什举行了《气候变化框架公约》第七次缔约方大会，经过 10 多天紧张艰难的协商和针锋相对的谈判，终于在 11 月 10 日凌晨落下了帷幕。会议虽然在一些问题上作了妥协，但还是朝着具体落实解决全球气候变化的措施迈出了关键的一步。经过 10 多个小时的通宵鏖战，大会终于在 10 日凌晨完成了目标，结束了“波恩政治协议”的技术性谈判，从而朝着具体落实《京都议定书》迈出了关键的一步。

美国新倡议到底“新”在哪里？

2002 年 2 月 14 日，美国总统布什提出了处理全球气候变化问题的新倡议，即实施大幅度削减三种大气污染物的“洁净天空”法规和关于气候变化的新政策。这一倡议是美国宣布退出《京都议定书》后，抛出的一个减排温室气体的新方案，世界各国普遍高度关注。

1. 美国气候变化政策新倡议的背景和实质

2001 年，布什总统宣布美国退出《京都议定书》，世界各国强烈反对。在没有美国直接参与的情况下，联合国气候变化框架公约第六次缔约国续会和第

七次会议的成功召开，为《京都议定书》的生效铺平了道路。在这种情况下，如果美国不对气候变化问题做出新的反应，无疑会使美国在国际环境事务中处于更为尴尬和被动的境地。布什政府为维护其“9·11”事件以后来之不易的国内支持率，加之国内能源、电力等利益集团的支持，在即将召开可持续发展世界首脑会议之际，美国不失时机地提出了气候变化政策新倡议。

新倡议的实质，一是把减排温室气体与经济增长挂钩，规避议定书规定的减排义务，维护本国经济利益；二是对中国、印度、巴西等发展中国家减排温室气体施加新的压力。

布什政府认为，实现《京都议定书》所规定的减排目标有损美国的经济利益，会给美国造成 4 000 亿美元的经济损失，减少 490 万个就业岗位。因此，美国一直不愿意承担减排义务，提出“以排放量为中心，以非强制的自愿方式为基础进行减、限排行动”的新倡议。新倡议的关键指标是降低“温室气体强度”(注 17)，而非《京都议定书》规定的减少温室气体排放总量。即使降低“温室气体强度”，减缓温室气体排放，但排放总量是否会减少仍是个未知数。这主要是因为：一是碳排放总量的削减以及削减程度取决于碳排放的增速与人为降低碳排放强度的减速之间相互抵消的程度。1990—1999 年，美国碳排放强度下降 2%，从每百万美元 GDP 250 吨降到 204 吨，但同期美国年均经济增长速度超过 3%，碳排放总量仍然是上升的。据一些国际机构分析，按照这个新倡议，美国到 2012 年温室气体排放总量将比 1990 年增长 30%左右。二是由于实施新倡议仅限于自愿行动，缺乏必要的约束力。美国对新倡议实施效果的检查时间为 2012 年，缺乏中期审评，执行效果很难作出科学评定。

2．新倡议的主要影响

新倡议重申了美国对《联合国气候变化框架公约》的承诺，提出增加对气候变化领域的投资，开展相关科学技术的研究与开发，这是其积极的方面。但是必须看到，新倡议使我国及国际气候变化领域面临的挑战也是十分严峻的。

（1）新倡议对批准《京都议定书》产生了负面影响。从国际社会的反应看，欧盟国家和国际非政府组织对美国的做法表示有限和谨慎的欢迎；澳大利亚、加拿大等伞型集团国家持较积极的欢迎与赞许态度。澳大利亚政府表示将根据美国的方案重新审定其温室气体减排战略。加拿大原定于2002年6月批准议定书的决定发生了变化，但宣称不会与《京都议定书》彻底决裂。

（2）新倡议会诱使发展中国家内部在减排温室气体立场方面发生分歧。由于气候变暖引发海平面上升，直接危及小岛国家的生存安全，小岛国家集团急于希望更多的国家加入减排行列，因此，77国集团内部在减排温室气体方面的立场分歧会增大。

（3）新倡议中关于发展中国家承担减、限排义务的内容，将对我国产生很大压力。我国二氧化碳排放量居世界第二位。长期以来，发展中国家坚持“以人均排放量或排放强度”为武器，要求发达国家承担主要义务。因此，美国的新倡议比较容易获得其他发达国家的呼应和部分发展中国家的默许或支持。

“气体交易”与“替代方案”

1. 美国关于二氧化碳减排替代方案的新动向

2002年4月29日至5月3日，两名白宫科学顾问在夏威夷大学东西方研究中心召开了“大气污染物的气候影响”国际专题研讨会。与会者是定向邀请的来自气候学、化学、污染学、高技术、健康学等不同领域、具有国际前沿研究成果的60多名专家及美国、欧盟等主要政策、科研管理部门的10多位官员。我国有4位科学家应邀作大会报告。此次会议对有关全球气候变化和空气污染提出了一些新观点。

（1）会议情况。本次研讨会由美国环境保护局、美国国家航空航天局、加州大气资源委员会、加州休耐特基金会、加州能源委员会、夏威夷大学国际太平洋研究中心和东西方研究中心等共同组织。国际著名气候物理学家、国家航空和航天总署戈达空间研究所所长杰姆斯·汉森教授和国家大气海洋局高层大气物理实验室主任丹·阿伯里顿教授负责召集。研讨会的主题是探讨寻找一个

切实可行的战略和措施，既降低影响环境（包括农业和生态等）和人体健康的大气污染物，又能降低引起气候变暖化学物质的排放。

按照会议组织者的声明，会议试图将气候变化和空气污染联系在一起，使国际科学界确切地认识和总结目前已有的大气污染物与气候、环境和健康效应方面的研究成果和主要的不确定因素。会议的主要特色是：①首次将气候变化与大气污染、人体健康、减轻污染的高技术和政府政策制定联系在一起。②会址选在夏威夷大学国际东西方研究中心，意欲表明此次会议是东西方科学家经过对话的结果。③会议聚焦于非二氧化碳温室气体（甲烷和臭氧）和大气气溶胶（主要是炭黑类气溶胶）的环境、气候效应上。认为加强这两类大气污染物环境、气候效应的综合研究，对于制定相应的环境政策和战略是非常重要和必要的。

会上，各国专家从非二氧化碳温室气体、大气气溶胶及气候影响、减少气溶胶、气溶胶和温室气体对人体、农业和生态的影响等四个方面进行报告。主要结论有：

1）强调对流层臭氧、甲烷、氮氧化物等非二氧化碳温室气体及相互作用对气候、环境、人体健康综合影响的重要性。认为这几类温室气体的增暖潜势很大，对环境和人体健康又有严重影响。因此，减排这几类温室气体含量是既有利于全球或区域气候变化，又有利于环境和人体健康，并且在技术上是可行的，是能产生双赢效果的战略举措。

2）对于大气气溶胶，强调了炭黑类气溶胶的重要性，认为炭黑类气溶胶也是既导致全球气候变暖，又影响环境和健康的大气成分。因此，降低气溶胶的含量也是具有双赢效果的战略举措。

3)对于以往强调较多的硫酸盐类气溶胶,会议认为因其对气候有冷却作用，可在局部抵消温室气体的增暖效应，因此，这类气溶胶的减排虽对环境有利，但对气候变暖不利，只是单赢的措施。

4）与汽油相比，柴油的燃烧会释放更多的炭黑类气溶胶，而欧洲目前柴油车使用较多，因此，在对炭黑类气溶胶的看法上，欧盟官员和科学家与美国持不同的观点。

（2）会议的潜在影响。与会科学家普遍认为，这次会议的召开具有重要的战略意义，对下一步该领域国际最新研究发展方向、国际环境谈判和各国战略措施的制定均有重要的引导作用。

2. 加拿大在控制气候变化上再提条件

2002 年 5 月 8 日，加拿大总理让·克雷蒂安表示，如果《京都议定书》中的某些条款得不到澄清，加拿大将不会批准《京都议定书》。

克雷蒂安是在西班牙首都马德里与西班牙首相乔斯·玛丽亚·阿兹纳会晤时做上述表态的。加拿大的立场给《京都议定书》的前景蒙上了阴影。克雷蒂安说："加拿大的地位很特殊，它与美国接壤，是全球唯一向美国出口清洁能源的国家，这一点必须得到承认。加拿大应该因此得到相关份额的信用债权。"也就是说，加拿大既然向美国出口了一些清洁能源，它就应获得抵消本国所承担的减少排放二氧化碳等温室气体义务的权利。

继美国宣布退出《京都议定书》后，二氧化碳排放量占全球 3.3%的加拿大与日本、俄罗斯一道，成了各方争相游说的重点。在 2001 年 7 月召开的波恩气候会议上，加拿大便提出了实行森林和农业吸收二氧化碳的信用债权制度的建议，即如果加拿大帮助其他国家种植一定数量的森林，就取得了相应权利以抵消本国所承担的减少排放废气的义务。这个建议遭到欧盟国家的强烈反对。2001 年 7 月 25 日，当与会各方终于就尽快落实《京都议定书》而提出的妥协方案达成一致时，克雷蒂安就表示："我认为议定书的谈判还未结束……" 果然，加拿大政府在国内工业界的强大压力下，在议定书的立场有了重大倒退。发表的一份调查报告显示：加拿大的二氧化碳排放量从 1990 年至 2000 年上升了 20%，这与《京都议定书》要求的到 2010 年二氧化碳排放水平比 1990 年减少 6%的目标相差甚远。

其实，加拿大在执行《京都议定书》中灵活机制方面表现得很"灵活"。早在 1999 年，加拿大就与洪都拉斯达成了一项协议：加拿大免除洪都拉斯赊欠加拿大的 10 亿加元债务，作为回报，洪都拉斯在其境内大力植树造林，"为加拿大"吸收部分温室气体。

3. 英国实施国家温室气体交易计划

为了实施京都议定书有关温室气体削减的规定，英国于2002年4月2日开始准许企业在国家层面上进行温室气体交易，成为世界上第一个全面实施此计划的国家。目前该计划仅在英国国内实施，目的是使削减温室气体边际成本最优化，同时为将来实施欧盟制订的在成员国之间进行温室气体交易准则作准备。

为实施该计划，英国政府第一批选出了34个有削减温室气体责任的企业和组织试行，其中包括壳牌石油公司、BP公司、英国航空公司和伦敦的国家历史博物馆等，2002年年底有更多的企业参加了进来。按规定，这34个企业每年需削减二氧化碳400多万吨，占英国年计划削减量的5%。英国政府将提供财政鼓励，企业每买1吨二氧化碳，政府将给予53.37英镑（相当于87.21欧元）的资助。

温室气体交易亦称排放权交易，目前仍是一个有争议的做法。这种在国家内部和国家之间进行温室气体排放权交易的"灵活实施机制"是京都议定书允许的。按照议定书的规定，经过一定时间的准备，到2007年将开始实施国际温室气体交易措施。

欧盟已经拟定出成员国之间进行排放交易的原则建议，国际间的交易将来必将成为可能。有些国家非常希望这种交易能够实行，比如俄罗斯。由于经济的衰落，俄罗斯排放的二氧化碳远少于议定书为其规定的允许排放量，从而使俄罗斯有可能成为最主要的卖方，特别是它还拥有巨大面积的森林。按议定书规定，森林对二氧化碳的储存作用是要计算在内的，俄罗斯和加拿大将由此而受益。

4. 奥地利批准《京都议定书》

2002年3月21日，奥地利国会中各议会党团一致同意批准《京都议定书》。奥环保部长威尔海姆·莫特勒说："必须认识到，要成功的实施该议定书，仅靠某一领域的政策是不够的，各方面的政策都要调整"，他还特别表达了对美国政策的担心，认为布什政府提出的替代方案是不负责的。

按照议定书和欧盟的计划，到2012年奥地利要在1990年温室气体排放量的基础上削减13%。德国政府全球环境变化科学顾问团主席哈特姆特·格拉斯在奥地利科学院为国会举办的报告会上指出："人类将再一次直接以太阳为能源，如光电池、太阳热能、风能、水力能及生物燃气等"。

5．欧盟十五国批准《京都议定书》及美国的态度

2002年5月31日，欧盟15个成员国集体批准《京都议定书》。欧盟环境委员马戈特·沃尔斯特姆、欧盟轮值国主席西班牙环境大臣豪梅·马塔斯和一些欧盟成员国的环境部长已将批准文件送交联合国总部。

欧盟委员会在当日发表新闻公报说，欧盟成员国集体批准《京都议定书》再次表明，欧盟及其各个成员国愿意履行对解决全球关心的环境问题所做出的承诺，希望该议定书在可持续发展世界首脑会议在南非召开之前能够生效。欧盟在公报中继续呼吁美国加入，同时希望尚未批准《京都议定书》的国家尽快完成有关手续，使《京都议定书》早日生效。联合国秘书长安南立即发表了声明。声明说，欧盟15国集体批准《京都议定书》将极大地推动这一重要协议的生效，对全球可持续发展是个福音。欧盟环境委员沃尔斯特姆也表示，欧盟成员国批准《京都议定书》是个历史性时刻。

5月底，欧盟批准《京都议定书》的进程进入了关键阶段。5月30日，希腊议会经过辩论，决定批准《京都议定书》。希腊成为欧盟最后一个批准议定书的国家。而在5月23日，意大利参议院经过投票表决，决定批准议定书。这一切都在表明，欧盟内部已就批准《京都议定书》达成了共识，欧盟15国扫除了议定书的障碍。

在欧盟15国批准《京都议定书》的同一天，美国向联合国提交了一份《美国气候行动报告》，布什政府第一次明确承认全球气候正在变暖，人类活动是其中一个重要的原因，但拒签《京都议定书》。

在这份报告中，布什政府首次承认人类活动排放的气体同全球变暖有关。由于人类的活动，某些气体，比如二氧化碳正在地球大气层积累，这使得大气表面平均温度和海洋温度上升。

报告内容融合了克林顿政府时期的一些观点以及2001年的一份研究报告，认为工业排放的气体，特别是从发电站、工厂和汽车中排放的二氧化碳，是引起气候变暖的重要原因。

报告还预测了气候变暖将对美国造成的深远影响。在21世纪，美国的平均温度将上升3～5℃；海平面将上升48厘米，沿海的民居、公路和供电系统都将遭到破坏；落基山脉的草地和沿海的小岛等生态系统将消失，而沿海城市纽约曼哈顿商业区的最低点更是处在海平面以下。报告在最后部分呼吁采取措施以适应气候变暖。

此次，虽然布什政府总算是作出了一点让步，"悄悄"承认了全球气候变暖这个事实，但并不代表在这一问题上有大的态度变化。布什政府已经明确表示，10年内都不会加入《京都议定书》，政府对报告中提出的问题也没有采取任何应对措施，而且白宫发言人还极力表示："报告中已经表明，在气候变化中还有很多的不确定因素。"言下之意，现在政府有理由不采取措施。

但是对于政府这种"口惠而实不至"的举动，一些社会团体认为，布什政府知道气候变暖带来的严重后果却拒绝采取措施是极其不负责任的。

不过也有组织对布什的这种做法给予了肯定。美国"全国环境信任"组织的科雷德说，布什政府从以前否认气候变暖到发表这份报告是一种政治上的转变，另有一组织官员也说，布什政府意识到全球变暖的严重性已是一个巨大的进步。

媒体分析认为，布什政府突然发表这样一份报告事出有因。近来，美国民众越来越关注大企业同政府的关系，他们怀疑一些大型企业为了自身利益而游说政府制定相关能源政策，而政府为了迎合大公司的利益拒绝采取控制温室气体排放的措施，譬如在安然事件中，政府与该能源巨头的关系就颇有些不清不楚。

美国国会的换届选举将在2002年11月举行，民主共和两党正在为此摩拳擦掌，做着最后的冲刺。分析人士认为，政府在全球变暖问题上的表态，很大程度上与2002年年底的竞选有关系，是为了作出一个保护环境的姿态，拉拢民心。

分析及对策

1. 气候变化谈判的阶段及实质

自1989年开始，气候变化谈判迄今经历了四个阶段。第一阶段到1992年6月，谈判结果是通过了《联合国气候变化框架公约》，确认历史上及目前温室气体的人为排放主要源于发达国家，确立了发达国家与发展中国家间对气候变化问题的“共同但有区别的责任”，规定发达国家到20世纪末将其温室气体排放回复到1990年水平，发展中国家承担了在其经济和社会政策中考虑气候变化的因素的义务。第二阶段从1992年6月至1997年12月，谈判的成果集中体现在《京都议定书》，规定发达国家应在2008—2012年期间将其温室气体排放从1990年水平上平均减少5%。第三阶段从1997年12月至2001年3月，除继续谈判与执行气候变化公约有关的问题外，又开始了关于建立《京都议定书》规定的“境外减排机制”及“遵约机制”（即监督、核查机制）为重点的谈判。第四阶段从2001年3月开始到现在，也可以说是第三阶段的延续，美国宣布推出议定书，并寻求替代机制，对世界提出了挑战。

由原则确认发达国家对气候变化问题负主要责任，到为发达国家规定具体量化的减排指标，是气候变化谈判的一条主线。与此同时，发展中国家是否承担限排或减排义务问题，一直是谈判中的焦点。在谈判的各个阶段，发达国家一直企图为发展中国家设定温室气体减排或限排义务，遭到发展中国家的强烈反对。在《京都议定书》通过之后，发达国家更加加紧了压发展中国家承担义务的攻势。

与一般的环境问题相比，气候变化问题的特殊性在于，已超出了环境或气候领域，谈判涉及的是能源利用、农业生产等经济发展模式问题。其实质是竞争未来在能源发展和经济中的优势地位。

2. 我国面临的形势

我国是发展中国家且目前人均温室气体排放较低。根据公约的规定，我国未承担温室气体减排或限排义务。但我国排放水平位居世界第二，在发展中国家最高。随着经济发展，排放仍会增长。我国在气候变化谈判中面临严峻的形势。

（1）要求我国承担减排或限排温室气体义务的压力加大。由于美国已宣布退出议定书，更增加了这方面的压力。

（2）温室气体浓度上限问题正引起越来越多的关注，将直接导致责任分担问题。公约的最终目标是将大气中温室气体浓度稳定在防止气候系统受到危险的人为干扰的水平上，该浓度水平上限是人类温室气体排放空间的上限。发达国家的一些科学家建议将该体积分数上限确定为 550×10^{-6}。欧盟已经确认。如按建议将水平确定，人类将面临分配所剩余的约 170×10^{-6} 的排放空间问题。一些国家及非政府组织已着手探讨全球气候变化“分摊负担”的方案。

（3）关于议定书三机制的谈判，前景难料。建立议定书规定的联合履行、清洁发展机制及排放贸易是谈判的重点。其中联合履行是发达国家之间的项目合作机制，对发展中国家影响不大；清洁发展机制是发达国家与发展中国家基于项目级的合作机制，如能制订适当的规则，有利于发展中与发达国家开展相关项目合作；但排放贸易问题变数很大，虽然议定书原则规定应限于发达国家间进行，但美国竭力主张建立国际排放贸易制度，而前提就是要实行全球排放总量控制，必然引发将来谈判全球排放限额问题。

3. 有关对策

气候变化谈判涉及各国的能源、农业乃至整个经济和社会发展。可以预见，气候变化谈判有可能成为继 WTO 谈判之后对我国经济发展产生重大影响的又一重大国际谈判。

（1）关于承担减排或限排义务问题。在目前对外谈判和国际合作中，仍应坚持里约“共同但有区别的责任”的原则，不承担减排，也不承担具体的限排义务。与此同时，针对发达国家要求发展中国家承担减排或限排义务的不同情况，研究并确定中、远期谈判战略。

（2）关于确定大气温室气体浓度上限问题。从科学的角度看，确定温室气体上限的方法有多种，但根据目前的科研水平，无论哪一种方法，不确定性都很大。不足以作为决策的依据。从政治角度看，确定了温室气体浓度水平上限，必然导致对排放空间的分配，我国应加强科研力量与政府部门间的协调配合，争取从科学的角度和政治谈判两条战线争取有利空间。

（3）关于京都议定书机制，尤其是排放贸易问题。尽管议定书规定，排放贸易是限于发达国家间进行的有限的贸易，但某些国家极力推行建立发展中国家也参与的国际排放贸易机制。在关于排放贸易的谈判中，我国仍应坚持议定书的原则规定，因为参与排放贸易的前提是要确立本国的排放指标。

注释：

注 1　源：指向大气排放温室气体、气溶胶或温室气体前体的任何过程或活动。

注 2　汇：指大气中清除温室气体、气溶胶或温室气体前体的任何过程、活动或机制。

注 3　“附件一”：《气候变化框架公约》附件一，列出需要承担减排温室气体的国家。

注 4　第 4 条第 2 款（a）项和（b）项：《气候变化框架公约》第 4 条（a）款、（b）款，主要涉及发达国家履约的充分性问题。

注 5　清洁发展机制：Clean Development Mechnism，简称 CDM。

注 6　“77＋1”：“指 77 国集团＋中国”。

注 7　“后京都进程”：指《京都议定书》生效之后气候变化谈判的发展进展。

注 8　小岛国联盟：一般指发展中小岛屿国家联盟。

注 9　自愿承诺条款：《京都议定书》规定公约附件一国家承担减排义务，而一些发展中国家作出了自愿减排的承诺。

注 10　“公约附件一”：指《气候变化框架公约》附件一，指发达国家和经济转轨国家。

注 11　“全球环境基金”：Global Environment Facility，简称 GEF。

注 12　公约 4.8、4.9 条：规定向发展中国家提供资金和技术转让。

注 13　碳汇作用：即起吸收 CO_2、CO 的汇作用。

注 14 伞型集团：在气候变化谈判中形成的谈判集团，成员包括美国、日本、澳大利亚、新西兰、加拿大等。

注 15 “主席案文”：谈判过程中由会议主席提出的一个谈判案文。

注 16 净排放量：即从本国实际排放量中扣除森林所吸收的二氧化碳量。

注 17 “温室气体强度”：每百万 GDP 所排放的温室气体。

四、生物多样性

——给世界更多色彩

1914 年 9 月，世界上最后一只旅鸽在美国辛辛那提动物园孤零零地死去。据记载，400 年前旅鸽在北美多达 50 亿只。自从欧洲移民来到这里后，他们用各种办法捕杀这种旅鸽，终于使曾铺天盖地的旅鸽走向灭绝。最后一只老旅鸽的死引起了人们的极大关注。

地球上出现生命至今已经历了大约 35 亿年的漫长进化过程，在这个过程中大约形成过 10 亿个物种。物种的形成、灭绝原本是一种周而复始的自然规律，但由于人类社会无序、无度的发展却成为物种加快灭绝的催化剂。据科学家考证，在远古时期，无脊椎动物大约每 3 000 年形成一个新的物种，每 3 000 年灭绝一个物种。鸟类在 3 500 万～100 万年前，平均每 300 年灭绝 1 种；从 100 万年前到现在，平均每 50 年灭绝 1 种；最近 300 年间，平均每 2 年灭绝 5 种；到 20 世纪后，约每年灭绝 1 种。哺乳类在更新世（350 万年前），平均每个世纪灭绝 0.01 种；在晚更新世（10 万年前），平均每个世纪灭绝 0.08 种；据世界《红皮书》（注 1）统计，在刚刚翻过的 20 世纪，110 个种和亚种的哺乳动物和 139 种和亚种的鸟类在地球上消失。

农作物多样性的丧失更是触目惊心：在过去的 100 年中，美国的玉米品种丧失 91%，番茄品种丧失 81%；从 20 世纪 40 年代末到 70 年代，中国的小麦品种从 1 万种锐减到 1 000 种。

海洋生物资源的破坏来自于海洋环境的污染和人类对海洋生物的过量捕捞。第二次世界大战后，世界捕鱼量为 2 000 万吨，1994 年，世界海洋渔业捕捞量已达 9 041 万吨，其中中国海渔业捕捞量达 3 000 万吨，占世界总量的 1/3。1995 年，仅世界渔业贸易纷争的次数就超过 19 世纪总和。

地球上的动物、植物和微生物之间，动物、植物和微生物及其生存的自然环境之间有着相互依存、相互作用的密切关联，任何一个物种的丧失都会通过食物链作用于其他生物。地球上每消失一种植物，往往就会有 10～30 种依附于这种植物的动物和微生物随之消失。物种的大量快速消失会破坏生态平衡，使自然界中的“天敌”和“猎物”之间失去动态的平衡，使地球环境控制系统紊乱，失去完整性。

1992 年 5 月在联合国“内罗毕最终谈判会议”上，通过了《生物多样性公约》。1993 年 12 月 29 日《生物多样性公约》作为野生生物保护新框架生效，1994 年 12 月 19 日，联合国大会宣布 12 月 29 日为“国际生物多样性日”。

生物多样性（注 2）是指生物及其与环境形成的生态复合体以及与此相关的各种生态过程的总和。它包括数以百万种的动物、植物、微生物和它们所拥有的基因以及它们与生存环境形成的复杂的生态系统。生物多样性是一个内涵十分广泛的重要概念，它包括多个层次和多个水平，其中研究比较多，意义重大的主要有遗传多样性（注 3）、物种多样性（注 4）、生态系统多样性（注 5）和景观多样性（注 6）4 个层面。遗传多样性，也称为基因多样性，指广泛存在于生物体内、物种内及物种间的基因多样性，常通过测定染色体多态性、各染色体数目、结构及减数分裂行为等来了解。一个物种遗传变异越丰富，它对环境适应的能力越强。一个物种适应能力越强，它的进化潜力也越大。物种多样性是指物种水平的生物多样性，可以从分类学、生物地理学角度对一个地区的物种进行研究，研究物种多样性的形成、演化、受威胁情况以及保持物种的永续性等。生态系统多样性主要指生物多样性，生物群落多样性和生态过程的多样性。景观多样性是指不同类型的景观在空间结构、功能机制和时间动态方面的多样化和变异。生物多样性是我们这个地球最显著的特点之一，也是人类社会赖以生存和发展的基础。

当今世界面临着人口、环境、资源、粮食、能源等多重危机，这些危机的解决都无不与地球上的生物多样性有着密切关系。发达国家以其雄厚的经济实力和先进的科学技术除了开发本国资源外，还大肆掠夺发展中国家的资源；发展中国家由于人口膨胀和经济压力，缺乏对生物多样性保护的意识，造成许多生物多样性丢失；在粮食作物和畜牧业方面，由于追求高产、优质，导致品种单一化，许多具有某方面优良性状的动植物被淘汰，遗传多样性急剧减少。

1980 年联合国环境规划署、国际自然与自然资源保护联盟（注 7）、世界自然基金会（注 8）共同制定了《世界自然保护纲要》，重视保护与发展之间不可分割的联系，强调“持续性发展”的必要性。国际自然与自然资源保护联盟在 1984—1989 年起草并修改的《生物多样性公约》于 1992 年 6 月在巴西里约热内卢召开的联合国环境与发展大会上通过。该公约是生物多样性保护和持续利用进程中具有划时代意义的文件。会上有 150 多个国家的首脑在公约上签了字，并于 1993 年 12 月 29 日起正式生效。此后许多国际组织从事生物多样性研究，举行各种学术会议，建立全球或区域性监测网络，发展形成新的学科“保护生物学”、“濒危物种生殖生物学”、“濒危物种群体遗传学”、“濒危物种群体生态遗传学”等等。

话说《生物多样性公约》

《生物多样性公约》是在联合国环境署推动下制定的旨在保护、可持续利用生物资源和遗传资源的惠益分享的法律文件，也是关于生物多样性资源保护的第一个全球性协议。公约对缔约国规定了保护义务，同时也规定发达国家向发展中国家提供履约所必需的资金与技术。1992 年 5 月 22 日，公约在内罗毕讨论通过，在里约热内卢联合国环境与发展大会上开放签字。1993 年 12 月 29 日公约生效。截至目前，共召开了六次“公约”缔约国大会。

生物多样性是指森林、草地、荒漠、湿地和淡水水域、海洋等生态系统和各种动植物及基因等构成的生态综合体。“公约”的目标是：按照本公约有关条款从事保护生物多样性、持久使用其组成部分以及公平合理分享由利用遗传资源而产生的惠益。实现手段包括遗传资源的适当取得及有关技术的适当转让，

但需顾及对这些资源和技术的一切权利，以及提供适当资金。

1992 年 6 月 11 日，在巴西里约热内卢举行的联合国环境与发展大会上，李鹏总理代表中国政府签署了《生物多样性公约》，使中国成为“公约”第 64 个签字国。1992 年 11 月 7 日，第七届全国人大常委会第 28 次会议审议并批准了《生物多样性公约》，并于 1993 年 1 月 5 日递交批准文本，是世界上较早批准该“公约”的国家。

自签署“公约”以来，中国在履约方面做了大量的工作，成立了“中国履行《生物多样性公约》工作协调组”，该履约协调组由国家环保总局牵头，国务院所属 20 个部门参加；建立了“公约”国家联络点、资料交换所机制联络点、《生物安全议定书》（注 9）政府间会议联络点和全球分类倡议协调机制；派出多部门参加的具有代表性的高级政府代表团出席了 6 次缔约方大会；参加了《生物安全议定书》10 轮工作组会议和谈判，对议定书的通过发挥了积极作用，并于 2000 年 8 月 8 日签署了《生物安全议定书》。派政府代表和专家参加了大量全球、区域和次区域活动，参加了科咨机构（注 10）历次会议；积极支持“公约”秘书处的工作，提交了第一次和第二次国家履约报告、有关专题报告以及大量建设性建议和意见。

中国政府与联合国环境规划署、联合国开发计划署、世界银行、全球环境基金建立了良好的合作关系，与德国、英国、俄罗斯、加拿大、美国、荷兰、挪威、瑞典、日本、韩国、澳大利亚等国家建立了广泛的双边关系，先后制定了“中国生物多样性国情研究报告”、“中国生物多样性保护行动计划”、“中国履行《生物多样性公约》第一次和第二次国家报告”、“中国生物多样性数据管理和信息网络化能力建设”、“中国国家生物安全框架”、“中国自然保护区管理”、“中国湿地生物多样性保护与可持续利用”、“中国海洋和海岸生物多样性保护”、野生动物保护、植树造林、水土保持、生物多样性培训和宣传教育等一系列项目。通过这些项目的实施，获取了相关知识和技术，加强了能力建设，提高了广大公众的保护意识，并从全球环境基金获得 2300 多万美元的赠款，从世界银行获得约 2.6 亿美元的贷款，大力推动了国内的生物多样性保护工作。

南北两方的五大分歧

1．“公约”与其他国际协定的关系问题

发达国家强调“公约”所涉及的贸易规定必须符合 WTO 规则，即各国在履行本“公约”义务的同时，必须遵守其他国际协定，并且不能对外来的改性生物体采取歧视性措施。大多数发展中国家认为，如果这样规定将使“公约”置于国际贸易协定的从属地位，其作用和影响将大打折扣，因此主张所有国际协定都享有同等地位。

2．事先知情同意程序（AIA）问题

事先知情同意程序是指“如遇其管辖和控制下起源的危险即将或严重危及或损害其他国家管辖的地区或国家管辖地区范围以外的生物多样性的情况，应立即将此种危险或损害通知可能受影响的国家，并采取行动预防或尽量减轻这种危险或损害”。对于是否将事先知情同意程序直接用于食品、饲料或加工使用的改性活生物体问题，发达国家和发展中国家双方分歧较大。发达国家坚决反对将 AIA 适用于这类改性活生物体，而大多数发展中国家坚决主张 AIA 适用于这类改性活生物体。

3．财务机制问题

从“公约”谈判开始，财务机制问题一直是双方争论的焦点。主要分歧：一是是否有必要和如何建立一个独立的生物多样性基金；二是此项基金包括哪些花费，谁来管理此基金。

发展中国家希望建立一个独立的基金，在缔约国会议下管理，并由发达国家出资。发达国家坚持以全球环境基金作为公约的财务机制，由世界银行、联合国开发署、联合国环境署共同管理，这样更有利于发达国家操纵财务机构和

资金分配。

在资金机制问题上，鉴于我国在世行和全球环境基金理事会中的独特地位，全球环境基金作为公约的资金机制对我国是有利的。因此，我国支持全球环境基金。

4. 遗传资源获取与惠益共享问题

随着生物技术的发展，遗传资源的利用带来了巨大的经济社会效益。因此，那些遗传资源被发达国家利用的发展中国家一直呼吁国际社会，要求制定相应的机制以保证发展中国家有可能分享遗传资源利用带来的惠益。但那些生物技术发达、在利用遗传资源方面已获得较大经济利益的发达国家，则希望“公约”能够有利于他们继续获取遗传资源。在遗传资源获取和技术转让问题上，我国主张发达国家在向发展中国家进行技术转让时，应按公平和最有利条件提供或给予便利。在技术开发时，提供遗传资源用于生物技术研究和开发的缔约国，应在公平的基础上优先取得基于其提供资源的生物技术所产生的成果和实效。

5. 森林和生物多样性保护问题

对于森林和生物多样性保护问题，已在缔约国大会上确定建议可持续发展委员会下设立的政府间森林工作小组去完成缔约国大会交给的有关森林问题的工作任务。在沿海和海洋生物多样性保护和持续利用问题上，我国强调要全面考虑公约的精神，要把保护和持续利用结合起来，而不能单纯强调保护。在海洋养殖问题上，我国的立场是要把它结合到沿海及海洋区域综合管理中去，发展海洋养殖在一定程度上会影响生物多样性，但另一方面它会减轻对海洋自然渔业资源需求的压力，改善当地人民的生活，将会促进海洋生物多样性的保护。

磋商　协调　团结　合作

我国积极参与《生物多样性公约》的各种国际活动，阐述自己的原则立场，维护我国和广大发展中国家的权益。

1994 年 11 月 28 日至 12 月 9 日，第一次缔约国会议在巴哈马首都拿骚举行，127 个国家的政府代表团和 128 个联合机构、非政府组织的 1 500 人参加会议。会议经过紧张而激烈的讨论与磋商，通过了会议报告和 20 个决议。争论的焦点有：财务机制、缔约国会议中期方案、科学技术合作资料交换机制、科学技术和咨询附属机构、确定公约秘书处的东道主组织和办公地点、秘书处的预算和经费的筹措等。

1995 年 11 月 6 日至 17 日，在印度尼西亚雅加达召开缔约国第二次会议，来自 120 多个缔约国、120 多个非政府组织，13 个国际组织和 10 个非缔约国的代表出席会议。会议通过了《雅加达履行生物多样性公约部长声明》和大会报告书、25 项决议，以秘密投票的方式决定将公约秘书处设在加拿大蒙特利尔市。会议争论的主要问题包括：资金机制问题、与预算有关的问题、关于制定生物安全议定书的问题、关于森林和生物多样性保护问题、关于保护和持续利用沿海及海洋生物多样性问题。

1996 年 11 月 4 日至 15 日，缔约国第三次会议在阿根廷布宜诺斯艾利斯举行，来自 130 多个国家的代表及 10 多个国际组织和一些非政府组织的代表出席会议，会议通过了《布宜诺斯艾利斯宣言》和 29 项决定。本次会议议题多，时间长，发达国家与发展中国家矛盾尖锐，发达国家之间和发展中国家之间的利益冲突也日益表面化。会议中的大小会同时举行，往往开至深夜，有些议题在决定文字上争论不休，效率不是很高。会议讨论的主要问题和争论焦点有：公约资金机制及信托基金预算、农业生物多样性保护、森林及陆地生物多样性保护、遗传资源的获取与知识产权、公约第 6、7、8 条的执行情况、向特别联大提交审查《21 世纪议程》执行情况的报告、生物安全议定书、缔约国会议 1996—1997 年中期工作方案等。

1998 年 5 月 4—15 日，《生物多样性公约》缔约国大会第四次会议在斯洛伐克首都布拉迪斯拉发召开。150 多个缔约国方政府代表，美国等非缔约方政府观察员，联合国机构和专门机构观察员，以及其他政府间组织和非政府组织观察员共 2 000 余人参加了大会。会议分全会和两个工作组会议进行，分别对一些具体领域和跨领域的问题及议程所涉及的其他一些问题进行审议，并对所审议问题的决定草案进行磋商和谈判。最后，大会通过了有关生物安全问题等16项决定。

5月4日至5日，生物多样性部长级圆桌会议讨论了两个主要议题：（1）如何推动可持续旅游业；（2）私营机构在履约中的作用。来自50多个国家的环境部长、副部长或代表团团长就这两个议题进行了专题发言并分组进行了讨论。会议的成果以会议主席总结的形式报本次缔约国会议讨论。关于第一议题，以德国为首的一部分国家认为旅游业对生物多样性造成了较大的影响，应采取全球性行动，如起草可持续旅游业全球指南，引导旅游业向有利于生物多样性保护方面发展；而另一部分国家认为旅游业并不是生物多样性破坏的重要原因，在很多情况下，二者没有什么直接关系。对于第二个议题，大部分发展中国家指出私营机构的参与应得到鼓励，但必须在国家的有关法规政策指导下进行，以避免其追求商业利益所带来的不利影响。同时，发达国家不能因为私营机构的参与而减少其对发展中国家的官方发展援助。而发达国家则鼓励私营机构的参与以增加技术和资金向发展中国家的流入。

在部长级圆桌会议期间，中国代表团就会议的两个议题介绍了我国的情况并阐明了我们的立场。代表团积极参与两个工作组和许多相关接触小组的讨论，阐明对有关问题的立场，提出了许多积极的建议，尤其是在财政机制、公约财政预算、公约运作、有关领域生物多样性保护等方面，提出了许多有益的建议，并反映到大会决定中去。还积极参与77国集团和亚洲区域组的磋商和协调，力促对一些重大问题形成共同立场，使大会形成的各项决定达到总体平衡，为维护我国和广大发展中国家的利益作出了积极的贡献。代表团还会见了全球环境基金主席阿诗瑞先生和《联合国防治荒漠化公约》秘书处秘书长迪亚诺先生，希望加强同GEF（注11）和《联合国防治荒漠化公约》秘书处的合作。

2000年5月15日至26日，缔约国第五次大会在肯尼亚内罗毕联合国环境规划署总部举行。来自150多个国家、24个国际组织、19个政府间组织和198个非政府组织、38个土著组织的1 500多名代表参加了会议。会议对第四次会议以来的有关工作进行了总结，开始开放签署生物安全议定书，讨论和审议通过了很多议题，作出了31项决议，主要包括：内陆水域、海洋和沿海、森林、农业和旱地、地中海、干旱和半干旱、草原、热带草原生态系统生物多样性保护等专题；生态系统方式、生物多样性的查明、监测、评估和指标，外来物种、全球生物分类行动等跨部门问题；可持续旅游业，生物多样性可持续利用，遗传资源获取与惠益分享、传统知识保护等优先问题；财务资源和财务机制、科技合作、资料交换所机制，鼓励措施、教育和公众意识、影响评估、责任和补救、国家报告等《公约》的执行机制及运作情况等。

七个必须阐明的立场。

1. 对有关问题的原则立场

（1）遗传资源的获取与惠益分享。我国是世界遗传资源最丰富的国家之一，为保护遗传资源，防止国外公司和机构通过各种手段和方式，随意或无偿获取我国的遗传资源，必须加强保护和管理。各缔约方应建立遗传资源与惠益分享的国家联络点和国家主管机构，负责其管理工作；制定遗传资源与惠益分享的法律、法规和国家战略、管理措施，并将其作为国家生物多样性战略的一部分，使获取和惠益分享方面的法律法规和政策措施符合公约的各项目标；遗传资源获取与惠益分享要执行事前知情同意程序；鉴于目前获取遗传资源的主要机制是签订合同，缔约方大会应制定一个合同范本，包括共同商定的条件、需要提供的信息等；要加强遗传资源获取与惠益分享所涉及的各方面的能力建设，包括发展中国家利用遗传资源的惠益能力。缔约方大会应讨论通过财务机制，为发展中国家能力建设提供支持。

（2）生物安全问题。公约缔约方大会第一次特别会议续会，通过了生物安全议定书，并决定成立议定书政府间委员会，为第一次缔约方大会做准备。政府间委员会已于2000年3月13日至14日在巴黎召开了主席团会议，会后将为委员会制订工作计划，并提交缔约方会议审批。鉴于各国都同意通过议定书，因此应促使缔约方尽快签署议定书，并使其生效；尽快开展议定书生效后的有关工作，包括召开缔约方会议，制定有关方案，指导缔约方实施议定书，建立国家联络点、信息交换所，确认国家主管当局等；加强生物安全的研究工作；

财务机制应提供支持，帮助发展中国家加强能力建设，包括根据议定书的规定，制定法律法规，制定风险评估和风险管理的技术准则，进行管理人员的培训等。

（3）资料交换所机制。资料交换所机制是执行公约，促进和推动科学技术合作的主要机制之一。但是，迄今为止资料交换所机制所开展的工作很少注意发展中国家的具体要求，许多发展中国家尚未建立资料交换所国家协调中心，或缺少适当的技术和设施。特别是议定书通过后，各缔约方应建立生物安全信息交换所，作为生物多样性信息交换所的一部分。建议缔约方大会要求财务机制提供更多的资金，支持发展中国家建立资料交换所机制，加强人员培训和能力建设，以便有效地进行信息交流，更好地履行公约和议定书。

（4）内陆水域生态系统、海洋和沿海、农业及森林生物多样性等专题领域。虽然有关机构在这些方面开展了一些工作，但必须考虑如何与各缔约方的具体工作相结合。由于缺乏资金和技术，这些领域的工作受到很大限制。因此应加强国际合作，敦促发达国家和全球环境基金向发展中国家提供更多的支持，帮助发展中国家加强能力建设，开展一些示范项目，促进以上领域的生物多样性保护。

（5）可持续旅游问题。包括旅游业在内的可持续利用方式问题将是今后大会讨论的专题之一。旅游业在可持续利用生物资源方面将发挥重要作用，也会对生物多样性产生一定的负面影响。应要求科学咨询机构在通过的关于生物多样性与旅游业相互联系评估报告的基础上，与有关国际组织和机构合作，制定可持续旅游规则，包括旅游强度、生物多样性的保护管理，帮助发展中国家建立可持续旅游示范项目，如对游客的宣传、社区参与、旅游收入与保护的结合等；特别要注意在保护区及自然物种特别丰富地区的旅游业，因这些地区更容易受到影响；各缔约方应根据其实际情况，结合科学咨询机构有关成果，制定可持续旅游的管理规定，加强管理，保护生物多样性。

（6）生态系统方式和外来物种问题。生态系统方式是执行公约的主要框架，科咨 5 次会议讨论和通过了生态系统方式的原则及其他指导意见。建议各缔约方根据这些原则和指导意见，在执行公约的专题领域、制定国家政策和立法时，运用生态系统方式；开展运用生态系统方式研究、保护、管理生物多样性的个案研究和人员培训。

外来物种对生物多样性的破坏程度仅次于生境破坏，因此必须引起足够重视。首先要制定预防和减轻引进外来物种影响的指导原则；在处理引进外来物种问题时，应特别注意预防和风险评估程序；由于在地理和进化上孤立的生态系统的组成物种数相对有限，外来物种对其的影响十分严重，因此应该优先安排此方面的工作；财务机制应对解决外来物种问题提供足够和及时的支持；各缔约国收集分析研究的个案研究报告；重视对已引入的外来物种的管理；加强外来物种管理方面信息交流；加强外来物种管理的能力建设，包括法律和技术两方面；加强关于外来物种问题的宣传教育。

（7）财务资源和财务机制。应注意财务机制审查后的改进情况。财务机制应进一步精简项目周期，简化和加快项目的审批程序；加强执行机构之间的合作，提高效率，增加透明度；财务机制支持的生物多样性项目，必须通过生物多样性国家联络点和主管部门进行；项目准备阶段，应该有本国专家的充分参与；增加向发展中国家计划和战略中的重点行动提供资助，特别是在增加对生物多样性丰富的发展中国家的支持力度；财务机制支持的重点项目，包括外来物种、分类、内陆水域、森林、资料交换所机制、激励政策、获取和惠益分享，建议增加生物安全、生物多样性指标和评估。呼吁发达缔约方在其双边、区域和多边供资机构的供资政策中考虑生物多样性；希望秘书处与有关机构合作，开展生物多样性投资的培训工作。

2. 有关建议

《生物多样性公约》是一项综合性很强的公约，履约领域越来越广泛。专题领域、跨部门问题、优先问题及公约的执行机制和运作问题逐步增加，其中很多都有大量的、长期的后续工作。与其他国际环境公约及国际组织间的联系和合作更加密切。与其他环境公约相互渗透日趋明显。履约工作日益进入实质性的实施阶段。过去履约工作主要是推动各国开展生物多样性调研，制定国家和地区生物多样性的战略、计划、工作方案等，近年来，日益进入实质性磋商、谈判与实施阶段。

（1）加强生物安全工作。生物安全关系到国家的环境安全，关系到生物技术健康有序的发展，也关系到维护国家对外贸易的正当权益问题，许多发展中国家和欧盟国家都对签署议定书持非常积极的态度。我国应加强国家生物安全能力建设，加强宣传，增强公众生物安全意识。

（2）加强对履约热点问题的研究。加强对遗传资源获取和惠益分享问题和外来物种入侵问题的研究。加强对传统知识保护的研讨。传统知识对生物多样性有很大影响，我国在长期发展过程中，形成和积累了大量的传统知识。但由于我国在关于传统知识和生物多样性保护方面开展的工作非常少，为了充分发挥传统知识在我国生物多样性保护方面的作用，应大力抓好此项研究工作。

（3）将国内有关工作与履约工作有机结合起来。干旱半干旱地区生态系统十分脆弱，一旦破坏，很难恢复，应高度重视干旱半干旱地区生物多样性保护。加强对干旱地区生物多样性现状和趋势的评估，查明影响机制，提出对策。结合西部大开发，采用国际上有关生态系统方式的先进管理思想，总结正反两方面的经验，制定西部地区生物多样性保护工作规划，指导生态建设。

中国人在行动

从1993年至2002年，我国对履行“公约”采取认真的态度，积极参与国际履约活动，制定和完善了一系列保护和持续利用生物多样性的政策、法律法规和规划，加强生物多样性的保护和科学研究，积极开展生物多样性的公众教育和培训，有效地保护了中国的生物多样性。

1. 加强立法、执法和规划

我国颁布了《环境保护法》、《自然保护区条例》、《进出境动植物检疫法》、《种子法》、《植物新品种保护条例》、《野生植物保护条例》、《农业转基因生物安全管理条例》，修订了《森林法》、《海洋环境保护法》、《渔业法》等法律法规，生物多样性保护和持续利用的法律制度日趋完善。发布了《中国生物多样性国情研究报告》、《中国生物多样性保护行动计划》、《全国生态环境建设规划》、《全国生态保护规划纲要》、《中国自然保护区发展规划纲要》和《中国国家生物安全框架》，有关部门还制订了林业生物多样性、农业生物多样性、海洋生物多样性、湿地生物多样性、生物种质资源、大熊猫迁地保护等专项保护行动计划，使一些主要部门的生物多样性保护纳入国家行动计划之中。

2. 加强就地和迁地保护

到2001年年底，全国共建立自然保护区1 551个，其中国家级171个，占国土面积的12.9%，初步形成了全国性的保护区网络。中国自然保护区在国际上影响日益扩大，全国已有21处自然保护区加入“世界人与生物圈保护区网络”，21处自然保护区被列入“国际重要湿地名录”，3处自然保护区被列为世界自然遗产地。目前，我国70%的陆地生态系统种类、80%的野生动物和60%的高等植物，特别是国家重点保护的珍稀濒危动植物绝大多数都在自然保护区里得到较好的保护。

截至2000年，全国有植物园140多个，栽培中国区系植物约18 000种，约占中国区系成分的65%；全国已建立近200个动物园和野生动物园，230多处野生动物人工繁殖场，20多处水族馆，数十处鸟类动物园，建立了东北虎、麋鹿、野马、高鼻羚羊、扬子鳄等濒危野生动物救护和繁育中心14处，建成淡水鱼类种质资源综合库、鱼类冷冻精液库、试验性牛、羊精液库、胚胎库等。

3. 实行污染防治与生态保护并重的方针

实行“污染防治与生态保护并重”、“生态保护与生态建设并举”的方针。国务院发布了《全国生态环境保护纲要》，加强生物多样性保护的范围和力度。大力开展生态建设和生态保护，实施了天然林资源保护工程、“三北”和长江中下游地区等重点防护林体系建设、退耕还林还草工程、环北京地区防沙治沙工程、重点地区以速生丰产用材林为主的林业产业基地建设工程。经过长期努力，防护林体系工程建设取得重要进展，“三北”防护林工程已累计造林2 792万公顷，“三北”地区约12%的沙漠化土地得到了治理，30%的水土流失面积得到初步治理，约400万公顷的“不毛之地”变成了绿洲；长江中上游防护林工程已累计造林529万公顷，在271个县中有50%的工程基本绿化了荒山，100多个县的水土流失状况得到了控制。截至2000年年底，全国17个省（区）193个县完成退耕还林还草面积136.3万公顷。采取人工种草、飞播牧草、围栏封育等措施，将草地、草场培养与生态建设相结合，10年来，全国平均每年种草面积超过270万公顷，累计种草保留面积1 500多万公顷，围栏草场1 000多万公顷。中国还对森林资源实行限额采伐制度；划定禁渔区和休渔期，实行渔业许可证制度；在淡水湖泊和海洋开展放流增殖工作；人工栽种中草药，建立中药材基地；实施出入境检验检疫制度，防止动、植物病虫害的侵入和传播。

4. 重视科学研究和监测

国家科技攻关计划、国家重点基础发展规划、国家863计划、国家自然科学基金重点支持了生物多样性保护政策和战略、生物多样性数据管理和信息共享、自然保护区管理、可持续旅游、外来入侵物种防治、生物安全、遗传资源保护与保存、保护生物学、生态环境保护与恢复技术，以及湿地、森林、农业、海洋、缺水和半湿润地区生态系统生物多样性保护等方面的研究。通过这些研究工作，初步查明了中国一些森林、草原、淡水和珊瑚礁生态系统的受损现状及其原因，评估了重要濒危物种的受威胁状态，提出了保护和持续利用生物多样性的对策建议及相关法律法规和标准草案，为生物多样性保护提供了科学技术支持。其中一些工作在国际学术界产生了重要影响，如关于大熊猫等濒危动物的研究成果、常温下种子的超干保存方法等。这些科学研究工作还出版了大量有影响的专著，反映了中国生物多样性研究的整体水平。

国家环保总局和中国科学院还发布了《中国濒危动物红皮书》，全书共有兽类、两栖类和爬行类、鱼类、鸟类四卷，每卷提供了濒危动物的种群分布，数量现状和趋势、濒危等级和受威胁原因等科学资料；林业、农业等有关部门发布了《国家重点保护野生植物》名录（第一批），共有246种8类植物。

国家环保总局建立了环境监测总站和2000多个环境监测站；国家林业局建立了森林资源监测、湿地资源监测、野生动植物资源监测和荒漠化监测体系，农业部建立了农业环境监测网络，国家海洋局建立了由卫星、飞机、船舶、浮标和岸站组成的全国海洋环境监测系统；中国科学院建立了64个生态定位研究站。中国加强对全国环境、生物多样性的监测，并为国家决策和履约提供科学依据。

5. 强化公众宣传教育和培训

我国广泛利用广播、电影、电视、报纸等大众传媒，以及开展多种形式的展览、夏令营、节日纪念日等活动，普及生物多样性保护知识，如每年在世界环境日、地球日、国际生物多样性日开展大规模公众参与的宣传教育活动，宣传《生物多样性公约》的作用和意义以及保护生物多样性的重要性，举办各种形式的专家会议、讲习班、研讨会，大大提高广大公众和管理人员的生物多样性保护意识和自觉性。

我国在履行《生物多样性公约》方面取得了巨大成就，但同时也面临着严峻的挑战。由于气候变化和人为破坏等原因，生态破坏还十分严重，生物多样性丧失正在迅速加快，我国工作还不能满足生物多样性保护的需要。目前，生物多样性保护已成为国家可持续发展优先重点行动之一，急需加强国家一级生物多样性保护能力建设，完善立法，强化执法，增加投入，加强生物多样性领域的多边和双边合作，重视生物多样性热点地区的就地保护，重视生物多样性热点问题，如生物安全、外来入侵物种、遗传资源等的调查和基础工作，同时，加强对《生物多样性公约》和世界贸易组织规划的研究，维护我国环境、生物多样性和经济贸易的权益，调整不利于生物多样性保护的各项政策和制度，有效履行公约义务。

选择需要权衡利弊

现代生物技术同核技术一样，在造福人类的同时也带来一定风险。尤其是当人类不能正确运用这些技术时，其后果将是灾难性的。人类通过对生物遗传物质（基因）进行能动地改变，定向改造生物、加工生物材料、利用生命过程，创造出的有益于人类的物种和产品就是转基因生物。现代生物技术产生的转基因活生物体及其产品，可能对生物多样性、生态环境和人体健康构成潜在的威胁。生物安全已经成为国际社会新的热点，世界各国相继立法并设立专门机构，加强生物安全管理，以避免和消除现代生物技术发展可能产生的负面影响。

1. 现代生物技术的开发和应用带来生物安全问题

生物技术在医药卫生、农业、食品、化工、环保等领域日益发挥着重要作用，将成为21世纪的支柱产业。转基因技术作为现代生物技术的重要内容，近年来有了快速的发展。自1983年第一种转基因植物问世以来，全球转基因植物已发展到35科120多种；转基因鱼类、贝类、猪、羊、牛等动物也获得成功；乙肝疫苗等20多种基因工程药物已上市，另有350种基因工程药物处于不同研发阶段。但是必须看到，一些生物转基因体一旦逃逸到环境中失去控制，有可能会改变物种及其之间的竞争关系，破坏生态平衡和生物多样性。主要问题如下：

（1）造成非目标生物死亡。抗虫、抗病和抗除草剂类转基因植物，在杀死害虫的同时，对环境中的许多有益生物也产生直接或间接的影响，甚至使其致死。美国大斑蝶只吃一种叫马利筋的野草，如果把转基因抗虫玉米粉撒在马利筋叶片上，大斑蝶幼虫吃这种叶片后长得慢、死得快，4 天后，幼虫死亡率达到44%。

（2）目标害虫对转基因作物产生抗性。尽管我国转基因Bt棉花刚刚开始在大田推广应用，但已有研究表明，用转基因棉花叶片饲养棉铃虫6到12代时，抗性指数从1.5增加到4.4倍。转基因Bt棉花对第二代棉铃虫有很好的控制作用，无须施药，但第三代、第四代每百株出现20～40头3～4龄幼虫，每代仍需喷药3～4次。而转基因作物中病毒基因可能与浸染该植物的其他病毒进行重组，产生新病毒或超级病毒。

（3）基因发生逃逸，导致栽培作物出现杂草化趋势。转基因作物中的转基因可以通过花粉逃逸，与周围野草中的野生近缘种杂交，使野草蜕变成杂草。

如转基因芸苔的花粉传播到野油菜中后，两个种能自发地杂交，产生耐除草剂的转基因野油菜。转基因植物通过传粉进行基因转移，将一些抗虫、抗病、抗除草剂的基因转移给野生亲缘种或杂交种。一部分栽培作物，如一些高粱属的作物，在特定环境下可变成杂草。一些本来很安全的作物，一旦被插入一个抗病或抗虫基因，当转基因发生逃逸，作物呈现杂草化趋势。杂草一旦获得转基因生物体的抗逆性状，将极大影响其他作物的正常生长和生存。

（4）对生物多样性的影响。转基因动物具有普通动物不具备的优势特征，若逃逸到环境中，会通过改变物种间的竞争关系，破坏原有的自然生态平衡。转基因微生物与其他生物交换遗传物质，可能产生新的有害生物或增强有害生物的危害性，甚至引起疾病的流行。转基因微生物还能取代其他物种，导致生物多样性的破坏，造成生物多样性无法挽回的损失。

（5）对人体健康带来威胁。转基因生物食品进入人体，可能使人出现某些毒理作用和过敏反应。国外已有儿童饮用转基因大豆豆浆产生过敏反应的报道。生长激素类基因可能对人体生长发育产生重大影响。转基因生物中使用的抗生素标记基因，如果进入人体，可能使人体对很多抗生素产生抗性。

2. 国外生物安全管理现状

生物安全涉及环境、健康、伦理、社会、经济等各方面，已引起世界各国的广泛重视。目前，主要发达国家、部分发展中国家和有关国际组织，均制定了一系列的法律法规和管理体制，从实验研究、环境释放、生产、应用、运输到贸易等各个环节，进行科学规范的管理。

（1）为预先防范和控制转基因生物可能产生的各种风险，联合国环境规划署和《生物多样性公约》秘书处组织制定了《生物安全议定书》，目前已有100多个国家签署了《生物安全议定书》。我国于2000年8月签署了该议定书。议定书的目标就是要按照预先防范的原则，确保对保护和持续利用生物多样性可能产生不利影响的转基因活生物体，进行安全越境转移、处理和使用，同时考虑其对人体健康构成的风险。议定书提出了越境转移的事前知情同意程序和必要的风险管理措施。

（2）建立和完善生物安全法律法规体系。美国从20世纪70年代就在有关法规的修正案中加入了生物技术安全管理的内容。加拿大在1985年制定了生物技术产品环境释放的管理法规。欧盟生物安全指令明确了生物安全管理的事先防范原则，规定了环境风险评价、审批许可、标识以及环境监测等管理制度。欧盟新制定的食品管理条令规定了新食品上市前的安全评价程序，规定转基因食品实行强制性标识制度，即必须标明该食品的组成、营养价值和食用方法。1991年，丹麦对转基因生物的批准和监督以及有关行政处罚、申诉等作出规定。1993年，挪威规定所有转基因生物的环境释放，需要实行风险评价和审批制度，上市销售要实行标识制度。1998年，又对转基因生物的进口、运输以及标识和包装、事故与执行等作出了规定。

亚洲和拉丁美洲等大多数发展中国家，已着手制定和发布有关生物安全的法律和法规。如印度、埃及、印度尼西亚、巴西、古巴、阿根廷、哥斯达黎加、智利等国家，均发布了关于转基因生物环境释放的管理法规。

（3）建立统一协调、分工负责的生物安全管理体制。在英国，环境部是生物安全的主管部门，负责转基因生物的研究、环境释放和商品化生产的审批；审批时征求农业、渔业和食品部门的意见。在丹麦，转基因生物的封闭使用、环境释放和上市销售均由环境部主管，食品、农业和渔业部及卫生部等部门参与动物和人体等方面的风险评估。在荷兰，环境部统一负责对所有与转基因生物有关的活动颁发许可证书，并负责制定与生物安全有关的政策。在挪威，环境部负责统一监管和协调生物安全涉及的16个部门的工作，具体负责转基因活生物的管理。各部门作出的决定必须事前征求相关部门的意见，然后把审批建议上报环境部。瑞典环境部负责本国生物安全事务方面的统一协调，拟定和监督实施风险评估的技术准则和管理措施。根据瑞典法律和政府授权，环境部组织成立了一个独立的基因技术咨询委员，在生物安全管理中承担综合协调、监督和咨询的职能，各部门的决定必须通过瑞典基因技术咨询委员会的咨询，向环境部事先征求意见或事后备案，并接受监督。

（4）加强生物安全科学研究、人员培训和公众教育的投入。美国政府从1983年起就设立专项研究基金，对生物安全研究给予支持。欧盟于1991年启动了生物安全研究项目。在1999年开始执行的欧盟第五个研究框架计划中，将生物安全提高到“改善欧洲竞争力”的高度，资助了4个生物安全重点研究项目。对转基因植物在田间表现，转基因抗虫、抗病、抗除草剂农作物对生态环境的潜在风险评价，害虫对抗虫转基因植物产生抗性的风险预测、检测、监测和综合治理，基因漂移等做了大量工作。美国、加拿大和欧洲各国都建立了较为完善的转基因生物监测评价方法和先进的实验手段，注重数据和信息的收集与处理，同时加强生物安全的培训和教育，把有关知识、科学发现和信息及时传递给有关管理人员、监测人员和公众。

“生物安全”：看不见的防线

由于发达国家生物技术发展水平及商业化程度相当高，因此他们极力反对国际社会制定一项公约来限制生物技术产品的国际贸易，并企图阻挠国际社会就此生物安全问题达成协议。我国及大多数发展中国家认为，生物技术发展及生物技术产品的国际贸易不加控制，将对生物多样性和人类健康构成威胁，必须制定一项严格的生物安全国际协定。在制定一项生物技术安全议定书问题上，我们认为，既要搞又不可急于求成。应充分认识到必要性，但其发展进程应是一个循序渐进的过程，使那些在此领域尚存许多空白的发展中国家有能力和条件履行议定书的规定。联合国环境规划署准备的国家生物安全技术指南可以在帮助发展中国家进行能力建设、增强履约能力方面发挥积极作用，我国已对此表示赞赏并愿参与有关行动。

2001年10月19日，国家环保总局与外交部共同组织有关部门就我国批准《生物安全议定书》（以下简称“议定书”）问题进行了深入讨论，并与有关部门进行了具体协商。

1. 为何要批准议定书

“议定书”是《生物多样性公约》框架下的一个国际法律文件，主要是为了防止转基因活生物体可能对生物多样性、人体健康和生态环境产生的风险这一环境问题拟定的。“议定书”的条款与我国历次谈判的对案基本一致，批准“议定书”对我国是有利的。具体表现在以下几方面：

（1）有利于保障我国生物多样性、人体健康和生态环境的安全。我国是世界生物多样性最丰富的国家之一，同时也是很多物种和遗传资源的起源中心，保护我国的生物多样性对我国经济社会的持续发展具有极其重要的意义。近年来我国转基因生物的开发和生产有了较快发展，我国转基因农作物环境释放(包括田间试验和商品化生产）的面积仅次于美国、阿根廷和加拿大，居世界第 4 位。一些国外的生物技术研究和开发公司都以独资或合资形式在我国开展转基因生物研究、开发、环境释放和商品化生产。国外转基因产品也大量涌入我国，如转基因大豆及其产品，我国转基因大豆研究开发处于明显落后状况，我国又是大豆起源中心，野生大豆资源十分丰富，如果进行转基因大豆商品化种植，将对我国野生大豆资源产生严重威胁。

上述这些国内外因素都对我国的生物多样性、人体健康和生态环境的安全构成威胁。如果我国批准“议定书”，一方面可以制定与国际接轨的有关转基因生物研究、开发和环境释放的安全管理措施，另一方面也可以充分利用“议定书”有关条款以及国内配套立法和相关制度，限制国外转基因产品大量涌入我国，限制国外生物技术开发公司在我国进行转基因生物体的研究、环境释放和商品化生产等活动，避免将我国变成转基因生物“试验场”，保护我国的生物多样性、生态环境和人体健康。

(2) 有利于保护我国的农业。近年来我国每年进口的粮食约 2 000 多万吨，其中相当一部分是转基因产品。如 2000 年，我国进口大豆及其加工品约 1 080 万吨，其中 60%为转基因产品，2001 年前 9 个月，我国进口大豆约 1 200 万吨，基本都是转基因产品。我国农产品在国际竞争中处于劣势，加入 WTO 后不能再利用关税措施限制其他国家产品进口，美国、加拿大等国家的具有品质和价格优势的转基因玉米、大豆、油菜籽等将大量涌入我国市场，从而严重影响我国某些农产品的生产和农民收入，我国的农业将面临更为严峻的挑战。如果我国加入“议定书”，则可根据其有关条款赋予的权利，通过事先通知同意程序、风险评估和风险管理、标识等制度，减缓或控制国外转基因农产品的进口种类和数量，促进国内传统农产品的出口，从而保护我国的农民利益，维护我国农业生产的发展和社会稳定。

（3）有利于为我国现代生物技术发展赢得必要的时间和空间。近年来，虽然我国的现代生物技术研究取得了很大进展，但与美国、欧盟、日本等国相比仍有较大差距，多数研究产品尚处模仿国外阶段，具有自主知识产权的产品很少。如我国转基因大豆、玉米、油菜等研究处于明显落后状况。更重要的是发达国家的现代生物技术发展是以产业化为模式，经过多年发展，形成了一批巨型生物技术跨国公司，如孟山都、杜邦等。这些公司无论在资金、技术和人员等方面都是国内无法比拟的。如果我国批准“议定书”，可以根据“议定书”的有关规定，限制发达国家转基因产品的进口，为我国现代生物技术产业发展赢得必要的时间和空间，从而缩小我国与发达国家在生物技术领域的差距。

（4）有利于维护发展中大国应有的国际形象。我国是《生物多样性公约》最早的缔约方之一，生物安全是生物多样性保护的重要议题，中国政府代表团参加了“议定书”的历次谈判并发挥了积极作用，使“议定书”有关条款有利于我国和广大发展中国家的利益。我国已正式签署了“议定书”，如果能适时批准“议定书”，将有利于树立我国政府重视环境保护、认真履行有关国际义务的良好国际形象。

（5）有利于我国全面了解世界生物技术和生物安全的发展动态。批准“议定书”还有助于我国全面、及时、准确了解世界，特别是发达国家在生物技术领域正在研发的主要内容、技术水平以及未来发展趋势。此外，为了加强我国的生物安全管理，国家必须具备生物安全管理的各项能力，如相关立法、评估技术、监测技术、检测技术、人员技能等。如果我国批准“议定书”，必将加速和全面推动上述各项能力的建设和水平的提高。

2．我国已基本具备履行“议定书”的条件

（1）已制定和发布了生物安全管理的法规。1993年原国家科委发布了《基因工程安全管理办法》，1996 年农业部发布了《农业基因工程安全管理实施办

法》，1998 年国家烟草专卖局发布了《烟草基因工程研究及其应用管理办法》。2001 年 6 月 6 日，国务院又发布了《农业转基因生物安全管理条例》。该条例就农业转基因生物的管理体制、研究与试验、生产与加工、进口与出口、监督检查以及违规处罚作了具体规定。尽管我国还须拟定生物安全管理总体综合法规，但可以我国现有的相关管理法规作基础，履行“议定书”的有关规定。

（2）组建了生物安全管理机构。2001 年 3 月，中央编制委员会办公室正式批准在中国履行《生物多样性公约》工作协调组的基础上，成立国家生物安全管理办公室，对外作为国家生物安全联络点和生物安全信息交换所，对内负责协调和组织国内相关部门履行“议定书”。国家环保总局已经组建了国家生物安全办公室，并作为国家联络点和国家主管部门的运作机构，开始有关工作。

科技部成立了中国生物工程开发中心，负责我国生物技术基础研究和开发的管理。

农业部成立的由从事农业转基因生物研究、生产、加工、检验检疫以及卫生、环境保护等专家组成的农业转基因生物安全评价委员会，负责全国农业转基因生物的安全评价工作。1996 年农业部成立的农业生物基因工程安全管理办公室，负责农业转基因生物生产和开发的具体管理工作。

此外，环境、卫生和检验检疫部门也有相应技术机构，对转基因活生物体及其产品进行监测和检测。

因此，我国生物安全管理的机构已具有一定的基础，基本上可满足履行“议定书”各项义务的需要，特别是转基因生物越境转移的事先通知同意程序以及环境释放前的风险评估等要求。

（3）具备了生物安全管理的知识储备和检测技术。“议定书”规定进口缔约方在转基因活生物体的首次越境转移之前，应对拟引入的转基因活生物体可能对生物多样性、人体健康和生态环境造成的不利影响进行风险评估和风险管理。

目前，我国在生物安全管理方面已经储备了一定的技术力量。例如，国家质检总局研究机构开发了转基因生物产品的分子检测技术；中国科学院、各有关大学和部门科研院所开展了转基因作物与非转基因作物的比较生态学研究，进行了转基因作物对非目标生物影响、转基因逃逸方式和生态后果以及转基因作物环境影响监测的研究，完善或更新了风险评估所需要的有关基础设施和设备，培训了相关的技术人员；国家环保总局在联合国环境规划署和全球环境基金的资助下，联合科技、农业、林业、教育、中科院、国家药品监督管理局等单位和有关部门专家，编制完成了《中国国家生物安全框架》，提出了我国生物安全的政策体系、法规体系和能力建设的国家框架方案；国家环保总局还组织制定了“转基因生物风险评估和风险管理技术导则”；农业等部门已开展了转基因生物的风险评估工作。这些研究工作为转基因生物及其产品的风险评估与科学管理提供了强有力的技术支持。因此，我国在转基因生物风险评估和风险管理方面已经具备了一定的科研力量和技术手段。

我国已于 2000 年 8 月 8 日正式签署了《〈生物多样性公约〉的卡塔赫纳生物安全议定书》。目前，“议定书”签署方已达 107 个。保加利亚、挪威等 9 个国家已正式批准了“议定书”。

3. 有关建议

为保护我国生物多样性和人体健康，履行《生物安全议定书》，维护我国在国际贸易中的权益，必须加大力度，切实加强我国生物安全管理。

（1）建立国家生物安全统一监管和部门分工负责的管理体系。生物安全问题涉及环境保护行政主管部门、生物技术研究主管部门和开发应用部门。参考国外管理经验，考虑到国务院环境保护部门作为我国《生物多样性公约》履约牵头部门，一直代表国家参加了《生物安全议定书》谈判、草拟的全过程，可由环保部门统一监管、相关部门分工负责的国家生物安全管理体制，环保总局作为主管部门牵头负责全国生物安全管理工作和统一对外的职能。并加强以下几项工作：

在原履约协调组的基础上，建立国家生物安全协调委员会。由环保总局牵头，科技、农业、卫生、林业、外贸、海关、教育、药品等有关部门组成，负责审议国家生物安全管理的方针、政策、法规、标准、指南；协调国内生物安全管理和国际生物安全事务。

建立国家生物安全专家咨询委员会。由环保、生物、生态、农学、林学、医药、食品、法学、经济学等学科的高级专家组成，负责为国家生物安全管理的方针、政策、法规、标准和国家生物安全重大决策提供科技咨询。

（2）加强生物安全及相关政策的研究。加强生物安全基础研究，促进生物技术的健康发展，为生物安全管理提供科学依据。加强对转基因产品相关政策尤其是与贸易有关的政策研究，尽快出台有关的法律法规，防止国外转基因产品进入我国；加强转基因产品安全评价工作，防范国外的贸易技术壁垒。

（3）在《农业转基因生物安全管理条例》出台的基础上，尽快完善国家生物安全管理的法律体系，确保我国生物安全管理有法可依，有章可循。国家应尽快制定适应各种转基因生物的“生物安全管理条例”和“转基因活生物体及其产品进出口管理办法”。同时，加强宣传教育，提高公众的生物安全意识。

（4）将生物安全专项资金纳入国家财政预算。生物安全是一项开拓性工作，又是一项公益性事业，且技术性强、难度大。国家应拨出专项资金，加强生物安全环境风险评价、风险管理能力建设，建立若干国家重点实验室开展转基因生物环境安全的基础科研，建立转基因生物风险评价的技术体系和管理体系，组织转基因生物对生物多样性、人体健康影响的生态调查、监测和风险评价与管理，加强生物技术安全方面的信息跟踪与处理，开展专业技术培训和公众宣传教育。

“改性活生物体”之争

我国是世界上生物多样性最丰富的国家之一，生物安全管理对生物多样性保护与可持续利用、人民身体健康、生物技术的发展、国际贸易和国民经济的持续稳定发展和农业都有重大影响。尽管我国现代生物技术的研究和开发已取得重大进展和成果，在生物安全管理方面，农业、科技和环境等部门在政策和制度建设上做了一些努力，对农业等生物技术和产品研究开发、中间试验、环境释放和商品化生产等环境实施安全管理，并受理了多批生物技术产品安全性评价，但与发达国家相比，仍存在差距。改性活生物体及其产品越境转移风险评估和管理体系还比较薄弱，生物安全管理体制有待完善和建立。

我国现代生物技术的发展水平和管理水平目前仍处于发展中国家的行列。根据统计，我国近几年和相当长一段时间内，改性活生物体及其产品的国际贸易将以进口为主，特别是农业和医药方面的技术和产品需求。因此，在生物安全议定书有关条款谈判中，我国应主动与有关国家，特别是以 77 国集团为代表的发展中国家进行沟通，及时协调立场，加强合作，发挥我国在国际事务中的重要作用。努力使议定书的有关条款有利于维护我国生物安全管理的正当权益，以达到既不妨碍生物技术的发展和产品贸易，又保护各国人民环境、社会和经济正当权益的目的。

1. 关于议定书的适用范围

迈阿密集团（注 12）和一些工业化国家认为，议定书只能适用于改性活生物体，而不应涉及其产品，理由是改性活生物体的产品对生物多样性和人体健康损害的可能性是微乎其微，应与传统的非改性活生物体的产品一样对待。欧盟认为议定书应包括改性活生物体。大部分发展中国家认为，改性活生物体的产品是否对环境、生物多样性和人体健康存在危害，科学上还没有结论，需要进行长期研究和观测，仍然存在风险，因此应包括改性活生物体产品的越境转移。

考虑到改性活生物体的产品或称转基因活生物体产品对环境、生物多样性、人类健康和动物健康可能存在负面的影响，我国主张议定书的适用范围包括所有改性活生物体及其产品，这不仅有利于我国生物多样性保护和可持续利用及人与动物的健康，而且有利于保护我国现代生物技术的发展。

2. 用于食品和饲料加工使用的改性活生物体越境转移问题

此问题是哥伦比亚谈判会议破裂的核心问题之一。迈阿密集团坚决反对将此类改性活生物体列入议定书范围，主要原因是担心议定书所要求的事先通知程序对农产品贸易造成较大的障碍，大多数发展中国家认为，此类改性活生物体的越境转移量大，如果议定书将其排除在外，作用将大大削弱，主张应明确规定各国有权根据自己的情况来决定是否对此类改性活生物体的越境转移要求事先通知同意程序和遵守议定书中其他的规定。我国今后此类改性活生物体的进口可能比较多，应支持大多数发展中国家的主张。

3. 关于事先通知同意程序

此问题的争议主要有三点：一是只要首次还是所有的改性活生物体及其产品的越境转移都要采用事先通知同意程序；二是如果进口缔约方在规定时间内，没有对出口缔约方关于改性活生物体及其产品越境转移的通知进行答复，是否意味着默示同意；三是是否所有改性活生物体进出口都要进行此程序。大多数发展中国家认为，事先通知同意程序应适用于所有的改性活生物体及其产品地越境转移，同类后续进口程序可以适当简化。而一些工业化国家则提出，事先通知同意程序只适用首次进口，后续进口的，可在向进口缔约方发出转移通知的同时进行越境转移。

鉴于改性活生物体及其产品对环境、生物多样性和人类健康可能存在潜在的风险和威胁，各缔约方为维护本国的生物安全，有权决定是否进口和进口多少改性活生物体及其产品。我们认为，所有议定书涉及范围内的改性活生物体及其产品的越境转移均应执行事先通知同意程序，后续进口同类改性活生物体及其产品，如果进出口缔约方一致同意的情况下，可适当简化其程序；此程序中应有一定的时限规定。但由于发展中国家生物安全的技术和管理能力有限，进口缔约方可以申明理由，要求适当延长事先通知同意程序决定的时间，议定书不得规定进口缔约方默示同意的任何条款；出口方应提供可靠的信息，以便进口方在风险评估基础上作出合理的决定。

4. 关于风险评估与管理

大多数发展中国家提出，风险评估和管理应以逐案方式进行，既要考虑对生物多样性和可持续利用的影响，又要顾及人类健康、经济、社会、文化和伦理道德因素；出口缔约方应为风险评估和管理提供技术支持和承担财务费用，而一些工业化国家则主张以科学、合理、透明方式进行风险评估和管理，风险评估与管理费用由进口缔约方负责或鼓励进出口缔约方合作等。

由于出口缔约方提供的改性活生物体及其产品对进口缔约方的环境、生物多样性和人类健康存在潜在风险和威胁，所以才需要进行风险评估和管理。因此，由出口缔约方承担风险评估费用是合理的。此外，根据我国现代生物技术发展水平，我国在相当长一段时间内，改性活生物体及其产品的国际贸易将以进口为主，因此，我们认为，出口缔约方或出口商承担风险评估费用或根据出口国和进口国的协议承担风险评估费用；发达国家缔约方应向发展中国家缔约方提供技术和资金支持，帮助发展中国家缔约方建立风险评估和风险管理能力。风险评估应考虑经济和社会的因素，加强发展中国家在风险评估和管理方面的能力建设。

5. 关于赔偿责任与补救

大多数发展中国家要求对改性活生物体及其产品越境转移造成的损害进行赔偿和补救，并尽快着手拟定责任与赔偿的规则；但大多数发达国家认为责任与赔偿问题是国际法和实践中的一项难题，主张议定书不包括此条款。由于此问题所涉及的法律和技术问题很复杂，各方分歧较大，在短时间内很难达成一致，因此，我们认为，议定书应包括责任与赔偿条款，但如何确定责任和进行赔偿，应确定一定的时间进行讨论。同时，主张责任与赔偿条款的讨论应作为议定书通过之后的一项优先任务来完成，并在今后的缔约国大会上安排专门经费来支持这一任务的完成。

6. 关于议定书与其他国际协定的关系问题

迈阿密集团担心议定书的实施将影响生物技术产品的贸易，因此主张议定书的履约不应影响有关国家履行其他国际协定，特别是贸易相关的国家协定。大多数发展中国家和包括欧盟在内的发达国家都主张该议定书应与其他国际协定享有同等的地位。为适应加入 WTO 的需要，防止我国在实施议定书的过程中可能会由此产生的贸易争端，应支持欧盟和大多数发展中国家的主张。

紫茎泽兰围困“生物王国”

外来物种入侵是指某种生物因自然或人为因素传入非原产地后成为野生状态，并对当地生态系统造成危害，甚至影响人类正常生产、生活的现象。我国外来物种入侵问题已十分突出，但在研究、防范、管理、治理等方面还很薄弱。外来物种入侵危害的暴发需要经历一个从进入到适应的过程。目前，我国危害最为严重的外来物种，大都是20世纪中叶以前侵入的。面对入世后市场进一步开放的严峻形势，必须引起高度重视。

1. 外来物种入侵现状及主要危害

外来物种入侵已使我国生态环境和经济发展受到严重危害。据统计，松材线虫、湿地松粉蚧、松突圆蚧、美国白蛾、松干蚧等入侵害虫每年危害森林面积约为150万公顷；稻水象甲、美洲斑潜蝇、马铃薯甲虫、非洲大蜗牛等入侵害虫，每年严重受害面积约为160万公顷；豚草、紫茎泽兰、飞机草、薇甘菊、空心莲子草、水葫芦、大米草等有害草种的蔓延，已在一些地区形成难以控制的局面。外来物种入侵一旦成功，要想根除极为困难，而且控制其扩散蔓延的代价极大。1994年入侵我国的美洲斑潜蝇，目前发生面积约100万公顷，每年防治费用需 4.5 亿元。据粗略统计，我国几种主要外来入侵物种每年造成经济损失高达574亿元。

（1）破坏本地生物多样性，甚至威胁人类健康。飞机草与紫茎泽兰原产中美洲，新中国成立前后从中缅、中越边境传入我国，现已广泛分布于云南、广西、贵州、四川等地区，并继续蔓延。目前，仅云南发生面积已达2470万公顷。紫茎泽兰在暴发区通常以漫山遍野的单优植物群落出现，大肆排挤本地植物，侵占树林荒山，影响本地林木生长和更新。现已严重威胁我国生物多样性丰富的西双版纳自然保护区。紫茎泽兰蔓延到四川凉山州后，扫荡了全州十几个县的山林和草场，所到之处，包括牛羊饲草在内的原有植物均被排挤出局。而牛羊食用紫茎泽兰后就会掉毛、生病，母体不孕，并逐步死亡。仅1996年当地即减产牛羊6万多头，畜牧业损失2100多万元。为保护牛羊，当地群众自发组织拔草，可是拔草时均感头疼头晕，甚至晕倒。面对漫山遍野的紫茎泽兰，群众既愤怒又无奈。豚草原产北美，现广泛分布于我国东北、华北、华中、华东、华南的15个省、市，并形成了沈阳、南京、南昌和武汉4个扩散中心。豚草对禾本科、菊科等1年生草本植物有明显的排挤作用，并导致昆虫的多样性显著降低。豚草花粉还是人类变态反应症的主要致病因素之一，其引起的“枯草热”严重危害人体健康。薇甘菊原产于中、南美洲，繁殖力强，扩散迅速，是热带和亚热带一种危害严重的杂草，其蔓生茎攀缘缠绕其他植物，可使树木成片枯萎死亡，所到之处别无他草。1919年，薇甘菊在香港出现，20世纪80年代侵入深圳，在逐渐适应当地自然环境后，快速蔓延，现已危害林地面积4万余亩。深圳内伶仃岛作为国家级自然保护区，大量猕猴、穿山甲、蟒蛇等重点保护动物生活在这里，并依赖香蕉、荔枝、龙眼、野生橘及一些灌木和乔木为生，但由于薇甘菊覆盖了全岛近60%的面积，这些珍稀野生动物面临严重的食料短缺。

（2）影响水产养殖，阻塞航道，诱发赤潮。大米草是我国20世纪60至80年代从英美引进的滩涂保护植物。30多年来，经人工种植和自然扩散，北起辽宁锦西、南到广东电白的80多个县（市）均有分布。在福建宁德，大米草大面积、高密度繁殖，破坏了近海生物栖息环境，与海带、紫菜等经济作物争夺营养，使其产量逐年下降；堵塞航道，影响船只出港，给海上渔业、运输业甚至国防带来不便；影响近海水体交换能力，导致海水水质下降，并诱发赤潮；与沿海滩涂本地植物竞争生长空间，导致大片红树林消失。沿海养殖的贝类、蟹类、藻类、鱼类等多种生物因受其影响而窒息死亡。

（3）大面积害虫蔓延，造成森林破坏。松突圆蚧原产美洲，进口杉材时夹带入我国，首先在广东沿海，之后扩散到华南、华东并向北蔓延，所到之处松树连片枯萎死亡。到20世纪90年代，蔓延面积已达72万公顷。原产美国的湿地松粉蚧，1988年随进口的松树穗条传入我国后迅速蔓延扩展。据1996年统计，已损害松林27万公顷。美国白蛾于20世纪70年代潜伏在交通工具中进入我国，并开始吞噬几乎所有的绿色乔木，现正在辽宁、山东、河北、陕西、天

津、上海等地逐步蔓延。

（4）损毁堤坝，危害防洪安全。在1998年长江特大洪灾中人们发现，仅在武汉汉江大堤上一处百余平方米的地段就有37个洞穴。在处理大坝时挖出大量螯虾。经专家鉴定，此为“克氏原螯虾”，原产北美洲，30年代传入我国，如今在我国南方特别是长江流域均有分布。主要生活在江、河、水库、池塘和水田岸边，擅长打洞。打洞深度1至5米，直径6至12厘米，而且洞洞相连，往往导致堤坝形成管涌，严重威胁堤防安全。

除了国外物种入侵问题，国内地区间也存在非原产地物种入侵问题。新疆南部的博斯腾湖有一种我国特有的扁吻鱼，最长可长到1.5米。20世纪60年代，人们将新疆北部额尔齐斯河的赤鲈鱼引种到博斯腾湖，结果在大量繁衍过程中个体变小，完全失去渔业价值。同时，赤鲈鱼大量吞食扁吻鱼卵，使扁吻鱼遭受灭顶之灾。原产丰富的扁吻鱼，现已被列为国家一级保护动物。

2. 对策建议

（1）开展全国外来物种入侵情况普查，全面查清现状。如入侵物种种类、危害面积、经济损失等。并在普查基础上，编制外来入侵物种名录，建立档案资料，制定应对措施和规划。

（2）制定并颁布外来物种入侵管理法规，严格控制物种引入。我国现行海关检疫制度主要是保护人体健康和农业生物安全，对环境生物和生态安全没有涉及。应制定专项法规，对引入的物种依法进行全面的环境影响评估，履行严格的审批程序。

（3）建立预警系统，跟踪国内外物种入侵动态。各有关部门加强监管，配备现代化检测手段，及时发现新的入侵物种，为各地、各部门提供信息支持，力争在外来物种暴发前将其消灭在萌芽状态。

（4）加强部门合作，建立统一的协调机制，环保、科技、农业、卫生、质检、林业、海洋、建设、外经贸、教育、海关等部门分工协作，多渠道把关，共同防范外来物种入侵。

（5）加强科研工作，尽早探明外来物种入侵、暴发机理，研究开发治理新技术，制定切实可行的治理方案，控制其蔓延，最大限度地减少危害和损失。

生物遗传资源：不容忽视的资源

生物遗传资源是指具有实用或潜在实用价值的任何含有遗传功能的材料，包括动物、植物、微生物的DNA、基因、基因组、细胞、组织、器官等遗传材料及相关信息。生物遗传资源是生物科学研究重要基础，是人类生存和经济社会可持续发展的战略性资源。国际上已将对生物遗传资源的占有情况作为衡量一个国家国力的重要指标之一。近年来，发达国家采取各种手段，不断从发展中国家搜集、掠夺生物遗传资源，并通过对世界遗传资源的控制，进而加速对发展中国家的市场占有和经济垄断。

1. 发达国家大肆掠夺和控制生物遗传资源

发达国家十分重视生物遗传资源，凭借自身雄厚的经济和科技实力，采取合作研究、出资购买，甚至偷窃的方式，大肆掠夺和控制发展中国家的生物遗传资源，利用先进技术，开发出新的药品或作物品种，再申请专利保护，并将成果以专利技术和专利产品的形式高价向发展中国家兜售，获取高额利润。发展中国家因此蒙受了巨大的经济损失，许多生物遗传资源的原产国、提供国反而成了受害国。

1991年，美国默克药业集团公司仅用了100万美元就买下了对哥斯达黎加的植物资源进行筛选、研究和开发的权利。1997年，有“皇冠名珠”之称的印度香米被一家美国公司申请了专利，直接影响印度每年3亿美元的香米出口，尽管后来印度政府费尽周折，仍失去了16项专利权。2001年，美国的一家公司利用现代生物技术开发出一种品质与泰国“茉莉花香米”十分相似的新品种，并准备在美国申请专利保护。泰国农民闻讯后，举行了大规模的抗议活动，要求政府保护本国传统香米的生产和出口。

2、有关建议

面对发达国家的掠夺行径，发展中国家已经意识到遗传资源的重要性。在联合国《生物多样性公约》谈判中，发展中国家经多方努力，终将“生物遗传资源的国家主权原则”写入了公约，资源国家主权主要体现在：遗传资源所有权、对研发成果、知识产权和经济利益的分享权。“公约”专门成立了“遗传资源获取与惠益分享工作组”，经过多次研究和讨论，2001 年 10 月 22 日至 26 日在德国波恩通过了《遗传资源获取和惠益分享准则》，主要目的是保护和持续利用生物多样性，促进合法获取遗传资源，保证公正和公平地分享惠益。作为“公约”的牵头部门，国家环保总局与外交部组成代表团参加了有关谈判。为了防止我国生物遗传资源的继续流失，公平分享使用遗传资源的惠益，建议：

（1）加强宣传教育，提高对生物遗传资源重要性的认识，促进保护和管理工作。特别是针对地方和部门领导干部缺乏遗传资源方面知识的实际状况，在各级行政学院等院校开展相关培训，提高他们保护遗传资源的意识，切实加强管理工作。

（2）建立有效的管理体制。保护和持续利用生物遗传资源是《生物多样性公约》的核心内容之一，公平分享惠益是“公约”的三大目标之一。鉴于环保总局是“公约”的牵头部门，其他国家也都是由环保部门负责生物遗传资源的保护和管理，建议根据“公约”要求，建立环保部门牵头的统一的生物遗传资源获取与惠益分享监管机制，理顺管理体制，明确部门分工，确保遗传资源的合法获取和公平、公正的惠益分享。

(3) 加强科研工作。建议各有关部门组织开展生物遗传资源的收集、整理、性状评价和分子水平的基因型鉴定等基础研究工作，提高我国遗传资源开发利用和管理水平。

注释：

注 1　《红皮书》：世界自然保护同盟或各国出版的急需保护的动植物名录。

注 2　生物多样性：Biodiversity。

注 3　遗传多样性：Genetic diversity。

注 4　物种多样性：Species diversity。

注 5　生态系统多样性:Ecosystem diversity。

注 6　景观多样性：Landscape diversity。

注 7　国际自然与自然资源保护联盟：IUCN 是世界自然保护联盟的英文缩写。该联盟建立于 1948 年，原名为国际自然与自然资源保护联盟，总部设在瑞士，现有属于 133 个国家的 880 多个会员，包括 73 个国家会员、100 个政府部门会员和 707 个非政府组织会员。中国野生动物保护协会是 IUCN 的非政府组织会员之一。IUCN 是国际自然保护组织的带头人。它本着造福大众的宗旨，在可持续发展的前提下，通过下设的 6 个专家委员会开展工作。这些委员会是世界上最大的专家网络，参加专家委员会工作的各国科学家无偿地为自然保护和发展作出贡献，许多中国科学家是委员会或其下属专家组的成员。IUCN 的主要使命是：影响、鼓励和帮助全世界的科学家去保护自然资源的完整性和多样性，包括拯救濒危的植物和动物物种，建立国家公园和自然保护地，评估物种和生态系统的保护现状等。

注 8　世界自然基金会：英文缩写 WWF，全称是世界自然保护基金会。WWF 建立于 1961 年。原名为世界野生生物基金会。总部设在瑞士。其目的是通过组织、宣传和教育等工作，促使有关方面重视自然环境面临的威胁，尽可能取得世界性的精神和物质的支持，并在科学的前提下，把这些支持付诸行动，向世界各国的野生动物保护项目提供资金和技术。中国的大熊猫、白暨豚、麋鹿等许多项目都得到了 WWF 的帮助。其工作范围是保护地球上必不可少的自然环境和生态。

注 9　《生物安全议定书》：2000 年 1 月通过的《生物安全议定书》，即《〈生物多样性公约〉的卡塔赫纳生物安全议定书》。

注 10　科咨机构：科咨机构系“科技和工艺咨询附属机构”简称，英文缩写为：“SBSTTA”。

注 11　GEF：GEF 是英文 Global Environment Facility 的缩写，中文译作全球环境基金。作为一个国际资金机制，GEF 由世行、UNDP 和 UNEP 共同管理，主要是以赠款或其他形式的优惠资助，为受援国（包括发展中国家和部分经济转轨国家）提供关于气候变化、生物多样性、国际水域和臭氧层损耗四个领域以及与这些领域相关的土地退化方面项目的资金支持，以取得全球环境效益，促进受援国有益于环境的可持续发展。它是联

合国《生物多样性公约》、《气候变化框架公约》的资金机制和新近签署的《持久性有机污染物公约》的临时资金机制。

注 12 迈阿密集团：迈阿密集团是指主要由北美等农产品出口国组成的国家集团。包括美国、澳大利亚、加拿大、阿根廷、乌拉圭和智利等六国。

第二篇

环球同此凉热

——全球环境问题透视

一、十年磨一剑 剑锋直指洋垃圾

——《控制危险废物越境转移及其处置巴塞尔公约》

1986 年 11 月 1 日，位于莱茵河畔的瑞士巴塞尔山道士化学公司的一座化学仓库起火，仓库中存放的大量有毒化学品在灭火中随水流入莱茵河中，不但使瑞士的环境遭到污染，而且也使莱茵河下游的法国、德国、荷兰等国深受其害。

1988 年 6 月初，尼日利亚新闻媒体报道了一条非官方获得的消息，一家意大利公司用 5 条船将大约 3 800 吨有害废物运进了本德尔州的科科港，并以每月 100 美金的租金堆放在附近一家农民的土地上。这些有害废物散发出恶臭，并渗出脏水，经检验，发现其中含有一种致癌性极高的化学物——聚氯丁烯苯基。这些有害废物造成很多码头工人和家属瘫痪或被灼伤，有 19 人因食用被聚氯丁烯苯基污染了的米而中毒死亡。经过调查核实后，尼日利亚政府采取了果断的措施。疏散了被污染地的居民，逮捕了 10 余名与此案有关的搬运人员，并将此事上升为外交问题，从意大利撤回了大使。经过交涉，意大利政府将所投弃的有害废物和被污染的土壤进行处理，并装船将其运回意大利。但由于意大利的各个港口拒绝其进港，欧洲各国也拒绝其入境，只好长期停留在法国外公海上。

随着此类事件的不断发生，越来越多的国家逐渐认识到危险废物对环境的危害极为严重。目前，全世界每年产生的危险废弃物约有 3 亿吨，其中 90% 产生于发达国家。美国每年约产生 1.5 亿吨至 2.5 亿吨危险废物，欧洲发达国家每年约产生 2 500 万吨至 3 500 万吨危险废物，日本每年约产生 2 400 万吨。

由于发达国家公众日益强烈的环保呼声，很多发达国家在处理危险废物方面的环保法规和标准都日益严格起来。同时也由于危险废物处理技术有限而且价格昂贵。在美国，1 吨有毒废物的处理费高达 400 美元以上，比 20 世纪 70 年代上涨了 16 倍。而在一些发展中国家，因环境标准低，危险废物的处理费仅为美国的 1/10。这种差价使一些垃圾商为从中牟利，把大批有害废物越境转移到发展中国家来。仅 1986—1988 年间，发达国家向发展中国家出口的危险废物就达 600 多万吨。20 世纪 80 年代末，大量危险废物从发达国家转移到发展中国家，据统计，全世界每 5 分钟就有一船危险废物跨越国界。联合国的一份统计报告显示，发达国家每年产生的危险废物有 20%被运到发展中国家，危险废物的越境转移已成为全球性的难以解决的环境问题。由于发展中国家缺乏处理危险废物的基本技术和手段，其环境监测和环境执法能力也相对薄弱，越境转移的危险废物使这些国家不断发生环境污染事件，自然环境和公众健康受到严重危害。鉴于危险废物越境转移带来的严重环境问题和国际关系问题，国际社会迫切需要一部法律文件来控制危险废物的越境转移和处置。

“富人俱乐部”的垃圾不能往别人家倒

追溯《巴塞尔公约》签署的起因，应归结于发达国家的“污染转移”行为。

1989 年 3 月 22 日，联合国环境规划署在瑞士巴塞尔召开了“制定控制危险废物越境转移及其处置公约”的专家组会议和外交大会，共有 117 个国家和 34 个国际组织的代表出席了大会，大会以协商一致的方式通过了《关于有害废物越境转移及其处置的巴塞尔公约》（以下简称《巴塞尔公约》）。105 个国家的代表在最后文件上签了字，其中 34 个国家签署了公约。《巴塞尔公约》是国际社会第一个控制和管理危险废物越境转移和处置问题的纲领性文件。公约签订的目的是控制并把隶属公约管辖的废弃物越境减少到最小程度，把产生有害废弃物减少到最低程度，包括尽可能对废弃物产生源进行处置和回收；帮助发展中国家和经济转轨国家对他们产生的有害废弃物和其他废弃物进行有利于环境的管理。

《关于有害废物越境转移及其处置的巴塞尔公约》于 1992 年 5 月 5 日生效。目前公约缔约方已达 118 个，美国未批准加入该公约。该公约的目标是：（1）控制和减少公约规定的废物越境转移；（2）把有害废物的产生减小到最低程度，保证对它们实施有利于环境的管理，包括尽可能接近废物产生源进行处置和回收；（3）帮助发展中国家对有害废物和其他废物进行有利于环境的管理。其核心是禁止危险废物从 OECD（注 1）国家向非 OECD 国家的转移。

我国于 1990 年 3 月 22 日签署加入该公约，1991 年 9 月 4 日全国人大批准我国加入该公约。我国目前是扩大的主席团成员、执行公约特设委员会副主席、法律和技术特别顾问小组成员、亚太区域中心东道国，并且是前任法律工作组副主席。我国历来主张不但要保护我国环境，也要保护全球环境，反对污染转嫁。为了实施《巴塞尔公约》，我国已于 1996 年颁布了《中华人民共和国固体废物污染环境防治法》、《进口废物环境管理暂行规定》及相应的标准，制定了国家危险废物名录，对保护我国环境，防止污染转嫁起到了积极的作用。在 1996 年颁布的《国务院关于环境保护若干问题的决定》中明确规定，我国禁止境外危险废物向境内转移。随着国家《固体废物污染环境防治法》的颁布实施，我国成为国家立法和标准严于国际立法的国家之一。

《巴塞尔公约》向有害废物亮出红牌

《巴塞尔公约》的出台对缔约国和非缔约国、有害废物的出口国和进口国来说都是一个制约。在缔约国和非缔约国之间，有害废物的越境转移被禁止。在缔约国之间，有害废物的越境转移被限制在以下条件中：

（1）出口国须是由于技术能力和设备方面的原因不能恰当处理有害废物；

（2）进口国须是需要该有害废物等作为循环利用的原料；

（3）须根据缔约国制定的标准进行越境转移。

《巴塞尔公约》虽规定废物的越境转移必须得到进口国的同意，但由于发展中国家缺乏处置设施，技术力量薄弱，虽经许可的危险废物越境转移，仍对发展中国家环境构成威胁。因此，1992 年 12 月召开的《巴塞尔公约》第一次缔约国会议上，许多发展中国家纷纷要求禁止工业化国家向发展中国家转移危险废物，在 1994 年 3 月召开的第二次缔约国会议上，又指示《巴塞尔公约》技术工作组制定危险废物名录、废物危害特性和处理处置技术准则，为修正《巴塞尔公约》作技术支持，1995 年 9 月召开的第三次缔约国会议通过了对《巴塞尔公约》的修正。

1995 年 9 月 18 日至 22 日，在瑞士日内瓦召开缔约国会议第三次会议。会议通过 29 项决议，主要包括：①关于《危险废物越境转移及其处置所造成损害的责任与赔偿议定书》，决定延长起草《议定书》特设工作组的工作，要求特设工作组尽可能完成起草工作，以便缔约国第四次会议审议和通过。②关于建立“应急基金”。要求扩大主席团，保证对制定建立“应急基金”给予特别的考虑，这项工作由一个专门的非正式工作组进行。如可能，召集专门非正式工作组会议，与特设法律和技术专家工作组一起，审议和制定《责任与赔偿议定书》草案；向第四次缔约国会议提出一个关于建立“应急基金”的进展报告，考虑“应急基金”与《责任与赔偿议定书》的关系。③关于危险废物和其他废物非法运输。决定制定一个确认为非法运输的表格；要求各缔约国制定控制危险废物越境转移的强有力的法规，并严惩非法运输危险废物和其他废物；向《巴塞尔公约》秘书处提供非法运输的报告；进一步与国际刑警组织合作，防止非法运输；要求公约秘书处帮助缔约国制定处理非法运输危险废物的国家法规和能力建设，与地区公约、世界海关组织、非政府组织与国际刑警合作，防止非法运输，组织对海关和警察的培训。④关于执行《巴塞尔公约》手册。批准《实施巴塞尔公约手册》，要求缔约国广泛传播这个手册；⑤关于《巴塞尔公约》有效性的评价。要求缔约国在国家水平一级采取法律和技术的步骤，保证公约的有效性；加速《责任与赔偿议定书》以及技术准则的起草；应按时交纳会费。⑥关于建立地区危险废物管理培训和技术转让中心。决定在中国和印尼建立亚洲及太平洋地区管理危险废物和其他废物以及废物产生减量化的培训和技术转让中心，要求中心所在国政府，以及双边和多边援助，为中心提供财政和技术的支持，也要求联合国各机构、国际金融机构给予支持。⑦关于《巴塞尔公约》修正案的决议。该决议的内容如下：指定技术工作组向缔约国第四次会议提交优先完成的危险特性、列表和技术导则，以便批准。

在会议上，我国代表团在发言中扼要介绍了我国在实施《巴塞尔公约》进程中的新进展，主要包括国内立法情况，以及查处向我国非法转移危险废物和垃圾的情况，并强调废物出口国应加强废物出口管理，呼吁各国共同打击危险废物的非法运输。注意维护发展中国家的团结，在《巴塞尔公约》修正案问题上，发达国家之间，发展中国家之间，发达国家和发展中国家之间有很大的意见分歧。我国代表团本着坚决支持落实有关决议，修改公约要慎重，维护发展中国家团结的精神做了大量工作，既维护了我国的基本利益，又在必要时作出了妥协与让步，产生了良好的影响。与公约秘书处就亚洲太平洋地区危险废物管理培训和技术中心的工作进行了讨论，确定在我国举办一次亚太地区有关区域中心工作的研讨会，邀请亚太地区的《巴塞尔公约》缔约国、非缔约国及一些国际机构参加。

避免禁运名存实亡

1998 年 2 月 23—27 日，第四次缔约国会议在马来西亚古晋市召开，会议主要议题是审议并通过由公约秘书处提交大会的关于执行禁止将危险废物从 OECD 国家向非 OECD 国家转移修正案、建立区域或分区域培训和技术转让中心等 23 项决议草案。会议分三个阶段进行，第一阶段为 21—22 日举行的巴塞尔公约第三次缔约国会议第七次主席团会议，主要对会议的重要议题和组织安排进行协商；第二阶段 23—25 日为官员会议，主要讨论决议草案；第三阶段 26—27 日为部长级会议。92 个缔约国代表，19 个非缔约国代表，11 个联合国机构代表以及 14 个非政府组织代表参加会议。为了使会议进展顺利，大会成立了四个工作组，即财务工作组，主要审议巴塞尔 1999 年和 2000 年的预算；接触工作组，负责审议公约的各项附件、修正案、审查机制等；法律工作组，负责审查有关法律事项；技术工作组，负责审查技术导则等事项。我国代表团积极参与了全会和各工作组的活动。会议讨论通过的主要决议有：

（1）关于禁止 OECD 国家向非 OECD 国家出口危险废物的修正案的决议。在第三次缔约国会议上通过了Ⅲ/1 号决议，即对巴塞尔公约作如下修正：经合发组织国家、欧共体成员及列支敦士登等（公约附件 7）国家应于 1998 年 1 月 1 日起禁止向非附件 7 国家出口危险废物。当时，此修正案只有芬兰已通过国内审批程序批准并生效，还有部分国家正在批准过程中，会议强烈要求各缔约国尽快批准此修正案，以便其正式生效实施。在本次会议上，以色列、摩纳哥等国提出要加入附件 7 的国家名单中，加拿大、澳大利亚等少数发达国家表示支持并提出对附件 7 的修正案，大多数发展中国家反对对附件 7 作任何修正，因为增加附件 7 国家名单就会削弱这项禁令的效果，而且一旦开了先例就会有更多的国家要求加入到附件 7 的国家名单，使禁运名存实亡。双方争论十分激烈，僵持不下，许多发展中国家寄希望于中国代表团表态并恳请我国进行协调。我国发言表示支持发展中国家的立场，并考虑到一些发达国家的实际需要，提出了在“Ⅲ/1 号修正案正式生效之前暂不改变附件 7 名单”的提案，得到了大多数国家特别是发展中国家的赞同和支持，大会经过激烈的辩论，此提案在全会最后结束时刻得以通过。

（2）关于技术工作组制定的废物名录和评价、调整程序的决议。技术工作组经过多年的努力，制定了属于巴塞尔公约所辖废物名录 A 和不属于巴塞尔公约所辖名录 B，使公约缔约国特别是发展中国家对什么类废物属于危险废物，什么不属于危险废物一目了然，在实施中更便于操作。会议决定将名录 A 和名录 B 列为巴塞尔公约的附件 8 和附件 9，作为公约附件 1 的 47 类废物类别的补充，我国经过多年努力已在第四次缔约国会议前颁布了国家危险废物名录，此国家名录列出了 47 类危险废物类别并详细列出了废物来源和常见废物名称，我国制定的危险废物名录与巴塞尔公约的名录一致。

（3）关于建立区域和分区域技术转让和培训中心的决议。为加强对发展中国家危险废物管理和处置技术的培训，在第三次缔约国会议上决定成立四个培训中心，即拉丁美洲和加勒比海区域培训中心，非洲区域培训中心，中欧和东欧区域培训中心及亚洲和太平洋区域培训中心。各区域培训中心又设立若干分区域中心，如亚太中心又分成中国、印度尼西亚、印度三个次区域中心，公约秘书处在全会上报告了各区域中心的活动情况，其中对中国的培训中心给予高度评价和赞赏，并要求各区域中心正常地开展培训任务。我国代表在会上介绍了中国中心所开展的活动。我国已举办多次培训活动，并于 1997 年 11 月召开了中心的董事会，通过了中心的近期和远期工作计划，我国代表在会上散发了中心的活动计划和召开董事会的情况报告，引起了与会代表的极大兴趣，纷纷索要材料。蒙古和尼泊尔表示要加入中国中心参加培训，我国代表团还与公约秘书处、日本、澳大利亚以及工业界的代表就中心发展和运作问题交换了意见。

（4）关于体制、财务和程序安排及 1999—2000 年预算的决议。在全会开始之前，巴塞尔公约秘书处提出了 1999—2000 年经费预算的三个备选方案，第一方案是在 1998 年预算的基础上逐年增加 5%；第二方案是在 1998 年预算基础上不再增加；第三方案是根据第四次缔约国会议通过的各项决议所需的实际执行费用制定，第三方案预算庞大，可能导致我国承担的费用增加到每年 8 万美元之多，在会上，我国代表团与大多数代表团一起本着勤俭节约，合理开支的原则，坚持首选第二方案，每年 300 万美元，最后大会通过了 1999—2000 年的上述预算方案，根据联合国汇费分摊比例，我国 1999 年应缴纳会费 39 398 美元，2000 年应缴纳会费 40 506 美元。

（5）关于控制危险废物和其他废物的非法转移活动的决议。全会对公约秘书处协助缔约国为防止危险废物的非法越境转移并解决已发现的非法转移所做的努力表示赞赏，并要求缔约国及时向公约秘书处报告发现的非法转移活动，并强调非法转移活动仍然存在，有必要更加重视这一问题，一些代表指出要拟订准则和程序，处理所指控的非法转移案件。我国代表在会上列举了我国政府为打击洋垃圾进口所作出的努力，包括制定严格的废物进口法规，实行废物进口境外检验制度，对查获的非法进口进行严肃处理等，并表明中国政府愿意与各缔约国共同努力，以防止危险废物的非法转移活动。

会议通过的其他主要决议有：关于双边、多边和区域协定或安排；建立巴

塞尔公约废物信息管理系统；拟订有关危险废物的技术准则；危险废物越境转移造成损害的责任与赔偿，以及建立应急基金等。

在会议期间，我国代表团广泛与其他国家代表团接触，为开好第四次会议作出了重要贡献。积极参与77国集团及亚洲国家集团的磋商，在这两个集团中发挥了积极的作用，还积极参与大会和四个工作组的活动，表明中国政府的立场。香港特区第一次派员参加中国代表团，内地、香港代表广泛交流两地在废物管理和进口方面的经验和教训。代表团还与以观察员身份参加的台湾工业界代表团讨论了海峡两岸的废物管理工作。

明确损害责任　确定赔偿原则

1999年12月6—10日，第五次会议在瑞士巴塞尔召开，125个缔约方，56个联合国组织、专门机构、非政府组织和一些非缔约方代表参加会议。会议审议通过了30多项决议，主要有确定指导巴塞尔公约今后10年工作概要宣言；确定为实现这些目标需要的财政资源；通过一项关于危险废物越境转移及其处置所造成损害的责任和赔偿议定书。

（1）关于责任和赔偿议定书。危险废物越境转移造成损害的责任和赔偿议定书共有34条，议定书的制定工作经历了10年，召开了10次法律专家工作会议，已通过了30条，还有4条有待第五次会议讨论。①关于议定书适用范围。发达国家坚持含有责任和赔偿条款的双边、多边和区域协定不能包括在议定书范围之内。这样做的要害是OECD国家有可能根据相互缔结的协议而游离于议定书之外，逃避提供资金与技术的责任，并造成议定书只适用于发展中国家，针对这种情况，包括我国在内的发展中国家提出，除非已有协议的责任和赔偿条款标准不低于此议定书，否则，就应包括在此议定书内。最后达成妥协，即仅在双边、多边、区域协议的责任与赔偿机制为受损害者提供的保护满足或超过了本议定书的目标时，方可不适用本议定书。②关于赔偿机制。建立技术支持和基金，是议定书的核心内容。发达国家以目前尚无足够的案例说明需求基金的必要性为由要求取消建立基金。发展中国家要求在议定书中明确建立此机制并坚持建立基金，以确保事故发生时可以提供赔偿。最后经谈判达成妥协，即先建立临时资金机制，扩大《巴塞尔公约》下现有的信托基金，将其一部分作为赔偿使用，并在下次缔约方大会上进行审议。③关于严格责任。发达国家坚持对越境转移过程中造成的损害由实际控制废物者承担，这导致责任者概念不清，容易使出口者逃避责任，我国坚持处置者接受废物之前造成的损失应由出口者负责，直到处置者接受废物之后才由处置者负责。在发展中国家的坚持下，赔偿责任确定为发出通知者应对损害负赔偿责任，直至处置者接受有关危险废物时为止，其后处置者应对损害负赔偿责任。对于除公约确定的危险废物外，缔约方自己立法定义的有害废物是否包含在赔偿范围内的问题，发达国家认为，一些国家定义的危险废物种类繁多，难以通过秘书处通知到各出口国，出口时很难掌握，因此反对。一些发展中国家坚持将其包括在议定书中。

（2）关于《巴塞尔公约》修正案。1995 年第三次缔约方大会通过的第三号决定对巴塞尔公约的修正，即禁止公约附件 7 国家向非附件 7 国家出口危险废物的决定，至今只有 15 个缔约方和欧盟批准了修正案，与修正案生效需要 62 个缔约方批准相差甚远。为此，公约秘书处呼吁各国尽快批准修正案。我国代表团在会上发言宣布了我国全国人大常委会已于 1999 年 10 月 31 日批准了对巴塞尔公约的修正，并将于近期交存批准书。接着数十个拉美国家代表发言表示本国正在通过批准程序批准修正案，并强调批准进展缓慢不是政治问题而是技术问题，预计修正案正式生效可望在一、二年实现。许多国家还表示支持秘书处尽快开展对附件 7 内容进行分析的第二阶段工作。

（3）关于无害环境管理的巴塞尔宣言。为了对今后 10 年《巴塞尔公约》的工作提出指导性意见，会议通过了关于无害环境管理的巴塞尔宣言及无害环境管理的决定。宣言回顾了《巴塞尔公约》过去 10 年取得的成绩，重申了公约的基本目标，承诺采取措施促进对公约及其修正案的实施，确定了今后 10 年将采取行动的 9 个领域：防止、尽量减少并以无害环境方式管理危险废物；积极促进和使用清洁生产技术；进一步减少危险废物越境转移；防止和监测非法运输；促进机构性和技术性能力建设和发展；进一步发展区域和分区域培训和技术转让中心；加强社会所有部门的信息交流，教育和提高认识工作；加强和开展各国、各非政府组织的合作与伙伴关系；发展遵守、监督和有效履行公约及其修正案的机制。关于无害环境管理的决定细化了宣言所确定的9个领域的活动内容。列举了下次缔约方会议之前拟进行的试验性项目。

（4）关于废船拆解的环境保护问题。有关资料显示，全球废船拆解主要集中在印度、孟加拉、巴基斯坦和中国，废船拆解是一种资源的回收再利用，印度拆解废船所得的钢材占其全国钢产量的17%左右，但拆船造成的环境污染问题也引起了国际社会的关注。在1999年4月召开的巴塞尔公约技术工作组会议上，已决定与国际海事组织一起制定拆船的环境无害技术导则，以保护拆解国的环境和人体健康。我国也已采取措施加强对拆船业的环境保护。在1999年6月召开的国际海事组织会议上，绿色和平组织大肆活动，扩大拆船的环境污染问题，对我国造成了一定的负面影响。为此，我国代表团事先准备了《中国进口废船拆解的环境保护》小册子，并在会上散发，使与会代表了解中国政府对拆船环境保护的重视，受到许多国家的好评。会前，我代表团与绿色和平组织沟通信息，交换意见，要求其在本次会议上采取合作态度。绿色和平组织表示理解中国政府的立场，欢迎中国政府对保护环境所作的努力，在大会专门讨论拆船议题时，绿色和平组织在会上没有要求发言，使会议顺利地通过决议草案，即由巴塞尔公约技术工作组与国际海事组织有关机构合作，编制拆船环境无害技术导则。

（5）关于环境与人权问题。这次会议的另一个特点是：一些呼吁环境保护的非政府组织将环保与人权挂钩，从环保的角度把目标针对发展中国家，其中也包括我国的人权政策和人权状况。会议期间，绿色和平组织、西西里俱乐部法律辩护基金组织等非政府组织或在会场外布展台，散发宣传资料、张挂图片，或在会间休息时组织座谈会，介绍人权与环境之间的关系，试图对与会代表和社会舆论产生影响。

在会上，我国代表团积极参与了缔约方大会的各项活动。本次会议除了大会全体会议外，还成立了6个工作组，即法律工作组、财务工作组、技术工作组、宣言问题的接触小组和环境与人权问题的接触小组，中国代表团均派员参加上述小组并积极参与活动。还就一些共同关心的问题与OECD代表、加拿大代表团进行了商讨，就拆船问题与荷兰、挪威代表团交换了意见。他们对中国政府在拆船环境保护方面所做的工作表示赞赏。绿色和平组织还主动与我国代表团接触，表示想与中国政府保持正常的接触，交流看法。

穷国维权的成功范例

通过对公约有关谈判及相关会议进程的分析，可以发现公约的主要问题集中在以下几个方面：（1）关于责任与赔偿议定书问题。其宗旨是建立一个机制，明确赔偿责任，以保护废物进口国（主要指发展中国家）的利益。议定书的根本性质决定了发达国家对其持不积极态度。议定书开始谈判以来，未取得重大进展。在适用范围、出口方责任及建立赔偿基金等关键性问题上各方尚未达成一致性意见。（2）关于废物名录问题。为了便于公约的操作和实施，缔约国会议决定成立技术工作组，制定危险废物名录和非危险废物名录。由于各国立法和规定的差异，以及进口国和出口国的利益不同，对每一类废物列入哪个名单时常发生激烈争论。

1991 年，我国加入了《控制危险废物越境转移及其处置巴塞尔公约》。此后，我国一直按财政年度向该公约“信托基金”缴纳会费。国家环境保护总局作为中国实施巴塞尔公约的主管部门和联络点，10 多年来通过履行《巴塞尔公约》，对于全面控制、管理危险废物和其他废物越境转移，防止这些废物的环境污染转移，提高我国管理危险废物的水平和处理技术能力，加强国际合作等，起到了很好的作用。经过分析，其未来发展趋势为：《巴塞尔公约》是发展中国家联合起来保护自己环境和利益并迫使发达国家承担责任和义务的一项成功范例。它的有效实施将使发展中国家在保护环境方面又增加一道保障。发展中国家会比较一致地统一立场，我国应加强与 77 国集团的合作；发达国家近年来在环境立场上的全面后退也将会给该公约实施带来影响，我国应强调发达国家的责任，敦促其承担更多义务。

我国应采取的对策和原则立场是：严正支持实施《巴塞尔公约》，实施的关

键是各缔约国要共同做好对危险废物越境转移的控制工作，这里既需要进口国加强废物的进口管理，更需要出口国加强废物的出口管理和废物产生的最小化、循环利用和就地处置，支持全面禁止 OECD 国家向非 OECD 国家出口危险废物的修正案。对于责任与赔偿议定书，主张出口国应承担主要的责任和义务，在赔偿问题上，除对损害事件的直接赔偿，还要考虑对环境造成的不可恢复影响的因素。对于危险废物向中国非法转移，中国政府采取严厉措施予以打击，对于查获的进口洋垃圾事件依法予以严肃处理并坚决退运。加强巴塞尔公约亚太区域中心，使其在对危险废物的管理、培训、技术转让和建立信息数据网库等方面发挥更大作用，促进我国和亚太地区的履约工作。

注释：

注 1　OECD：OECD 为经济合作发展组织，现有 28 个成员，世称富人俱乐部。

二、为了环境和健康把好门户

——《关于在国际贸易中对某些化学品和农药采用事先知情同意程序的鹿特丹公约》

为加强对农药和有害化学品的管理，国际社会积极推动将《伦敦准则》上升为一项法律文书。由环境署和粮农组织牵头，各国到2002年已进行了九轮“在国际贸易中对某些危险化学品和农药执行事先知情同意程序的具有法律约束力的国际文书（PIC）”（注1）的谈判，中国政府派团出席了历届政府间谈判会议。

让事先知情权成为法律

1996年3月11—15日，在比利时布鲁塞尔联合国环境署和联合国粮农组织共同召开了拟定一项有关在国际贸易中对某些危险化学品执行事先知情同意程序的具有法律约束力的国际文书政府间谈判委员会第一次会议。来自79个国家、5个国际组织和7个非政府组织的代表出席会议。会议主要议题有2个：议事规则和事先知情同意程序具有法律约束力的国际文书要点。

1. 关于议事规则

为制定整个谈判的议事规则，会议设立了一个工作组，我国自始至终参加了该工作组。谈判的焦点集中在三个方面：第一，欧盟的地位。欧盟认为，其是粮农组织的成员，应以参加方名义具有完全的谈判地位或参加资格，并应享受除其成员国以外的额外投票权。中国、美国、伊朗和加拿大反对这种要求，认为这一谈判系环境署与粮农组织共同主持的，欧盟不是环境署成员。在UNEP框架下，若无特别安排，欧盟既无谈判地位、参加资格，更无投票权，最多只能以观察员身份参加。经反复磋商，同意参照粮农组织理事会议事规则和联合国跨界鱼类与高度洄游鱼类会议议事规则，确定欧盟具有谈判地位、参加资格，但行使投票权时，则不应导致欧盟投票数量的增加。同时，有些权利规则的引用，对欧盟无效，否则，对其成员国无效。第二，语言问题。日本代表团再次以财政资源紧缺为由，提出应减少会议工作语言，经我国和其他代表团反对，未为会议采纳。第三，关于决定机制。各方分歧不大，循现有环境条约表决机制，即：实质性事项尽可能达成一致，不能一致时，2/3 多数决定，程序性事项则简单多数决定；对某一事项是否为程序性或实质性事项时，视为实质性事项，2/3 多数决定。

2. 关于国际文书要点

与会各国代表认为，鉴于目前国际上有大量有毒化学品和农药进入市场，且生产和使用量与日俱增，对人体健康和环境造成有害影响。作为主权国家，各国政府都有权考虑其需要，分析使用化学品的效益与危害，并拟订自己的化学品政策，因此一致认为，为了保护人体健康，使其免受某些化学品和农药的有害影响，有必要制定一项在国际贸易中对某些危险化学品采用事先知情同意程序的具有法律约束力的国际文书。

会议期间，与会代表重点讨论了文书的范围和研究列入事先知情同意程序化学品的名单和标准等问题：（1）关于文书管辖范围。会议就PIC文书的范围进行了充分的讨论，涉及文书范围的主要内容和意见包括：被禁止或严格限制的化学品。多数国家的代表同意出于健康和环境原因在本国内通过管制性措施加以禁止或严格限制使用的化学品应包括在本文书的范围之内。我国代表认为，被禁止或严格限制的化学品应包括出于环境和健康两方面的原因而采取这类控制措施的工业化学品和杀虫剂。会议对这类杀虫剂是否应包括在文书的范围内进行了认真的讨论。多数国家认为应认真注意这类杀虫剂，同时要求做进一步的工作确定这类杀虫剂是否包括在本文书的范围之内。我国代表认为，至少其中的一部分危险性大的杀虫剂应受本文书的管辖；关于巴塞尔公约控制的危险化学品废物。多数国家认为，本文书不应与其他国际公约重复，但巴塞尔公约控制的化学品废物也许不能完全包括所有的危险化学品废物。因此，那些属于PIC 程序的化学品，其废物又不在巴塞尔公约控制范围的化学品废物应受 PIC 文书管辖；大会建议不受 PIC 文书管辖的化学品主要有：为研究或分析目的进口的化学品，且不致对环境或人体健康造成问题的数量；作为个人或家庭日用品进口的化学品、且不致对环境或人体健康造成问题的数量；放射性物质；医用或兽医用化学品；化妆品。（2）关于如何确定列入事先知情同意程序的化学品和农药清单。会议代表就这一重要议题进行了认真的讨论。大家一致认为：确定列入 PIC 名单的有关程序应具有透明性、可行性和合理性。必须首先明确制定相应的标准，以商定的程序来进行选择。这一清单还应具有灵活性，可以通过一定的程序对其进行修订和增列。代表们普遍认为，可作为列入候选 PIC 清单的化学品和农药应包括以下两种：禁用和严格限用的化学品。即如果有一个国家出于健康或环境原因对其进行禁用或严格限用的化学品，符合既定的确定标准，其中包括风险评估等，应将其列入候选名单；在发展中国家使用时发生问题的危险农药制剂。这类农药制剂必须依据记载在案的有关问题事件来确定。各国或有关国际组织可以提出这些农药名单，同时应提供有关资料证明，其中主要是有关农药的名称、有关证据和问题的说明，使用范围和方法，一些其他有关资料，如预防和减少危害的措施等。会议还提出了确定 PIC 清单的拟议程序和专家审议组的拟议组成办法、职能及任务。

我国代表团积极参加了议事规则工作组及 PIC 化学品名单认定工作的活动。提出了“国家认定为基础、科学评价为标准、共同决定为原则”的 PIC 化学品筛选方法，通过谈判和说服工作，这种方法体现在大会的最后文件中。通过积极与其他国家协商，了解他们的想法，团结发展中国家，掌握主动。尤其在亚洲组中发挥了积极协调作用，我团长王之佳被推荐代表亚洲区域担任大会副主席。在与亚洲及其他区域代表团协调的基础上，提出发达国家应在执行 PIC

文书方面向发展中国家提供必要的技术与财政援助，得到一些国家的支持。

松一些还是紧一些

1997 年 5 月 26—30 日，在瑞士日内瓦召开了 PIC 政府间谈判委员会第三届会议。来自 102 个国家和 18 个国际组织的代表出席会议。各国代表就已经完成的 PIC 文本开展辩论，阐明立场，同时法律起草小组就文本的法律用语进行斟酌，技术工作组就条款进行实质性磋商和修改。会议争论的焦点集中在：

（1）关于 PIC 公约范围问题。我国主张公约的范围应严格限制在那些在国际贸易中禁止和严格限制使用的化学品。与会代表除欧盟外都表示赞同这一立场。欧盟认为公约应涉及所有的化学品及管理。

（2）关于公约目标中责任的提法。公约草案中有“实现公约目标是共同的责任”的提法。我国坚持认为应按里约会议通过的“共同但有区别的责任”的提法。非洲集团在这次会议中以书面的形式发表了与我国相同的立场。

（3）关于“进口国其他政府行为允许使用的化学品可以不受公约限制的问题”。在技术组会上，我国提出将公约草案中“进口国其他政府行为允许”改为“进口国指定的主管当局允许”作为执行 PIC 公约的例外。经与美国、加拿大等国反复磋商，又经技术组讨论，将加方提出的“国家主管当局”和我国提出的“指定主管当局”均作为未决定的问题放在方括号中。

（4）关于 PIC 控制名录的候选资格。美、澳和多数亚洲国家赞成 5 个国家和 3 个粮农组织地区提出的禁止和严格限制化学品才能作该公约的 PIC 控制名录的候选名单。而欧盟和非洲国家赞成一个国家即有资格提出 PIC 控制化学品的候选名单。制定 PIC 控制名录是公约的核心内容之一，过宽、过严都会产生负面影响。我国提出了“必须是一个以上国家才有资格提出候选名单”的建议。这一问题在会上未达成一致意见。

（5）关于农药控制范围。欧盟和多数非洲国家倾向该公约控制范围包括所有的危险农药，而美国、澳大利亚、加拿大等农药出口国则坚持 PIC 公约控制范围应限制在具有急性毒性的农药制剂。根据我国情况，我国赞成美、澳、加的意见，要求 PIC 公约限制在急性毒性的农药范围。

（6）关于出口通知问题。按照 PIC 程序，出口 PIC 控制化学品时，出口国向进口国发出通知，在得到进口国同意后才能开始国际运输。非洲国家及欧盟主张每次出口时都要发出通知，以保证对 PIC 化学品的控制，而美、澳、日等国认为出口通知仅适用首次出口。我国认为可采取首次出口要有详细资料通知，而以后每次出口仅发简单通知即可。

1997 年 10 月 20—24 日，在意大利罗马召开了 PIC 政府间谈判委员会第四次会议，来自 97 个国家和 12 个国际组织代表出席会议。因本次会议是 PIC 公约谈判第四次会议，会议经简短的开幕式后马上转入技术工作组、法律工作组和单项条款接触小组会。由于公约涉及各国经济、外贸利益，各方谈判只字不让，争论激烈，使谈判大大慢于预期的时间表。为争取时间，大会不但立即进入实质性谈判，而且从第一天起就连续召开夜会，力争取得更多进展。

本次谈判对公约整体内容进行了磋商，谈判的焦点集中在公约控制的化学品和农药的进出口，控制程度是松一些还是紧一些。危险化学品和农药的进口国从其利益出发考虑主张对公约控制的化学品和农药要严格执行事先知情同意程序，而上述化学品和农药出口国则尽量避免承担责任。主要表现：

（1）美国代表团以授权不够，需要向国内请示为由，有意拖延谈判，把很多悬案（如对毒理学和生态毒理学数据是否属于机密商业信息等问题）均以要回国后找专家咨询决定为借口搁置起来。这主要是出于维护其农药出口大国利益的需要。

（2）欧盟国家因经济发展情况相同，对环境高度重视，故其立场常与美国不同，极力主张加强对农药进口的控制。欧盟主张同一粮农组织地区的数国提议就可将某种化学品列入 PIC 名单。

（3）非洲、拉美等发展中国家均属农药纯进口国，经济发展相似，故非洲集团、拉美集团总以一个声音说话。而亚洲国家中，经济力量相差悬殊，日、韩是农药出口国，中国农药出口大于进口，其他国家一律是进口，这决定了各国的利益不同，故无法达成共识。

（4）澳大利亚虽经济发达，但立法不足，对专有权利没有法律保护，故拒绝承担这方面的责任。

（5）美国、澳大利亚对产量等信息的保密非常关注，以授权不够为借口，不承担按公约拟定条款提供这方面信息的任何责任。

1998年3月9—14日，在比利时布鲁塞尔召开了PIC政府间谈判委员会第五次会议，对主席团建议的综合性公约草案案文进行最后一轮谈判，并基本达成共同接受的公约案文。

本次大会主席在会议一开始就反复强调本次会议一定要结束谈判，号召与会各国本着合作和妥协的精神，加速谈判进程。谈判进行得非常艰苦，从第一天开始，天天进行到晚上十一二点，星期六也不休会。谈判会以全会为主，同时进行法律小组和个别条款的接触组会议。各国出于不同的利益考虑，对每一条款都进行了认真的谈判和争论。但从总的情况看，与会各国都本着积极参与和努力工作的态度，希望这个公约早日签署和生效，表现了全世界人民对防治农药和化学品的污染，避免危害和保护环境的迫切愿望。经过各国代表的共同努力和辛勤工作，最终通过了公约文本。这个公约文本反映了进出口方权利与义务的平衡，文字及逻辑性比前四次会议上讨论的文本有了很大的改进。我国代表阐述了原则立场和意见，努力使公约文本朝着有利于我国的方向形成。最终通过的文本已比较准确地反映了我国的意见。通过的公约有序言，30条正文和5个附件。公约的宗旨是缔约国进行合作，通过信息资料交换及进出口决策程序预防某些危险化学品及农药在国际贸易中对人体和环境造成的潜在危害。其核心内容是对某些危险化学品和农药在国际贸易中执行事先知情同意程序，即由出口国的主管当局将出口受控制化学品的有关资料通知进口国主管当局，在进口国同意的情况下方可出口。目前文本中控制的危险化学品和农药共27种，其中农药17种，农药制剂5种，危险化学品5种。

签约之途路漫漫

1999 年 7 月 12—16 日，在意大利罗马召开了 PIC 政府间谈判委员会第六次会议，来自 122 个国家和经济一体化组织，6 个联合国机构和 16 个非政府组织的代表出席会议。本次会议在所有与会者的共同努力下，圆满完成了既定任务，取得了预期成果。

1．划分和通过临时事先知情同意区域

根据鹿特丹公约及过渡期安排决定，本次会议审议了临时 PIC 区域的划分问题。代表们在粮农组织 7 个区域划分和联合国 5 个区域划分的基础上进行了广泛讨论。由于 PIC 区域的划分关系到进入化学品审查委员会的成员国数量和 PIC 候选名单的提出，所以与会各国均站在对本国有利的立场上，各抒己见。这次通过的 7 个 PIC 区域属临时性质，最终将由鹿特丹公约缔约国大会以一致同意的方式来确定。

2．成立过渡期化学品审查委员会

成立该委员会是本次大会的主要内容之一，也是各国代表争论的焦点，讨论的中心议题是该委员会的规模、专家的性质、工作语言、任职期限和会议周期及观察员的位置等。根据鹿特丹公约的规定，委员会的主要任务第一是就拟列入 PIC 程序的化学品和农药编制决定指导文件。这些工作将直接涉及化学品和农药进出口国的利益。因此，与会各国都力争首批进入。大会为讨论此议题设立了专门的接触小组，并提出了选定成员国时应考虑的因素，如发达国家和发展中国家的平衡；化学品和农药的生产消费数量；是否已有国家指定主管部门等。经过两天反复激烈的讨论，亚洲组（不含中东国家）争取到该委员会 29 个议席中的 5 个议席，其他组名额分别为：非洲 6 名，欧洲 6 名，拉丁美洲和加勒比 5 名，远东 3 名，北美 2 名，西南太平洋 2 名。经四轮会议的讨论，亚

洲组最终推选出中国、印度、印度尼西亚、日本、尼泊尔为首届委员会成员国。会议决定该委员会成员应为化学品管理专家，专家从本次会议开始，任期 3 年，直到缔约方大会第一次会议为止。如果在 3 年期满之时公约尚未生效，政府间谈判委员会将对延长成员任期或任命新的成员作出必要的决定。会议要求专家必须由有关国家政府部门指定，并在 1999 年 9 月 15 日前将其资历通过秘书处通知政府间谈判委员会。会议还确定委员会一般每年召开一次会议，具体时间视资金情况和委员会的工作要求而定。关于观察员列席问题，会议建议按照政府间委员会议事规则向观察员开放，但应注意保持该委员会的组成平衡。

3. 通过为拟列入 PIC 程序的化学品编制的决定指导文件草案

根据鹿特丹外交大会通过的“关于临时安排的决议”，会议审议了为在自愿 PIC 程序下，由联合专家小组第 8 次会议确定拟列入 PIC 程序的 6 种农药编制的决定指导文件草案。经过与会代表的充分讨论，会议通过了“乐杀螨”和“毒杀芬”两种农药的决定指导文件草案，并将它们列入暂行 PIC 程序。对“环氧乙烷”和“二氯乙烷”，会议要求有关国家和区域性组织继续向 PIC 秘书处提供补充资料，由委员会审查资料后，对现有决定指导文件草案做进一步完善和修改。

会议讨论的重点议题包括：

（1）秘书处的工作及费用预算。在目前的过渡期，秘书处的工作仍由 UNEP 和粮农组织承担，其主要工作是支持政府间谈判委员会工作，协助履行公约和促进各国批准公约。秘书处将于 1999—2000 年在各区域举办 7 个培训班。目前秘书处的资金来源主要是靠各方自愿捐赠。总体看来，秘书处开展工作所需要资金入不敷出，迄今为止尚未凑足开展 1999—2000 年工作所需要经费，主要原因是公约尚无正式的资金机制，捐资国捐资力度不大，捐资主要集中在有限的几个国家。

（2）关于公约签署和批准状况。自鹿特丹全权代表会议以来，共有 8 个国家签署了公约。由于在鹿特丹会议上签署公约的 61 个国家和 1 个区域经济一体化组织中有 7 个国家的法律手续不完备，因此截至本届会议召开之时，共有 62

个国家和 1 个区域经济一体化组织签署了公约，无任何国家或区域经济一体化组织批准公约。会上，德国、荷兰等 8 个国家表示了批约的意向，埃及、印度等 4 个国家表示将努力成为签约国。

（3）关于技术援助和资金支持。在本次会议上，非洲组就发达国家向发展中国家提供技术和资金援助以帮助其履行鹿特丹公约再次进行了呼吁。我国代表团对此予以支持，并强调应按 21 世纪议程和 1997 年环发 5 周年大会部长宣言办事，兑现其承诺。欧盟在会议上推出一个综合项目计划，表示对发展中国家和经济转轨国家履行鹿特丹公约进行支持。

（4）关于执行《鹿特丹公约》所发生的有关问题。本次会议还就如何解决各国在执行鹿特丹公约时所发生的争端、非法贩运及责任和赔偿等问题进行了讨论。由于该问题关系到各国的具体利益问题，因此受到与会代表的广泛关注。非洲国家集团的代表在会议期间多次表示，该问题必须在早期阶段予以审议，以保证公约的实施。但大多数国家认为，这个问题比较复杂，涉及法律及保证公约正常执行等多方面的问题，应本着慎重的态度，同时借鉴有关正在执行或正在制定中的政府间化学品安全论坛、《生物多样性公约》及《巴塞尔公约》等类似公约的做法，在条件成熟的情况下进行审议比较稳妥。经过大会反复讨论，磋商委员会主席采纳了多数国家的意见，决定在秘书处下成立专门工作组，负责起草关于解决争端、非法贩运及责任和赔偿问题的文件草案，提交下次会议审议。

（5）为第一次缔约方大会所作的准备工作。根据公约规定，在第 50 个国家批准参加公约后 90 天，公约方可生效。根据秘书处统计，截至本次会议，已有 62 个国家和 1 个区域经济一体化组织正式签署公约，但尚无一个国家正式批准加入公约。考虑到目前这种状况并参照有关国际环境公约，秘书处估计第一次缔约方大会可能于 2001 年年底或 2002 年召开。从本次政府间谈判委员会起，将陆续讨论缔约方大会需要作出的决定和应做的工作。本次会议后请秘书处就以下内容准备文件，以便在第七次会议上进行讨论：缔约方会议议事规则和财务规划；秘书处安排和秘书处的财务规定。关于鹿特丹公约 27 个化学品和农药的统一海关编码问题，将由秘书处和主席与世界海关组织接触，并在第七次会议上报告接触结果。非洲组等几个发展中国家对于公约的仲裁、调解和不遵从程序比较关心。

（6）关于确定秘书处所在地问题。本次会议上，德国同瑞士、意大利在这一问题上互不相让，积极开展活动进行游说。德国重申了主办第一次缔约方大会的邀请，要求建立一个小型工作组，就申请国提供的条件编写一份比较分析说明，并将其提交第七次会议。瑞士代表团强调应充分利用分别设在日内瓦和罗马的粮农组织的现有便利条件，并指出瑞士提出的在日内瓦举办缔约方大会的请求已为第五次会议接受。意大利同意瑞士的观点，指出不应再考虑其他国家提出的主办缔约方会议的请求，最后，会议主席指出第五次会议已接受瑞士举办缔约方第一次会议的请求，对其他国家提出的举办请求表示欢迎。秘书处将在第七次会议上散发一份关于秘书处所在地申请国提出的条件的比较分析说明，供各国政府审议。

我国在会前进行了充分的准备，在会议期间积极参与，实现了预期目标。①力争进入化学品审查委员会。在确定过渡期化学品审查委员会具体成员国的讨论上，亚洲组与会的 11 个国家互不相让，都提出要进入首届委员会。为确保我国能够进入，我国代表团准备了理由充足的书面发言。全体成员出席了亚洲组会议，团长多次发言表明立场，会下积极争取巴基斯坦、印度、越南等国的支持，为入选打下基础。②维护中文语言地位。在讨论委员会的工作语言问题时，我国坚持反对一些国家提出的秘书处会议文件为英、法、西班牙三种语言的建议，明确表示在工作语言上不应有任何歧视性倾向，而应根据联合国有关规定使用六种语言。若考虑经费开支问题，可采用一种工作语言，但会议的主要文件应译成六种文字，并于政府间谈判委员会前散发。这一立场得到俄罗斯和阿拉伯语国家的支持，经会议多次辩论，委员会同意采用后种方法。③争取技术资金合作。针对欧盟表示对发展中国家和经济转轨国家履行鹿特丹公约予以支持的综合项目计划，主动向欧盟了解情况，争取技术资金合作。

美、欧站在各自立场上的争斗

2000年10月30日—11月3日，在瑞士日内瓦召开了PIC政府间谈判委员会第七次会议，来自103个国家，5个联合国机构和6个非政府组织代表出席会议。本次会议是一个承前启后的会议，既解决了前次会议的一些遗留问题，又为今后在缔约方会议及以后可能遇到的问题进行了初步讨论。在与会各国的共同努力下，圆满完成各项议程，取得了成果。（1）任命临时化学品审查委员会成员。经各区域讨论确定，会议决定任命29名专家为成员。我国的专家在其中。（2）通过已确定列入暂行事先知情同意程序的决定指导文件。本次会议审议了由临时化学品审查委员会第一次会议评审后提交的关于对二氯乙烷、环氧乙烷的决定指导文件的修改建议。同意印发修改后的二氯乙烷、环氧乙烷的决定指导文件，并将这两种化学品的农药用途列入暂行PIC程序。会议焦点问题包括：

1. 关于含有杂质的农药问题

各参会国和非政府组织对此问题十分重视，来自7个PIC区域的代表和农药行动网络及全球作物保护联盟的代表参加接触小组会议。该小组对作为质量标准确定的有害杂质限量与那些出于对健康或环境因素的考虑而确定的有害杂质限量做了区别。商定作为农药登记要求的一个组成部分并准许作为在一国内使用的农药，依有效成分鉴别方式或质量标准而确定的有害杂质限量，不应视为禁用或严格限用。该行动不应作为向秘书处通报管制行动的依据。如果有害杂质最高限量是根据毒理学或生态毒理学方面的考虑因素确定的，而且还采取了最后管制的行动，则可视作向秘书处通报管制行动的依据。经秘书处核查认定符合公约附件一规定的管制行动通知，将转交审查委员会，由委员会根据公约附件二的标准予以审议。委员会在审查时可采用两种不同的处理方法，即将所提名的农药视为（1）两种独立不同的物质中的一个。在此情况下，含有超过

有害杂质特定上限值的农药如果仍在进行国际贸易，应列入附件三予以禁用，也应作为通报管制行动的依据。（2）一种单一相同的物质，在这种情况下，含有低于具体规定的有害杂质的农药仍在进行贸易，并用于一些用途，这样的农药不符合公约附件二的标准，不能进入 PIC 审查程序。一个国家向秘书处通报对含高于具体规定的有害杂质的产品采取限制，不应作为最后控制行动，秘书处应根据所收到的资料编制汇总，分送所有缔约国，进行资料交流。接触小组建议粮农组织尽快制定农药有害杂质的最高限量，并鼓励农药生产企业遵守国际标准。一旦确定了国际规格，就不需要把该药列入附件三，因为国际规格将为进口国和制造商提供一个得到承认的质量标准，用以确定贸易流通中的农药是否可以接受，其结果将有效减少不合格产品的销量。为了确保各国进口的农药符合国际质量标准，各国可以遵守粮食农业组织标准规格作为一项对进口农药的要求，并规定必须提供一个独立的分析化验室出具的分析证明。对上述两种处理办法的最终选择，接触小组没有达成一致意见。美国、欧盟从各自的利益出发，展开了针锋相对的争论。美国作为化学品和农药的出口大国，考虑到对出口的影响，坚持采用第二种处理方法，不同意将含有一定量有害杂质的农药列入禁用或限用名单，加拿大、澳大利亚、新西兰、日本等国站在出口国的立场上，支持美国的观点。欧盟则坚持采用第一种处理办法，执意要把含有一定量有害杂质的农药列入 PIC 程序，埃及等几个发展中国家站在进口国的立场上支持欧盟。经反复磋商，接触小组决定将两种处理办法提交本次谈判委员会会议讨论决定，本次会议决定由审查委员会第二次会议审议技术接触小组的提案，并推荐其中的一种解决办法交下一届谈判委员会商定。

2. 与过渡期有关的问题

根据外交大会的有关决议，从公约通过到公约生效这段时间为临时期，参照公约规定，对 27 种化学品实行临时期化学品和农药的事先知情同意程序，并成立了临时期化学品专家审查委员会。根据公约规定，公约生效后，临时期即自动结束。实际上考虑到工作衔接及有关法律程序，从公约生效到完全进入事先知情同意程序，需要有个过渡期。根据政府间谈判委员会第六次会议，本次会议将过渡期问题列为正式议程，秘书处将过渡期产生的法律程序问题专门汇集成一份文件，供大会考虑。会议只讨论了过渡期的必要性，发达国家从参加公约的时间、实际操作程序的角度，发展中国家从能力的适应性角度，都强调了过渡期的必要性。考虑到公约生效距第一次缔约方大会还有一定的时间，美国提出过渡期时间为从公约生效到缔约方会议后一年，加拿大提出至少一年，尼日利亚提出二年，哥伦比亚、伊朗则表示了时间太长有可能对批准产生影响的担忧。我国提出，过渡期的长短一方面要考虑到各国的适应能力，又不能对各国批准公约产生负面影响。

会议最后决定请秘书处编制一份关于过渡期的文件，供下次会议审议。其中需要列出实施 PIC 的各种备选办法及其后果的优缺点，该文件主要集中在：暂行 PIC 程序应停止运作的日期；过渡期措施的性质；怎样解决已参加暂行 PIC 程序，而公约生效时间不是缔约方国家的问题；怎样解决上述国家在临时期已发出最后管制行动通知、有关极为危险的农药制剂的提议及关于今后进口答复函的有效性问题。

3．关于协调制度海关编码问题

在本次会议中，世界海关组织官员就列入 PIC 名单的农药及化学品的协调制度海关编码问题做出了详细的专题介绍。协调制度海关编码的调整年限以五年为限，上一次调整的时间是 1999 年 6 月，175 个成员国于 2002 年正式采用新编码。由于目前列入 PIC 名单的农药和化学品的分类体系与协调制度海关编码体系不同，在先行的编码构造中，有些化学品由于用途不同，在协调制度海关编码中列入不同的编号，有些化学品列入协调制度编码时又与其他物质共享同一代码，因此无法按 PIC 名单要求做到每种物质都有唯一的代码供使用。世界海关组织下一次修改编码并由各成员国执行的时间是 2007 年，因此为加强对列入 PIC 名单的农药和化学品的管理，在目前的执行过程中，有如下解决办法：（1）各国在世界海关组织统一的 6 位协调制度海关编码下对列入 PIC 名单的农药和化学品增列子目录，从加强各国内部管理入手。（2）由世界海关组织与 UNEP 就此问题进行更多接触，对其中归类不明确的化学品进一步明确其归类，

并由UNEP正式向世界海关组织就PIC名单中的农药和化学品的分类问题提出提案。如确有必要对列入名单中的农药和化学品单独列目录，并满足协调制度海关编码修改的条件，将争取于2007年在世界海关组织的各成员国间正式实行新的海关编码前完成此项工作。

4. 为第一次缔约方大会所做的准备工作问题

截至本次会议，共有73个国家或区域一体化组织签署了公约，11个国家批准、接受或加入了公约。根据公约秘书处估计，缔约方第一次大会有望在2003年召开。会议就缔约方大会议事规则、争端解决程序、不遵守情势等问题进行了讨论。（1）关于缔约方大会议事规则。根据公约规定，该规则应由第一次缔约方大会通过。本次会议成立了法律工作小组，对秘书处提出的草案进行了深入讨论。经过小组会议激烈争论，各方的矛盾焦点集中于会议周期、非政府组织参加会议程序、表决方式和缔约方会议法定人数等六个方面。在会议周期上，美国提出一年一次会议过于频繁，提议每次缔约方会议应间隔二年或二年以上，美国的提议遭到欧盟的强烈反对。经讨论，法律工作组决定将该争议列入注脚中。在非政府组织参会问题上，公约规定非政府组织只要提出要求，就可被秘书处邀请参加会议。考虑在此方面可能出现的台湾问题，为避免我国在今后缔约方会议中出现被动局面，我国代表在法律工作小组会议上提出，秘书处在接纳非政府组织参加缔约方参会时，应该通知该组织所在的国家。欧盟、美国、加拿大等发达国家反对，最后未达成一致，法律工作组最后决定将我国提出的建议列入注脚，由下次会议讨论。在会议法定人数方面，欧盟提出其参加会议的人数应按其代表的投票数计算。对此，美、加、澳表示了担忧。工作组会议对此展开了较长时间的讨论，最后没有任何结论，仍旧将该争议列入注脚。（2）关于争端解决程序问题。会议初步讨论了秘书处提交的争端解决机制文件，但未对该文件进行深入讨论，只将其列为下一次会议讨论的重点。（3）关于不遵守情势问题。大多数国家主张尽快展开该问题的谈判并制定有关文件。苏丹等大多数非洲国家的态度更为激进，要求在不遵守情势的文件中加入国家责任的内容，澳、加等国家则希望在此问题上制定一个报告制度文件。会议最后根据加拿大等国的提议决定由各国在2001年2月1日前将其关于不遵守情势和报告制度的立场文件和具体方案向秘书处提出，并由秘书处汇总各方意见，草拟一份关于各种程度模式的文件，提交下次会议讨论。

5. 秘书处设立地点问题

本次会议上，瑞士、意大利、德国重申了希望将公约秘书处设在日内瓦、罗马、波恩的申请，并提供了有关资料。喀麦隆、塞内加尔等非洲国家提出了对各国申请中提出的条件设立一个优先次序，以判断申请国的排序。会议最后决定，所有申请都应于2001年4月15日前向秘书处提出，以便在下次会议上进行审议。

会议期间，我国代表团积极参与，广泛与各代表团交流意见，积极参加各接触小组的讨论。会议期间成立了有关农药杂质问题的技术工作组和有关缔约国会议议事规则、不遵守情势等问题的法律工作组。我国代表团成员参加了这些小组的讨论，积极阐明我国的观点，并与各国代表交换意见，寻求支持。

中国还应未雨绸缪

从以上几次会议的讨论情况看，争论的主要问题集中在农药和化学品进口国和出口国的责任与义务问题；关于禁止、严格限用化学品列入PIC的化学品清单的原则；关于技术援助、技术转让问题；关于执行PIC的责任问题；关于淘汰某些化学品的问题。今后，不仅是有效成分对人类健康和环境污染有害的农药可能列入PIC程序，一些有效成分本身无害，但含有害杂质的农药也有可能列入PIC程序。我国由于农药生产企业设备、工艺条件所限，农药杂质超过粮农组织国际标准的现象比较普遍。对此应引起农药科研、生产、使用和管理部门的高度重视，一方面要加强进口和国产农药中有害杂质的监督检验，严格执行国际标准，把好进口农药的质量关；另一方面改进工艺，降低农药中有害杂质的含量，提高产品质量，增强我国农药在国际市场的竞争力。

在化学品问题上，除 PIC 公约外，综合性化学品公约的谈判也只是个时间问题。我国应及早投入力量，研究对策。加强化学品的管理，淘汰对人体和环境有害的产品是国际社会的发展趋势。我国应顺应这一形势，既要把负面影响减少到最低，又要利用这一机遇促进国内农药产品的更新换代，强化对化学品的管理，保护我国生态环境，同时也不损害进口国家的环境。

针对这种趋势，我国应采取的原则立场是：

（1）关于 PIC 名单，欧盟提出只要一个国家提出，即可列入候选名单，美国、澳大利亚反对，提出必须有五个以上来自不同区域的国家提出，并需缔约方大会通过，非洲国家要求将更多的化学品列入清单。我国赞成只有各区域多国提出才能列入清单，为防止发达国家垄断市场，反对过多地把不应该控制的化学品列入清单。

（2）在技术援助、技术转让问题上，发达国家应在化学品的环境管理、化学品风险评价、技术和设施以及化学品管理人员培训方面帮助发展中国家。这一立场得到多数发展中国家的支持。

（3）关于淘汰某些化学品的问题，欧盟及一些发达国家，提出要对一些化学品和农药采取贸易控制，最终达到淘汰这些化学品的目的。我国认为 PIC 的实质是事先知情同意，公约不应讨论淘汰措施。

（4）目前全球环境问题热点之一是化学品管理，有关立法工作紧锣密鼓，我国对此问题的研究要加快，国内有关政策要跟上。同时，国内要加快更新换代工作，开发高效、低毒、低残留的新产品。

注释：

注 1　PIC：名称现为“在国际贸易中对某些化学品和农药执行事先知情同意程序的鹿特丹公约”。

三、爱斯基摩人发出的危险信息

——《关于持久性有机污染物的斯德哥尔摩公约》

20 世纪 80 年代末，一个科学家小组在北极爱斯基摩人居住地采集母乳作为环境与健康背景值参照物。然而，实验室分析结果令人震惊：爱斯基摩女性母乳中持久性有机污染物（POPs）严重超标。

经多年研究表明，POPs 进入自然水体，漂至北极在鱼体内富集，人食鱼后造成体内 POPs 超标。据实验监测，印度洋的 POPs 最短可在 6 日内漂至北极。因此，POPs 对全球环境和人类影响引起了国际社会的关注。自 1995 年以来，联合国环境规划署开展了大量工作，旨在通过全球合作限制和削减 POPs 排放。POPs 具有难以降解、可远距离迁移并在生物体内蓄积等特性。它一旦进入环境，会对人类和动物产生大范围、长时间的危害，造成人体内分泌系统紊乱，破坏生殖和免疫系统，并诱发癌症和神经性疾病。随着全球环境日益恶化，POPs 日益受到国际社会的高度重视。

1997 年，根据联合国环境署 19 届理事会通过的 GC19/13 号决议，环境署与其他相关国际组织一起，成立一个政府间谈判委员会，计划于 2000 年制定一份旨在全面销毁、禁止或限制 DDT、毒杀酚、氯丹、七氯、六氯苯、灭蚁灵、艾氏剂、狄氏剂、异狄氏剂、多氯联苯、二噁英、呋喃等 12 种持久性有机污染物的国际公约。

拉开围剿持久性有机污染物的序幕

1998年6月29日—7月3日，政府间谈判委员会第一次会议在加拿大蒙特利尔召开，会议主要统一了POPs对环境和人类健康危害的认识，讨论了未来公约的结构框架、决定设立不限名额的标准问题专家小组负责制定POPs的科学筛选标准，发展中国家和经济转型国家提出为将来履行公约义务所需的技术和资金援助。1998年10月26—30日，标准问题专家组第一次会议在泰国曼谷举行，会议对POPs特性指标进行了定性讨论，确定了持久性、生物蓄积性和毒性、长距离输送性及其他社会和经济关注因素等四项内容作为筛选POPs的指标，但对各组指标的具体指标值未进行实质性讨论。

1999年1月25—29日，政府间谈判委员会第二次会议在肯尼亚内罗毕召开。会上，实施问题小组正式开始运作，讨论了为将来履行公约义务所需的技术援助及可能的资金机制，对12种POPs的禁限和豁免进行了一般性讨论。1999年6月14—18日，标准问题专家组第二次会议在奥地利召开。会议讨论了POPs特性指标的大多数指标，有两项未能达成一致意见的指标值交由政府间谈判委员会决定，还着重讨论并形成了向POPs受控清单追加化学品的程序。

1999年9月6—14日，政府间谈判委员会第三次会议在瑞士日内瓦召开。在这次会议上，实质讨论了POPs的禁限时间表，而关于技术援助和资金援助的条款是本次会议的焦点，并对标准问题专家组提供的POPs筛选标准报告进行了讨论和通过。

2000年3月20—25日，政府间谈判委员会第四次会议在德国波恩召开。来自121个国家的代表团参加会议，联合国10个机构和7个政府间组织、80个非政府组织作为观察员出席会议。谈判的主要内容有：

1. 财政援助问题

在前三次谈判会议中，经过发展中国家的努力，发达国家终于认同发展中国家和经济转型国家需要获得财政援助才能有效地履行公约义务。在会议开始，美国、加拿大、日本和欧盟纷纷主动表示认识到这一问题，加拿大代表团代表该国政府在全会上宣布今后5年里将向发展中国家和经济转型国家提供2000万加元的财政援助用于涉及POPs的问题，美国、日本宣布将提供财政援助35万美元，欧盟也明确承诺提供财政援助。在以前的谈判中，发达国家的基本态度是POPs属于各国自己的问题，因此公约也就不存在财政援助的问题。本次会议上，发达国家承认了在今后的POPs公约中，发展中国家和经济转型国家需要获得财政援助才能有效地履行公约义务，并同意提供资金援助。

在中国、伊朗和印度的推动下，77国集团加中国在资金问题上广泛交换意见，团结一致，积极活动，多次举行双边和区域交流，终于形成“77＋1”的立场文件，并与发达国家集团展开对话。

但在财政援助的机制方面，发展中国家与发达国家之间仍然存在本质差异。发展中国家和经济转型国家要求公约建立类似于《蒙特利尔议定书》的独立的资金机制，以保证履行公约所需资金的稳定、可靠和充足，并明确要求发达国家提供资金资源；发达国家则坚持不设立本公约专有的资金，而利用国际上现有的各种资金机制，其中欧盟和美国、加拿大的意见略有分歧。加拿大提出“资料交换所”的资金机制，即公约秘书处设立资金需求和资金资源的信息交换点，以帮助需要资金的缔约方获得资金，帮助资金提供方安排资金。欧盟着重强调以全球环境基金为本公约的资金机制，可辅以资料交换所的方式以帮助需要资金的缔约方获得资金。所有发达国家都反对在公约中写明提供资金资源是发达国家的责任。鉴于发达国家和发展中国家在资金机制问题上的严重分歧，会议决定，休会期间在6月底召开接触小组约20个国家的小规模会议，就此问题举行磋商。

2. 技术援助问题

经过前几次的谈判会议，发达国家向发展中国家和经济转型国家提供技术援助以使各缔约方有条件履行公约义务已经成为各国的共识。会上，中国、印度等国指出，本次会议的文件技术援助条款中关于可接受技术援助的内容遗漏了一些前次会议确定的内容，大会同意将这些内容列入正式案文供下次会议讨论。这些内容是销毁废旧库存 POPs、清洁被 POPs 污染的场地和开发 POPs 替代品。

3．扩大 POPs 受控名单问题

在会议上，欧盟主张放宽 POPs 的审查标准、简化 POPs 的审查程序，强化审查委员会的权限，加快扩大受控名单，以及提出“预警原则”，即在有国家提议将某化学品列入 POPs 受控名单时，即便尚未有证据证实该化学品具有 POPs 特性，本公约仍然应先对其采取某种管制措施，直到有证据证实该化学品不具备 POPs 特性。欧盟的提议受到使用但不生产 POPs，也没有废旧库存销毁问题的许多发展中国家的支持。由于此预警原则的结果将使某化学品很容易受到管制，而无论其是否能列入 POPs 受控名单，因此受到美国、日本、加拿大等国的强烈反对。

4．二噁英和呋喃的禁限问题

欧盟、非洲国家和亚洲东盟国家提议公约要规定各缔约方有义务减少直至最终消除二噁英和呋喃的排放，而美国、日本、加拿大等国强调，这两种化学品并不是人们有意生产的商品，而是在许多行业的生产过程中不可避免会产生的污染物排放，因此不宜要求消除其排放。我国目前尚未掌握这两种化学品的产生和排放情况，分析检测二噁英的能力还未建立，因此需要在掌握了有关情况后才能作出决定。

在本次会议上，我国代表团积极参加了全会、实施问题小组及各接触小组会议，充分阐明了在 POPs 问题上发展中国家和经济转型国家的现状和压力，阐明我国的原则立场。与印度、伊朗一起积极推动“77＋1”的共同行动，特别是在资金机制和技术援助方面成功提出了“77＋1”的立场文件，成为会议的案文之一，取得了显著成效。积极参加和推动区域性磋商，参加了亚洲组的全部会议，在许多问题上推动并形成了共同立场。在双边关系上，分别与印度、伊朗、巴西和美国进行接触，根据我国的既定立场，向有关国家说明了我国的情

况并表明了态度，推动了发展中国家的团结。应美国代表团的邀请，我国代表团与美国助理国务卿帮办为首的美国代表团进行了会晤，就资金机制问题、副产品管制程度、预警原则和 POPs 管制豁免问题交换了看法，我国强调“77＋1”的共同立场，坚持需按科学标准来筛选新的 POPs，阐明了对副产品的管制应建立在科学的合理程度上等一贯立场。

扫除前进道路上的障碍

2000 年 12 月 4—9 日，制定限制某些持久性有机污染物的具有法律约束力的国际文书的政府间谈判委员会第五次会议在南非约翰内斯堡召开，132 个国家、10 个联合国专门机构、2 个政府间组织、88 个非政府组织共 500 人参加会议。

按计划本次会议是最后一次谈判会议，要解决公约资金机制、禁限 POPs 的严格程度等 POPs 公约中最本质的问题，并完成公约文本，供 2001 年 5 月在斯德哥尔摩召开的外交全权大会上签署。

许多国家代表团作了原则立场性发言，表示支持 POPs 公约的制定。随后，会议进入实质性谈判。本次谈判会议分为全会、技术问题接触小组、资金问题接触小组和法律专家小组，所有会议同时进行，由于争论激烈，会议经常开到过午夜才结束。12 月 9 日的会议一直开到 10 日上午 8:30 才结束，许多代表团等不到会议结束就直接去机场回国。谈判中的问题有：

1. 公约资金机制

资金来源和机制是本公约的谈判关键。经过发展中国家和经济转型国家的努力，全会一致认识到，发展中国家和经济转型国家需要得到经济和技术援助才能有效地履行公约责任。资金问题谈判的焦点是公约资金的来源和运作机制。发展中国家要求设立新的、额外的、由发达国家义务缴款的公约独立资金机制，发达国家则强调利用现有的资金机制，如全球环境基金和世界银行等。

从会议第一天下午起，资金机制接触小组就开始工作讨论 POPs 公约的资金机制问题。发达国家和部分发展中国家抛出一份关于资金机制的方案，从字面上看是要设立本公约的资金机制，但完全不提及该资金机制的资金来源，也不提及发达国家的捐资责任，整体上就是发达国家原来的方案加上“设立本公约独立的资金机制”一句空话，没有实现独立资金机制具体措施，因此引起发展中国家的强烈反对。

其后，发展中国家提出了关于资金机制的方案，明确要求设立公约独立的、由发达国家义务缴款的资金机制，并且发展中国家履行公约责任的进程取决于其自身能力和获得的援助。

由于双方态度针锋相对，谈判的关键问题连续几日毫无进展。由于涉及各方的自身利益，这个接触小组会议是最艰苦的谈判，每天都是连续开会到过午夜，到 12 月 10 日凌晨 3 点多各方才达成协议。

最后，关于资金机制的公约条文是以发展中国家的方案为基础形成的，规定设立本公约的有适当的和持续的财政来源供给的资金机制，同时规定发达国家应当提供新的、额外的财政资源，以帮助发展中国家和经济转型国家履行公约责任，发展中国家缔约方履行公约责任的程度取决于发达国家提供资金、技术援助和转让的程度。同时，公约规定在公约过渡期全球环境基金将担当本公约资金机制，外交全权大会将考虑要求全球环境基金充分考虑本公约的目的和要求，为本公约设立操作项目、简化项目申请程序，要求捐资方提供适当的、额外的财政资源。

2．禁限措施

公约第 D 条款是本公约禁限 POPs 的具体措施，包括 4 个部分：禁限措施、减少非有意制造的 POPs 的排放、消除废旧库存和豁免问题。禁限措施涉及对公约附录 A 和附录 B 采取的管制行动，由于各国和国际上都已普遍认识到 POPs 的危害，因此对禁限措施的谈判比较顺利，但 POPs 的进出口问题和国家特定豁免问题的谈判还是很艰难。经过艰苦谈判，最后达成协议：未列入特定豁免的国家不得进口、不得向未列入特定豁免的国家出口、所有缔约方都禁止后不得出口，以上条款不包括以销毁为目的的出口。

减少非有意制造的 POPs 的排放是本次谈判较深入讨论的问题，焦点在于：激进的国家要求公约规定消除二噁英和呋喃的人为排放，而一些国家认为非有意生产的二噁英和呋喃的排放在许多行业都客观存在，消除这类排放事实上就是要消除这些行业，是不现实的。经过谈判，公约要求减少人为来源的二噁英和呋喃的排放，在切实可行时最终达到消除排放。

公约 D 条款第四条涉及由 POPs 组成或含 POPs 的过期无用库存、废物，以及由 POPs 组成或含 POPs 或被 POPs 污染的产品和物品在变成废物后的处理问题，公约要求缔约方制定适当的策略来鉴别这类物品并开展管理，处理装置时应采用无害环境和人类健康的方式进行。由于欧盟国家的坚持，公约只允许在实验规模的以科学研究为目的的一般性豁免。

3. 国家特定豁免

目前，由于一些 POPs 实际上还在许多国家使用，POPs 的禁限势必影响到许多国家，通过多次讨论，公约设计了“国家特定豁免”的方式来处理这类问题。在公约外交全权大会之前，任何一个国家可以要求国家特定豁免。国家特定豁免由缔约方大会批准，豁免的有效期一般为 5 年。公约秘书处将建立和保持一份国家特定豁免清单，列明哪个国家具有哪种特定豁免。该清单是对全世界公开的。获得豁免的国家随时可以撤销其拥有的豁免。当一个国家获得 POPs 清单中某化学品的国家特定豁免时，公约允许该国在公约生效后 5 年内按照所获得的特定豁免的类型生产或使用该化学品。国家特定豁免期满时，由缔约方大会重新审议是否延续该特定豁免。

4. 筛选 POPs 的标准

公约 F 条款规定了向 POPs 清单添加化学品的筛选程序和标准。在以前的谈判会议上，欧盟和美国、日本、加拿大就作为持久性指标的水中半衰期 2 个月或 6 个月、作为生物蓄积性指标的正辛醇/水分配系数 4 或 5 在争论。本次会议双方达成妥协，半衰期采用 2 个月，正辛醇/水分配系数采用 5 作为标准，其他系数无变化。

我国代表团认真参加了各次全会和所有接触小组会议，积极组织和参加区域集团会议。

许多国家对“共同但有区别的责任”的原则不积极，我国代表团积极活动，指出《里约宣言中》“共同但有区别的责任”的原则的意义，经过艰苦的努力，终于以“77＋1”的名义提出立场文件，使该原则顺利地列入公约序言中。资金机制谈判是最艰难的问题，我国代表团积极联络广大发展中国家，以“77＋1”的名义提出了资金机制方案，并在全会上强烈要求以此作为谈判基础，为此全会特别设立了限制名额的、全会主席亲自主持的接触小组进行磋商，经过几天的艰苦谈判，终于达成了对发展中国家和经济转型国家有利的案文。

再次表现出中国的负责任态度

该公约由 30 条正文和 6 个附件组成。正文主要规定了各国在限制和销毁 POPs 方面的一般性义务、POPs 控制措施、增列受控物质种类的程序及资金和技术援助等内容。各附件则主要就各国淘汰和销毁 POPs 的时间表、增列新受控物质的筛选标准、部分 POPs 生成来源清单等内容作了规定。

公约列出的目前应予限制或销毁的 POPs 有 12 种，分别为：滴滴涕、毒杀酚、氯丹、六氯苯、七氯、灭蚁灵、艾氏剂、狄氏剂、异狄氏剂、多氯联苯、多氯代二苯并二噁英和多氯代二苯并呋喃。其中前 9 种为农药，第 10 种为工业化学品，最后 2 种不是正式生产的化学制品，而是工业生产、垃圾焚烧和有机化学品销毁过程中的副产品。根据公约规定，受控的 POPs 清单属开放性质，如缔约方认为必要，可按规定程序申请向受控物质清单增列 POPs 品种。

应广大发展中国家包括中国的呼吁，公约还规定了特定豁免的申请和认可程序，以及在履约方面对发展中国家和经济转轨国家的资金和技术援助等内容。

签署斯德哥尔摩公约，与我国相关产业政策方向和法律法规精神一致。我国曾是上述第 1～10 种 POPs 的主要生产、使用或进出口大国。目前，滴滴涕、六氯苯、氯丹和灭蚁灵等 4 种物质仍在我国生产或使用，一些含多氯联苯介质的电力设备仍在服役。关于第 11、12 种 POPs，即二噁英和呋喃，由于其主要来源于有机化学品和含氯物质的热反应过程，监测技术复杂、设备昂贵，我国尚不具备监测能力，但据专家估计，我国可能是其产生量最大的国家之一。为了治理和改善环境，保护人民生命安全和健康，我国已着手致力于消除 POPs 对环境的影响工作。多氯联苯、氯丹和七氯在我国已被禁止生产。滴滴涕、艾氏剂和狄氏剂在我国也被禁止用于农药。毒杀芬、氯丹、六氯苯、七氯、艾氏剂、狄氏剂、异狄氏剂和多氯联苯等 8 种物质的进口受到限制，必须获得有关主管部门批准才能进口，同时含多氯联苯介质的电力设备的进口也被禁止。

由于我国的积极参与和努力，公约最后案文充分反映和照顾到了我国的立场和关切。主要表现为：①重申和确立了在解决 POPs 问题方面，发达国家与发展中国家之间“共同但有区别的责任”的原则；②建立了明确的资金机制，该机制应保证资金来源的充足性、稳定性和可预见性，帮助发展中国家履约；③发达国家应在销毁废弃 POPs 的库存，消除被 POPs 污染的场地，研制某些 POPs 替代品方面，向发展中国家转让技术，且这些方面与传统的能力建设一道，应成为资金援助的主要内容。

签署斯德哥尔摩公约，不仅能够体现我国政府致力于解决全球环境问题的负责态度，维护我国良好的国际形象，还可以在斯德哥尔摩公约生效之前，从发达国家和相关国际组织提前争取到资金和技术援助，主动把握时机，力争在解决 POPs 问题方面成为发展中国家中资金和技术援助的最大受益者。

禁止和消除 POPs 是不可逆转的国际趋势，我国农药及有关化学品的研究开发部门应按照 POPs 的禁限进程和趋势尽早研究对策，研发新产品时，要特别考虑 POPs 的科学筛选标准，避免新研制的产品又成为 POPs。

（1）开展我国 POPs 状况调查，编制我国的 POPs 注册，主要包括废旧 PCBs（注 1）及含 PCBs 电器、二噁英和呋喃，评估我国销毁废旧 PCBs 及含 PCBs 电器、减少二噁英和呋喃的排放所需要的技术和资金。按照 POPs 的筛选标准，研究我国现行的主导农药及其发展趋势是否可能成为新的 POPs，以及农药的更新换代及替代品的研究和开发。根据我国国情，有关产业和管理部门应提出我

国可承受的 POPs 禁限时间表，提出禁限 POPs 和研发替代品所需的技术援助内容及资金援助额度，为今后的谈判提供依据。

我国是化工、农药生产和使用大国，曾大量生产和使用过 DDT 等有机氯农药及其他一些已列入受控名单的 POPs 类化学品，也曾进口过一定量的含多氯联苯的产品，又是多氯代二噁英和呋喃等 POPs 的污染大国。POPs 法律文书生效后，我国在研制替代品、查清、销毁库存，建立一套完整的 POPs 监测系统方面承担责任，需要投入很大的人力和物力。

（2）POPs 的控制、逐步淘汰和消除是建立在相当数量的资金、先进技术和可行的替代品基础上的。只有合理有效的资金机制，能够为发展中国家履约提供必要的资金援助，才能保证公约的广泛参与和有效实施，实现公约的目标。欧盟提议以 GEF 作为公约的资金机制，美加集团提议设立资金信息交换所，以利用现存的所有各种资金渠道。我国与 77 国集团联合提出并坚持建立类似于蒙特利尔议定书资金机制的 POPs 公约独立资金机制，经过反复辩论，列入相关条款的备选案文之中。

（3）禁止或限制及其时间问题。在已列入清单的 12 种化学品中，有些仍然在生产、使用，如 DDT 仍广泛用于发展中国家的流行性疾病的控制。我国尚有 DDT、氯丹、六氯代苯和灭蚁灵的生产和使用，因此，在公约禁止和限制的化学品清单中，我国在有经济、有效的替代品实现替代之前，不能承诺禁止或限制。若需要确定日期，我国坚持应视可获得的资金或技术援助来定，以体现发达国家和发展中国家不同的禁限时间表。

（4）几种我国仍在使用的 POPs 应争取列入豁免。DDT：我国生产 DDT 主要是用作中间体生产三氯杀螨醇，多年来已不使用其来预防疾病。为防止天灾造成疾病恶性流行，仍需要保有一定的生产能力和库存，并允许符合公约所规定的程序的出口。此外还有：灭蚁灵、氯丹、六氯代苯。

（5）国际上对 POPs 采取管制行动是为了保护全球的生态环境和人体健康，是社会进步的必然趋势。但对于发展中国家，POPs 公约可能将成为在化学品国际贸易中发达国家使用的技术壁垒之一，特别是如果 POPs 清单进一步扩大时，我国的某些化学品出口将可能会受到一定的约束。因此，应加强对公约谈判进展及其意义和可能影响的宣传，使我国化学品生产经营企业增加紧迫感，尽早研制和开发替代品，提高产品质量。

注释：

注 1　PCBs：多氯联苯。

四、国际环境合作新平台

——亚欧环境部长会议

国际关系领域的成功实践

亚欧会议是亚欧25国和欧盟领导人论坛。1994年10月，新加坡总理吴作栋在访问法国的时候提出了关于建立亚欧会议的倡议。1996年3月1日至2日，首届亚欧首脑会议在泰国首都曼谷举行。来自亚欧25国的国家元首和政府首脑以及欧盟主席出席会议，亚欧会议正式启动。

亚欧会议现在有26个成员。其中，亚洲为泰国、马来西亚、菲律宾、印度尼西亚、文莱、新加坡、越南、中国、日本和韩国；欧洲为意大利、德国、法国、荷兰、比利时、卢森堡、丹麦、爱尔兰、英国、希腊、西班牙、葡萄牙、奥地利、芬兰、瑞典（欧盟15国）和欧盟委员会。

亚欧会议的宗旨是通过加强亚欧之间的对话、了解与合作，建立亚欧新型、全面伙伴关系，为亚欧经济和社会发展创造有利条件，维护世界和平与稳定。

根据亚欧领导人达成的共识，亚欧会议的活动将以非机制化方式多层次地进行。主要有：首脑会议，外长会议，经济、财政和科技、环境等部长会议，高官会议及其他后续行动。亚欧首脑会议每两年举行一次。第二次和第三次会议已分别于1998年4月和2000年10月在英国伦敦和韩国汉城举行。

亚欧环境部长会议是由中国、德国在2000年10月韩国汉城举行的第三次亚欧首脑会议上共同倡议的，倡议得到了亚欧会议其他成员的支持，并在第三次亚欧首脑会议主席声明中体现。2002 年 1 月在北京举行了亚欧环境部长第一次会议。

亚欧会议成立以来，亚欧之间的政治对话不断深入，双方在经济、科技、环境、文化和教育等领域进行了广泛而富有成效的合作。实践证明，亚欧会议对加强亚欧合作，促进亚欧各国的经济发展，维护地区和世界的和平与稳定，推动世界多极化发挥了重要作用。

中国历来重视和支持亚欧会议进程，并本着积极务实、求同存异、扩大共识、推动合作的方针，积极参与亚欧会议进程，充分利用这一对话和合作渠道，为我国改革开放和经济建设服务。2001 年 5 月，在北京举行了第三届亚欧外长会议，江泽民主席出席会议并致辞，朱镕基总理出席闭幕式并致辞，钱其琛副总理会见了参加会议的各国外长；李鹏总理出席了首届亚欧首脑会议，朱镕基总理出席了第二届和第三届亚欧首脑会议；钱其琛副总理出席了首届亚欧外长会议；外经贸部长吴仪、石广生，财政部长刘仲黎、项怀诚，外交部长唐家璇、科技部长朱丽兰等先后出席了历届经济部长、财政部长、外交部长和科技部长会议。

第一次亚欧环境部长于 2002 年 1 月 17 日在北京举行。本届环境部长会议的主题是“亚欧环境合作的伙伴关系”、“国际环境问题”、“可持续发展世界首脑会议”以及其他共同感兴趣的问题。参会各国就全球和地区性环境政策交换看法，对亚欧环境合作进行回顾与展望，并就有关国际环境问题和世界环发领域的热点问题进行讨论，进一步推动双方在环境领域的国际合作。来自亚欧会议成员国的环境部长和欧盟委员会环境专员出席了会议。这是亚欧环境合作进程中的一件大事，并将为促进亚欧合作领域进一步深化发挥积极作用。中国政府高度重视此会，确保会议取得成功。

亚欧合作的特点

与其他一些重要的国际组织或合作机制相比，亚欧会议有着其鲜明的特点。

1．合作机制的多层次性

经过5年的磨合与探索，亚欧会议已基本形成首脑会议、部长级会议和工商论坛等多层次合作论坛，但其合作与对话采取“非正式的进程”和“非机制化”方式。此外，双方还举行一系列亚欧企业和社会各界之间形式多样的交流活动，以及亚欧企业和社会各界之间形式多样的交流活动。

2．合作范围全方位

所谓“全方位”，就是指在亚欧会议的政治共识之后，又在政治对话、经济合作和社会文化交流等三大领域设计了许多的后续行动，使亚欧领导人达成的协议能够成为亚欧国家人民之间的往来和社会生活中的现实。根据伦敦会议通过的“亚欧合作框架”和北京外长会议通过的《主席声明》，参与国除了在政治、经济、金融等领域开展对话和各种活动外，合作领域还将扩大到人力资源开发与交流、人员培训、非法移民、就业、环境保护和可持续发展等问题。双方同意在缉毒、打击有组织犯罪、军控、裁军、防止大规模杀伤性武器扩散、联合国作用等方面加强合作，并就经济全球化、世界多极化与数字鸿沟等问题进行对话与合作。

3．合作方式平等互利

在首届曼谷亚欧首脑会议上，李鹏总理阐述了中国对亚欧新型伙伴关系的五项原则：相互尊重、平等相待；求同存异、彼此借鉴；增进了解、建立信任；互利互惠、优势互补；面向未来，共同发展。这些原则得到了亚欧国家的普遍接受。这种新型伙伴关系的确立，为亚欧会议成员国之间不断拓宽和加深对话与合作提供了原则基础。在这个基础上，各成员都可以根据各自关心的问题提出动议，进行协商和讨论，并且本着求同存异、共同发展的精神，就共同关心的问题作出决定。

亚欧会议对国际关系产生积极影响

从亚欧之间合作的进程来看，亚欧会议是洲际间平等合作的一个典范。这种典范的作用首先表现在不同国情和不同利益的合作者之间能够通过建立对话机制，增加信任、扩大共识，寻求并且发展共同利益。

亚欧合作机制的建立，有利于扩大我国的外交舞台，加强我国与欧盟国家的政治对话和交流，减少并消除彼此间的隔阂，真正树立起负责任的发展中大国形象。同时，还可以通过大量引进并合理利用来自欧盟国家的资金，发展具有全球竞争能力的民族产业；通过技术的引进，力争在国际竞争中占据比较有利的地位；通过积极参与国际谈判，维护我国有关权益。

亚欧合作将进一步拓宽我国的外经贸活动空间，并为实施外经贸多元战略提供不可多得的良机。欧洲是中国引进技术的重要来源地，欧洲也把中国视为经济发展具有活力的地区，目前欧洲对中国的投资已达220亿欧元。欧洲一体化、欧元启动给中国带来了前所未有的机遇。双方贸易用欧元结算，价格透明度将进一步增加，有利于中国企业合理组织对欧洲的进口；欧洲投资进入中国市场能够带来先进技术和管理经验，加快我国产业结构的调整；对当前正在实施的西部大开发战略起到巨大的推动作用。欧亚运输走廊计划可以称之为联系欧亚经济的新丝绸之路，它将为中国西部大开发提供通道。

中欧环境合作硕果累累

（1）双方的多层次环境合作对话机制已基本建立，我国与欧盟各成员国间的环境合作关系快速稳步发展。中欧之间环境合作工作组会议机制已经启动。通过定期开展对话，了解对方的具体合作设想。1994 年 6 月，中德两国签署了《环境合作协定》，为已开展多年的环境合作的继续深入提供了政治保证。双方政府官员互访频繁，促进了双边环境合作的深入开展；1994 年 6 月，丹麦王国环境与能源部长奥肯率团来华访问。自此次访问之后，中丹在环境领域的交流与合作日益得到加强，签署了《中丹有害废物管理及执行巴塞尔公约的国家行动计划谅解备忘录》和《北京绿色环境咨询有限公司合作意向书》。1996 年 1 月，中丹两国共同签署了《中华人民共和国国家环境保护局和丹麦王国环境与能源部环境合作协议》。经过协商，双方确定将环境与能源、清洁生产、石油泄漏等方面作为双方合作的优先领域。英国、法国、意大利、瑞典等欧盟国家的各级环境官员近年来一直与我国政府有关部门的官员就共同关心的问题进行交流，确定合作项目。

（2）双方开展的一系列合作项目成效显著。几年来，中欧双方开展了积极而富有成果的合作，顺利启动和实施了一些具体的合作项目。如辽宁综合环境项目，旨在加强我国在实施清洁生产、ISO14000 环境标准等方面的政策、法规和能力建设项目。与欧盟各国合作开展的许多环境项目，通过双方的努力，进展顺利，取得了丰硕成果。如中德合作《在中国内蒙古应用风能太阳能项目》。双方项目伙伴密切合作，成果喜人，利用德方提供的先进测量系统完成了内蒙古地区风能、太阳能资源的连续测量评估，完成了辉腾希勒风力田的风测评估。成功地设计开发了适用于不同风况、不同用户的风、光互补、智能化风、柴、畜系统。在内蒙古 16 个村落成功地安装了示范供电系统，为 100 多户牧民安装了风力机、光电或风、光互补系统。

（3）中欧环境合作范围广泛，前景光明。1995 年，欧盟理事会通过了“欧盟和中国关系的长期战略”，调整了对华援助政策，环境保护被确定为新的优先合作领域之一。目前，中国与欧盟环境合作的潜力很大。欧盟在环境合作方面对华提供援助的可能性也较大。加强与欧盟在环境领域的合作应是我国环境国际合作的重点之一。

此外，我国与欧盟其他国家，如法国、丹麦、荷兰、瑞典、芬兰、比利时等国在环境领域保持着正常的交流，发展了一大批合作项目。

总的来看，欧盟成员均把与我国在环境领域的合作摆在一个比较重要的位置，并且有着进一步加大合作力度的势头。随着我国环境保护法制建设的健全和完善，环保产业市场的巨大潜力日益显现，可以相信，中国与欧盟间的环境合作必将会跨入一个新的阶段。

环保成为欧中合作的优先领域

2002 年 1 月 17 日，来自 10 个亚洲国家、15 个欧盟国家和欧盟委员会的 240 位代表会聚北京，首次亚欧环境部长会议在此隆重举行。国务院总理朱镕基在给大会发来的贺信中指出，中国是一个发展中国家，也是一个环境大国，愿与世界各国携手并进，加强合作，共创世界美好未来。

朱镕基在贺信中说，环境保护关系到人类社会的生存与繁衍，是全人类的共同任务。亚洲和欧洲是人类文明的重要发源地，在新世纪全球经济发展和环境保护中占据举足轻重的地位。此次会议必将有力地推动亚欧环境合作，对全球环境保护和可持续发展也会产生积极影响。

朱镕基强调，中国政府高度重视环境保护，将环境保护作为一项基本国策，实施可持续发展战略，制定了一系列保护环境的法律法规和措施，为改善环境质量进行了不懈的努力。中国是一个发展中国家，也是一个环境大国，解决中国环境问题是对世界环境保护的重大贡献。我们愿与世界各国携手并进，加强合作，共创世界美好未来。

国务院副总理温家宝在大会上发表讲话。他说，发达国家在长期发展中对全球环境造成较大影响，在经济和技术上也有能力和条件承担更多的环境保护义务，应发挥自己的优势，积极帮助发展中国家解决环境问题。发展中国家在推进经济发展中应加强环境保护，尽力减少经济发展对环境的影响。加强亚欧国家在环境保护和可持续发展方面的合作，具有巨大潜力，符合各国利益，对于解决全球环境问题也将产生重要的影响。

温家宝在讲话中代表中国政府就加强亚欧环境合作提出四点建议：一是建立亚欧环境合作伙伴关系，相互尊重，相互学习，平等互利，取长补短。二是把环境合作与经济合作结合起来，通过环境合作促进两大区域的可持续发展。三是环境合作要充分考虑各国的历史进程和经济社会发展水平的差异，兼顾各国的现实利益和世界的长远利益。四是开展环保技术、管理和产业等领域的实质性合作，提高亚欧环境合作的水平。

温家宝最后强调，中国是一个负责任的大国，对解决全球环境问题一直持积极态度，先后签署了一批重要国际环境协议，并在严格履行相应的国际义务和责任方面做出了举世公认的成绩。我们将一如既往，在国际环境合作中继续努力。

亚欧环境部长会议由中德两国政府在 2000 年汉城第三次亚欧会议上共同倡议，是亚欧会议框架下的合作活动之一。在本届部长会议召开之前，各成员国有关代表还出席了亚欧环境高官会议。

在各国代表的共同努力下，会议取得了丰硕成果，最后通过了《亚欧环境部长会议主席声明》。各国代表纷纷对此次会议的成功给予高度评价。

这次会议具有重要意义，它是亚欧环境部长首次聚会，有利于加强亚欧环境合作中的伙伴关系，有利于促进解决全球和区域性环境问题，有利于促进区域经济发展。作为亚欧首脑会议下的系列会议之一，本次环境部长会议丰富了亚欧会议的内涵，为亚欧会议伙伴国开展环境合作提供了一个平台，奠定了良好的基础。亚欧环境部长会议再一次显示了中国在国际环境事务中的重要地位和积极贡献。

这次会议主要议题包括：促进亚欧环境合作伙伴关系；能源与环境、气候变化、生态保护、荒漠化防治和森林保护等国际问题；对将于 2002 年 8 月在南非约翰内斯堡召开的可持续发展世界首脑会议的期望；今后亚欧环境对话可选方式。围绕这些议题，各国部长及部长代表们展开了热烈的讨论，会议取得了重要成果。

本次会议主席、国家环保总局局长解振华在会上做了主题发言。他回顾了 1992 年环发大会以来的 10 年历程，指出世界各国在可持续发展实践中取得了重要进展，在建立全球环境问题解决机制方面迈出了可喜的步伐。同时，他指出：国际环境与发展领域中依然存在许多困难和障碍，期待今年将在南非召开的可持续发展世界首脑会议上能重振里约精神，促进人类社会的可持续发展。他强调，亚欧合作潜力深厚，互有需求，可以做到优势互补，共同促进能源、气候变化、生物多样性保护和荒漠化防治等问题是亚欧各国共同关心的四个环境问题。

"主席声明"就加强国际环境合作、开展亚欧环境合作的基础、潜力及合作原则等方面发表了与会国的共识。将贫困、能源与环境、水环境、荒漠化防治、森林退化、化学品排放、城市环境、生物安全、沿海及海洋保护、清洁生产技术、生态保护、气候变化、环境政策与立法等确定为亚欧环境合作的重点。

在生物安全和持久性有机污染物防治方面，与会部长们呼吁《卡塔赫纳生物安全议定书》和《关于持久性有机污染物的斯德哥尔摩公约》能早日得到批准并生效。

部长们表达了《京都议定书》能早日生效的愿望，以及加强各国国内解决气候变化问题的重要性。

关于 2002 年召开的可持续发展世界首脑会议，部长们认为，这是 1992 年联合国环境与发展大会以来，在全球可持续发展伙伴关系的框架下，进行政治对话、达成共识、构筑新的伙伴关系并做出最高政治承诺的重大机遇；首脑会议应动员各国政府的政治意愿，强化已经取得的共识，并促进各国在全球可持续发展方面的合作关系。

会上，欧洲成员意大利表示愿在 2003 年举办下次亚欧环境部长会议，得到亚洲成员的支持。

在会后举行的记者招待会上，代表们表达了他们对这次会议的充分肯定。欧盟轮值主席国西班牙环境大臣马塔斯说："欧盟相信，本次会议开展的对话是平等的、公开的，这对于亚欧今后的环境合作是十分有利的。"

越南科技环境部部长朱俊讶说："越南作为亚欧会议的成员国，对中国和德国关于召开这次会议的倡议给予了支持。本次会议在加强双边和多边环境合作方面进行了有益的尝试，这标志着亚欧各成员国对环境问题给予了高度重视。

中国作为会议主办国取得了成功。”

欧盟代表舍马斯说：“本次会议是在友好气氛下进行的，亚欧在主要的环境问题上达成共识，迈出了重要一步。我对这次会议给予非常积极的评价。”

英国环境部长艾略特·莫利认为，中英环境合作范围广泛，前景光明。他高度评价了中国为举办此次会议所做的努力。莫利表示，中英的环境合作是通过欧盟的渠道来进行的。英国在利用可替代能源及清洁煤技术减少温室气体排放、生物多样性保护、环境教育等方面有着先进的经验。英国有很多有实力的环保公司，它们非常愿意到中国开展工作。中英环境合作有着美好的前景。莫利说，中国政府对环境问题高度重视，并采取了许多有效的行动，他对中国在保护濒危物种、打击野生动物交易、植树造林、减少温室气体排放等方面所做的努力表示赞赏。在谈到首届亚欧环境部长会议时，莫利表示，这是一次富有成效的会议，中国作为会议主办国取得了成功。

第一届亚欧环境部长会议在北京成功举行，标志着亚欧环境合作进入了一个新的里程。

会议进一步弘扬了平等相待、互相尊重、坦诚对话、求同存异等亚欧会议原则，将推动亚欧会议作为一个整体，为维护世界和平、保持世界多样性作出更大贡献。部长们在此次会议上就“自然资源和环境状况恶化带来的挑战”等各方共同关心的国际环境问题，进行了坦诚对话，达成广泛共识。双方本着共同对人类未来负责的态度，深入探讨如何加强在环发领域的合作，必将为世界可持续发展进程发挥重要的推动作用。

会议进一步加强了亚欧各国在环境领域的全面合作，为新世纪的亚欧合作奠定了基础。当前，人类所面临的全球性环境危机，有可能导致人类社会的政治危机和社会危机，甚至引发国家间或区域性的纠纷。这更凸显了国际合作的重要性。亚欧双方在会议成果文件中都强调要“开展长期对话、交流和合作”，双方达成了在“能源与环境”、“水资源保护”等领域具体合作的倡议，反映出亚欧环境合作领域扩大、层次提高、活力增强。与会成员表示要利用亚欧会议这一机制，在世界可持续发展进程中加强亚欧合作，趋利避害，共同发展。这是本次会议对世界可持续发展进程的一个重要和积极的信息。

会议对将于2002年8月召开的世界可持续发展首脑会议表示了深切关注，希望会议就进一步实施《21世纪议程》政策和措施达成一致。积极动员各国政府对国际环境问题的重视，强化已经取得的共识，促进各国在全球可持续发展方面的合作关系。亚欧环境部长会议作为成功的区域环境合作机制，遵循了《联合国宪章》的宗旨和原则以及其他公认的国际关系准则，具有突出的区域间进行平等对话、促进合作的示范作用。

第一届亚欧环境部长会议的圆满结束表明：亚欧会议的对话和合作进程定将进一步深入发展，新世纪的亚欧伙伴关系充满活力，前景广阔。

五、又一新的越境环境问题

——亚洲棕色云

1995 年至 1999 年，一个由 250 位科学家组成的国际工作组，在对印度洋上空进行科学监测中发现：一层 3 公里厚、相当于美国大陆面积的棕色污染阴霾云层笼罩在印度洋、南亚、东南亚和中国上空。阴霾中含有大量硫酸盐、硝酸盐、有机污染物及其他污染物颗粒，被专家组形象地称为亚洲棕色云（ABC：Asian Brown Clouds）。

据监测分析，这层阴霾可能是污染物远距离传输形成的，污染物主要来源于生物质燃烧和工业排放等人为因素。国际社会对此给予了很大关注，认为它有可能成为继酸雨、沙尘暴之后的又一越境环境问题，将涉及有关国家的环境安全、农业生产和人体健康等。

亚洲棕色云来自何处

印度洋实验是由美国、欧盟和印度等 200 多位科学家参与，第一次在远离污染源的开阔洋面上研究污染物输送及其对环境影响的大型实验，动用了远洋考察船、飞机航测、卫星遥感气球探测以及地面监测站监测等多种手段，项目耗资数千万美元。项目的目的一是了解气溶胶、云和化学以及气候变化之间的相互影响；二是用采集的数据改进现有的全球气候模式和化学传输模式。

专家在观测亚洲棕色云的过程中提出：空气中一些污染物可以被远距离转移

或传输，最远可达上千甚至上万公里。一个国家排放的污染物就能够跨越国界甚至洲界而污染另一国家的环境；一个地方性的环境问题有可能演变成区域或全球性的环境问题。经专家研究表明，孟加拉湾上空的棕色阴霾云层可能是来自南亚和东南亚国家的污染物。

印度洋实验已发现南亚次大陆排放的污染可以大面积影响印度洋上空大气的物理、化学和光学性质，包括气溶胶使洋面上的辐射通量减少；对季风和水文循环产生影响；使农业减产；对人体健康产生危害；对海洋生态产生不利影响等。由于“亚洲棕色云”覆盖了亚洲大部分地区，影响的尺度较大和涉及人口众多，是较为罕见的。因此参加印度洋实验的科学家认为亚洲地区的大气污染已成为迫切需要解决的问题。诺贝尔奖获得者 Paul Cruzan 教授甚至断言“亚洲棕色云”的重要性不亚于臭氧层损耗。

亚洲棕色云可能造成严重危害

亚洲棕色云对环境的直接影响是因其产生折射和吸收作用，使到达地球表面的太阳辐射量减少 10%，对农业、人体健康、区域气候、季风、海洋生物和水循环等将产生重要影响。

（1）农业方面：亚洲棕色云将使太阳辐射量减少，将会影响农作物的光合作用，降低农产品产量。据有关资料分析，在中国，每减少 1%的太阳辐射量，小麦和水稻的产量将分别降低 1%和 0.7%。

（2）人体健康方面：亚洲棕色云对人类健康的影响仍有待进一步作量化研究。据美国健康影响研究所对美国排名前 90 位大城市的研究表明：空气中的飘尘（直径小于 10 微米）每增加 10 微克/米^3，居民的平均死亡率将增加 0.5%。

（3）海洋生物方面：亚洲棕色云使太阳辐射减少，将改变海水的温度。而珊瑚礁等海洋资源对海水温度非常敏感，温度变化会影响海洋生态系统的食物链进而影响整个海洋生态系统。

（4）其他方面：亚洲棕色云还将改变大气温度的空间梯度，进而改变季风降雨系统，使南亚北部和西北部更干旱，使海洋上空及附近的降水量更充足。

亚洲棕色云研究将对我国产生深远影响

印度洋实验计划完成后仍存在较多问题难以说明，针对这些问题，联合国环境署与印度洋实验已全面合作，决定在2001—2006年再开展5年研究，着重解决温室气体、气溶胶和臭氧之间的关系，对气候变化的影响，对生态系统、农业和人体健康的影响等重大问题。值得注意的是，该项目将从印度洋向东亚地区延伸、研究的重点及兴趣将转移到亚太地区，尤其是了解我国排放的气溶胶对"亚洲棕色云"的贡献。在亚洲地区，目前已有一个由美国发起的、名为ACE-Asia的项目正在针对亚洲大陆颗粒物的输送开展研究，这些项目将对我国环保工作和环境外交产生深远影响。

由于亚洲棕色云是一个跨国的环境问题，联合国环境署制订了短期、中期和长期三项计划对亚洲棕色云的成因、影响进行分析和研究。

（1）短期计划从2001年1至8月，目前已完成。由联合国环境署委托"云、化学和气候中心"提供一份关于亚洲棕色云对亚太地区气候、人类健康及农业影响的研究报告。

（2）中期计划从2001年10月至2003年9月，对亚洲棕色云进行长期的观测。计划在马尔代夫、孟加拉湾和尼泊尔建立三个地面监测站，其中在尼泊尔建立的监测站将主要观测亚洲棕色云跨越喜马拉雅山的情况，并进一步研究其对农业、人类健康的影响。

（3）长期计划从2003年10月至2006年9月，在环太平洋和中国西部再建数处观测站进一步观测亚洲棕色云。同时，促进亚太地区科学家和学者在气候、化学、水循环、农业和人体健康方面的交流，争取最终创立一个亚洲学者交流示范中心，在对亚太地区环境问题进行综合评估的基础上，建立未来发展框架。其中，未来农业环境问题研究项目的实施，包括巴基斯坦、印度尼西亚、泰国、越南和中国。

对亚洲棕色云的研究应争取主动

目前，对亚洲棕色云形成的机理尚不十分清楚，存在一些不确定性。但已引起联合国环境署等有关国际组织的密切关注，有可能成为又一越境环境热点问题。

这种污染阴霾的长距离传输涉及许多国家，解决这一问题需要更多国家间的协调，因而将使解决污染问题的方案更加复杂化。对此，我国应及早开展研究工作，主动提出对策。

当前，联合国环境署委托“云、化学和气候中心”承担这项研究工作，由环境署亚太区域资源中心协调。从加强科学研究、保证区域环境安全以及稳定周边关系等角度出发，我国应积极参与有关活动，以表明我国在全球环境问题上的一贯立场。

应该看到，我国颗粒物，尤其是细粒子污染较重，加上致酸污染物排放量较大，形成的硫酸盐、硝酸盐粒子的长距离越境输送早已引起周边国家和地区的重视。目前我国正与日本和韩国进行空气污染物越境输送的研究，可及时掌握我国东部地区污染物排放和输送以及对日韩的影响情况。考虑到“亚洲棕色云”对我国来说较为敏感，我国科学家应早作研究，及时掌握我国大气质量状况、污染排放和输送状况及发展趋势，以便在国际环境外交中有备无患。

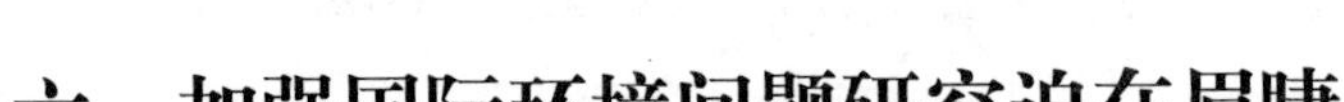

六、加强国际环境问题研究迫在眉睫

国际环境问题是我国环境外交和国际合作需要重视和加强研究的问题，但目前对于国际环境问题的关注和研究比较薄弱，研究人员分散，在满足需要的时效性上差距较大，而且重复劳动较多，使我国在某些国际环境谈判和对话中处于被动地位。

研究国际环境问题已成为许多国家的共同课题

当前，世界各国适应不断发展的国际环境形势，充分发挥在环境与发展领域中的作用，积极参与国际环境事务，采取正确的对策，提出依据自身实际的环境保护方案和加强国际环境合作的立场，纷纷加强对国际环境问题的研究，不断增加投入。同时，政府行政部门在政策制定过程中充分参考他们的建议，指导国家的环境外交。

新世纪错综复杂的国际环境形势要求各国密切关注环境与发展领域出现的各种新情况、新问题，通过加强国际环境问题研究，早谋对策，应对来自各方的挑战，维护本国的环境权益。新世纪国际环境关系愈加扑朔迷离。国际社会在环境与发展领域取得的进展是有限的，达成的原则共识远未转化为相应的实际行动，“全球共携手”建立“新的全球伙伴关系”的气氛已经淡化，不同国家与利益集团之间在实质性问题上的分歧已再度突出并呈加剧之势。南北双方在环境与发展领域中矛盾与共识交织、斗争与合作共生、冲突与协调并存的格局将长期存在下去。

美国的主流社会认为冷战后的世界只能是以美国为代表的单极世界，其他任何力量已没有能力来领导和重建冷战后的世界秩序。这种思潮在环境与发展领域也有明显体现。从现实来看，这个世界并非只是美国的单极世界，而是一超多强。这种格局中也蕴含着超与强之间的矛盾。随着多强的崛起，美国的优势逐步丧失。美国的固执己见，违背历史潮流和世界各国人民迫切要求在环境与发展领域建立有效国际合作机制的愿望，在一定程度上也损害了其他发达国家的利益，因此这些发达国家出于不同的目的对美国进行批评。一部分比较开明的发达国家政府、团体和人士在不同程度上认识到自身的义务和发展中国家的困难，愿意做出自己的努力。发达国家集团内部的这种情况使世界各国人民看到了解决全球环境问题的希望。

在国际环境与发展领域，发展中国家发挥的作用日益显著，形成一股真正的力量，共同与发达国家进行斗争，但也存在着不稳定因素。在国际环境外交领域，中国与“77 国集团”密切配合，出现了“77 国集团加中国”的合作方式，这一模式将在今后一系列全球环境问题谈判中发挥突出作用。但由于各个国家的历史和现状的不同，在对待具体的环境问题时，政策上难免会产生一些差距，导致在某些国际场合出现立场和看法上的差异，使协同斗争的团队力量受到影响。

国际环境问题的日趋政治化、经济化迫使各国必须加强国际环境问题的研究，深入分析，科学决策，克服对国家主权、安全、经济发展产生制约作用的各种环境因素，维护世界和地区的安全稳定，促进国际环境合作的进一步发展。

20 世纪后期，国际环境与发展领域出现了将环境问题与人权问题挂钩的倾向。一些发达国家出于不可告人的政治图谋，为继续推行他们的强权统治，对广大发展中国家的环境现状与保护措施无端指责和攻击。他们借口公民的基本人权受到侵犯，压迫发展中国家屈服，接受他们的不合理条件，听从他们的安排，以保护人权为外衣达到继续压榨发展中国家的目的。由于在相当长的一段时间内，发达国家与发展中国家在环境质量上的差异将长期存在，甚至有拉大的趋势，这使发达国家继续利用环境问题向发展中国家发难的可能性有增无减。

环境问题对国际安全的影响正在逐步加大，环境问题将会引起越来越多的国际冲突。21 世纪，这种冲突将会更加突出。污染事故导致的环境纠纷，因环境问题采取的贸易制裁，以及“环境移民”、“环境难民”等问题引起的国际冲突将对国际安全构成威胁。环境问题日益与政治、经济以及社会问题交织，增加了解决问题的难度。在“国家利益驱动”下，环境外交中的各种矛盾更加尖锐与复杂。

21世纪，国际环境问题将逐步成为影响国际经济活动的重要因素，与国际贸易、信贷、经济援助等活动联系更加紧密。

贸易与环境的相互作用不断加深。在国际市场上，不符合环境标准的产品将越来越受到限制，并成为国际贸易的发展趋势，对各国经济的发展产生重要影响。随着环境标准的不断提高，将会使有害环境的产品完全丧失市场竞争力。在国际环境合作原则指导下，未来世界有可能建立一种既适合发展中国家，又适合发达国家的协调贸易与环境关系的利益体制。

国际环境资金成为国际资金中的重要部分，一是环境保护成为发达国家政府对外赠款、贷款的主要领域；二是国际金融机构更加关注环保；三是跨国公司向发展中国家投资，有的需要建设环保设施，有的将环保作为投资方向；四是随着履约进一步向实质化发展，资金机制的地位越来越重要。

加强对国际环境问题的研究成为世界各国开展环境外交工作的基本出发点。目前，世界各国已认识到为了能在环境与发展舞台上发挥作用，充分表明立场，争取权益，加强对国际环境问题的研究越来越必要。特别是发达国家对此尤为关注。通过对国际环境问题的研究，为参与环境与发展领域各项事务提供参考和建议，为争取世界环境与发展事务领导权提供参谋、政策支持已取得较为明显的成效。

他们把从事国际环境问题研究的机构称为“思想库”，认为是继立法、行政、司法、媒体之后的第五种权力。这些“思想库”通过发行期刊、书籍、研究报告、快报和年度报告和召开研讨会、专题研讨会、纪念会等，探求和形成新的政策思想，提供政策方案，对政府的环境外交和国际合作产生巨大影响，成为不可或缺的重要辅助。而政府行政部门通过应用“思想库”的研究成果在世界环境与发展领域已形成了一套完整的外交策略：

（1）在国际组织、国际会议等多边外交场合，反复阐述全球环境问题的严重性，以期引起各国的重视，同时把解决全球环境问题包括环境立法提上日程，以掌握制定国际环境规则的主控权。试图推动在下一轮的多边贸易谈判中，在世界贸易组织的主持下达成与贸易有关的多边环境协议。

（2）在区域性经济组织的合作中，把环境问题提到重要位置，纳入多边合作计划，尤其是在那些南北一体化性质的区域组织里环境问题如何解决已成为一体化能否深化的重要环节。

（3）在与发展中国家的双边关系上，环境问题被赋予越来越大的重要性。通过主动提升环境问题的地位，努力在这一问题上施加影响。利用其现实环境记录比发展中国家好的优势，通过对发展中国家环境问题表示关注，通过生产和传播环境信息，通过与这些国家签订一些有关环保的协议等，迫使发展中国家按照他们的意志加强环保措施。

世界上有许多影响较大的国际环境问题研究机构，它们在各国的环境外交领域发挥着独特的作用。

日本全球环境研究中心属于日本国家环境研究所的一部分，主要从事全球环境问题综合研究、全球环境问题研究支持系统、全球环境监测的研究，设立有全球环境研究室，下设 8 个专题研究组，进行专题的深入研究。

美国国际政策研究中心，通过各种出版物、因特网站和会议强调对发展中国家形成主要威胁的是贫穷和自然环境的恶化，积极倡导国家安全，建立一种有效的国际环境合作机制。

美国保罗·肯尼迪研究机构对国际环境问题的研究取得了一些成绩。在其最新的研究成果：《重点国家：美国对发展中国家政策的新框架》中，提出：从全球范围看，发展中国家的情况发生一些重要变化，美国的政策方针因此需要作相应的调整。在相当多的发展中国家，人口高速增长、发展受阻、资源枯竭、环境恶化等问题正在成为新的安全问题，同原有的安全问题相比它们对政治、经济和社会稳定造成的威胁可能更难对付。资源和环境条件的持续恶化，不时导致地区性粮食短缺，对越来越少的自然资源的争夺可能成为社区甚至种族间暴力冲突的重要根源，这类问题引发动乱的可能性甚至超过传统的军事威胁。

哈佛大学贝尔福研究中心，从事科学技术和公共政策、环境与自然资源等重大课题的研究，且范围不断拓展。主要研究环境问题与国际关系的相互影响。目前重点有全球气候变化、可持续发展、全球能源与环保的基础设施建设，降低污染的市场因素等；分析科技政策对国际安全、资源、环境和发展的影响。

加强我国对国际环境问题研究目前已刻不容缓

我国的国际环境问题研究目前处于起步阶段，已经取得了一些成绩。开展了许多重要的环境政策研究，填补了多项理论空白，编发了多种政研类刊物供有关人员参阅。目前，已完成资源核算的研究等60多项课题，为政策制定提供了借鉴和参考，服务体系内容日益丰富、完整和系统化。但与当前的形势和环境外交发展的需要有一定差距，国际环境问题的研究亟待加强。

（1）我国在国际环境问题研究上存在的不足。多年来，由于对国际环境领域的研究不够深入，使得我国在国际环境舞台上，被动应付的多，主动出击的少；经验判断的多，深入研究的少；定性分析的多，定量分析的少。这种局面已不再适应当前及未来环境外交工作的需要。在一些国际场合，一些发达国家经过研究有计划地提出针对我国的一些提法，如谁来养活中国等论调，突显了我国国际环境问题研究的滞后和领域的局限性。随着履约工作的不断深入，对相关问题的研究必须被及早纳入议事日程。

（2）中国发挥环境大国作用的需要。我国作为一个环境大国，作为联合国常任理事国，应积极地参与全球国际环境事务，推进全球环发事业的健康发展。要十分注意研究环境外交领域出现的新动向、新问题。环境外交已经成为中国外交的重要组成部分，并且随着全球环境问题的日益突出，作用更加显著。做好国际环境问题的研究，可以为环境外交的科学决策提供有力支持，从而更好地维护国家的权益，树立良好的国际形象。

（3）随着中国加入 WTO，对加强国际环境问题研究的要求进一步增强。加入 WTO 是我国着眼于长远发展的战略选择，对我国环境质量状况、环境管理和环保产业具有深远的历史性影响。既是难得的进行经济结构调整的历史机遇，又在某些方面增大了环境压力，对环保产业提出了严峻挑战，对环境管理提出了新的要求。做好国际环境问题的研究，充分认清加入 WTO 后对中国环境和环保产业的影响，能够为我国环境保护国际合作提出各种可行的、积极的方案和措施，规避加入 WTO 后对我国环境保护在短期内造成的不良影响，为中国环境保护事业的发展做出更大贡献。

（4）适应国际发展潮流的需要。国际环境问题研究已越来越引起各国和有关国际组织的关注。许多国家设立了国际环境问题研究机构，在本国的国际环境合作、环境履约方面发挥了重要作用。2000 年 9 月联合国环境署召开了 2000 年联合国全球环境信息会议，确立了全球环境信息改革计划。计划分三个阶段，其中第二阶段就是要开展并加强全球环境问题的研究工作。我国要适应国际发展潮流，加强国际环境问题的研究，为环境外交的科学决策提供技术支持。成立专门的研究机构与国际上其他国家、政府间和民间的国际环境问题研究机构进行交流与合作，共同探讨解决问题的方案，搜集新的动态和信息，依据国情，提出可行方案。

七、新世纪的国际环境合作

世界处在两个通道的十字路口

经过近30年的跌宕起伏，国际环境合作取得了很大发展。可以说，主流是好的，成就也是显著的。但进入新世纪，美国首先发难。2001年3月28日，美国白宫和国务院发言人分别表示，美国总统布什不会将《京都议定书》提交参议院批准，称《议定书》没有为发展中国家规定义务，美国履行温室气体减排义务成本太高，不符合美国的利益，美将与其盟国寻求“替代协议”。这一表态说明了布什反对《议定书》的态度和美国在气候变化立场上的大倒退，因而引起世界各国的强烈反对。同时，美国这一举动的连锁作用导致国际环境合作处于积极或消极两个发展通道的十字路口。从积极方面看，世界各国人民有着共同保护环境的美好愿望，各国政府向加强环境合作的方向做着努力。签订了一系列国际环境保护条约，采取了一些必要的行动，进行了富有成效的一些全球和区域协作，国际环境合作呈现出繁荣的景象。发达国家和发展中国家在国际环境合作中通过对话求合作促合作，为合作而努力，但这是服从、服务于保护全球环境的大局的。从消极看，国际环境合作的大形势发生了变化。随着国际政治的变化，国际环境合作领域出现了以技术垄断和贸易控制为特征的新经济殖民动向、以保护共同的地球为借口干涉别国内政为主要特征的新干涉思潮。美国等发达国家对《京都议定书》的发难，对一些发展中国家环境保护工作的批评，使国际环境合作由上升通道进入下降通道。随着20世纪末我国经济和国际地位的逐步提升，促使世界环境与发展领域向前发展的重心进一步向发展中国家倾斜，进而推进了国际合作关系总体沿着积极的方向发展，但由于发达国家不放弃其曾经占有的主导地位，分歧一直还是存在着，发生倒退和寒潮是必然的。

当前世界环境外交阵营也发生了一些变化。利益的冲突，使合作发展方向具有了二元可逆性。发达国家为继续推行其干涉主义，制定了一系列政策，体现了其目的、方式到手段上的双重性。即有开展合作的愿望，对发展国际环境合作关系具有一定的积极推动作用。政策上又有较大的灵活性，为其国内政党政治和以后变更政策预留空间，同时也为我国的纵横捭阖带来了一定周旋余地。发达国家与发展中国家之间、发达国家之间这种合作关系的二元化，使得国际环境领域的合作与发展过程具有不稳定性，即如果双方为共同利益多考虑一点，合作将是主流；如果双方距离拉大，对抗将可能成为主流。

新世纪国际环境合作应处理好五个关系

我国正在进行规模空前的经济发展和环境保护工作，客观上要求必须为其创造一个有利的国际环境做出积极的努力，推动国际环境合作健康、稳定向前发展是实现国家利益的现实需要。在坚决维护国家利益的同时，维护与发达国家的合作关系是创造有利的国际和周边环境的关键。因此，谋合作，避对抗和巩固与广大发展中国家的团结应该成为当前我国国际环境合作政策的基本价值取向。

第一，围绕我国正在开展的环境保护工作这个中心，妥善处理反干涉与求发展的关系。

立足可持续发展是国际环境合作的最高目标。作为在新时期国际环境合作中的一种发展形态，新干涉思潮的形成和发展有其历史的原因。对我国来说，最重要的是把自己的事情办好，才是长远之计。新干涉思潮已渗透到了国际环境合作的方方面面。布什政府出于国内外政治、经济等各方面原因宣布放弃《京

都议定书》并收回在竞选中做出的控制温室气体排放的承诺，对国际社会保护全球气候的努力是一次沉重打击，给本来就困难重重的谈判增添了复杂性和不确定性，特别是将对我国产生很大的国际压力。国际上一直有人认为，像中国、印度这样的发展中国家应该参与减排计划。美国宣布放弃《京都议定书》后，一些缔约方会从自身利益考虑，进一步强调这一点，对我国施加压力。美国可能会以此作为进一步谈判的筹码，欧盟国家、日本、澳大利亚等国可能也会参与其中，力图将我国纳入减排计划或自愿减排计划。

妥善处理好反干涉与求发展的关系，核心问题就是要解决好国内中心工作与国际战略目标之间的主与次、轻与重、缓与急的关系。归根结底，要善于把握时机来解决我们在环境保护工作中遇到的发展问题，把自己的事情办好才是加强国际环境合作的根本。服从和服务于国内环境保护工作是必须坚持的根本原则。

第二，突出争取时间和创造有利环境这个主轴，妥善处理好绝不当头与有所作为的关系。

以谋求有利于国内环境保护和经济发展的国际环境为根本目标，努力建立新世纪的国际环境外交新秩序，是有所作为的核心。国际环境合作工作的从属性决定了我国环境合作战略的长远目标是为国内的环境工作和建设提供有利的国际和周边安全环境。20 世纪 90 年代以来的国际环境合作的实践证明，今后我国及发展中国家与发达国家之间在国际环境合作中的重点仍是围绕建立国际环境外交新秩序而展开合作、磋商、较量乃至斗争。我国要有所作为，就是要通过大量引进并合理利用外资，发展具有全球竞争能力的民族环保产业；就是要通过技术的引进，力争在正在形成的国际竞争中占据比较有利的地位；就是要通过积极参与国际谈判，建立起对我国现阶段环境保护工作比较有利的新型环境；就是要通过积极参与国际环境安全领域里的各种斗争与合作，确立对维护环境权益有利的规则。总之，不管是在哪个领域采取有所作为的措施，都要围绕改革现有国际环境外交机制、创造有力的国际和周边安全环境这个任务来展开。本着互利合作的原则，避免使我国与发达国家的矛盾成为当前和今后世界环境合作领域中的主要矛盾，是绝不当头的要旨。我国以前没有当头，今后也不当头，这样就可以通过更加广泛的合作维护国家利益。

第三，进一步强化、巩固与发展与广大发展中国家的关系，推进“77＋1”的模式在国际环境外交舞台上发挥更大的作用。

77 国加中国的模式有效地维护了我国和其他发展中国家的共同利益，并保持了我国独立自主的地位，有利于中国环境外交在多边外交中占据主动，更好地发挥作用。这个由 1992 年环发大会筹备过程中酝酿，正式形成于环发大会的“77＋1”的合作形式，将在新世纪的国际环境合作中发挥突出作用。全球环境质量的好坏，环境问题解决的程度，对我国社会经济持续稳定地发展，对实行对外开放政策，具有十分重要的影响。全球环境质量下降，环境与资源遭受破坏，中国也会身受其害。从国内的建设与发展的需要，从对内搞活、对外开放的基本政策来看，我国对解决全球环境问题都应持积极的态度。因此，我国支持国际社会为解决全球环境问题所做出的一切努力，包括认真研究、签署和执行有关环境保护的国际公约、条约，对其中一些条款有保留意见的公约、条约也积极支持修改、调整和完善。但我国是发展中国家这一基本国情，要求我们不能超越现实，必须立足于实际情况，参与国际环境合作。同时在目前的国际环境事务中存在着忽视发展中国家作用的倾向，他们的呼声得不到反映，他们的权益得不到保障。为切实推进国际环境合作向好的方向发展，我国作为发展中国家的一员，应坚定地站在发展中国家的立场上，同时又要注意与发展中国家协调立场，避免出现因外部作用出现内讧，使广大发展中国家的立场逐渐趋于一致，为了共同的利益与发达国家进行外交斡旋，为世界环境保护事业做出贡献。

第四，在当前形势下，通过加强亚欧环境合作，积极推进世界可持续发展进程。

亚欧会议是 1996 年发起的跨区域合作机制，其宗旨是在亚欧两大洲之间建立新型、全面的伙伴关系，加强相互间的对话、了解与合作，为经济和社会发展创造有利条件，维护世界和平与稳定。当前，环境问题已跃为世界政治议题的重点之一，环境问题的国际合作已成为促进国际间交往的一个重要领域。要发展、促合作，已是当今时代的潮流，也是世界各国人民的共同愿望。通过对话解决环境争端，促进世界可持续发展进程，更是各国人民的共同呼声。但世界环境与发展领域仍存在着某些不和谐，甚至倒退，面临着许多复杂的难题，需要各国加强合作共同解决。在这样的大背景下，进一步加强亚欧环境合作具有重大意义。利用亚欧会议这一机制，在世界可持续发展进程中加强亚欧合作，趋利避害，共同发展，并发挥其突出的区域间进行平等对话、促进合作的示范作用。通过进一步弘扬平等相待、互相尊重、坦诚对话、求同存异等国际环境合作原则，推动亚欧会议作为一个整体，为推进国际环境合作，解决全球环境问题作出更大贡献。

亚欧环境合作机制，也有利于扩大我国的外交舞台，加强我国与欧盟国家的政治对话和交流与沟通，减少并消除彼此间的隔阂，真正树立起负责任的发展中大国形象。

第五，坚持以维护国家的长期利益，特别是我国的环境权益为最高原则，妥善处理好合作与分歧的关系。

围绕共同利益开展合作，以谋求国家长远利益为目标，是处理合作与分歧应该把握的重要原则。在国际环境与发展领域中，我国及广大发展中国家与发达国家在维护全球环境等方面有着广泛的共识，双方进行了卓有成效的合作，并取得了一些进步。过去30年的实践证明，如果发达国家和发展中国家在全球环境保护合作中能够相互承认双方存在着一些分歧和差异，但为了共同的地球只有携手合作才能有所作为的时候，国际环境合作就能够取得成效。国际环境合作是在这样的前提下，始终在斗争中合作，在合作中斗争，在曲折中前进。一切的合作都以共同的目标为信念支持，每一步的发展都历经曲折。然而，发展中国家与发达国家的分歧并不意味着必然产生对抗和斗争，相反，由于在某些领域和环节具有共同的利益，出现了合作的契机，为缓解和化解冲突起到了明显作用。因此，对于我国来说，在共同利益上进行积极的合作将无疑是有利于经济建设和国家环境安全的。

扎扎实实做好中国环境外交工作

20多年中国环境外交的实践，体现了邓小平关于“抓住机会，发展自己”的方针，充分证明了只有坚决贯彻邓小平外交思想才能取得重大成就，最充分地维护国家环境权益，为做好国内的环保工作提供有力的外部支持。在新世纪初的关键历史时期，世界环境与发展领域呈现错综复杂的形势，中国环境外交要继续深化前进，仍必须以邓小平外交思想为制定政策、指导行动的指南，努力实现中国环境外交的再一次飞跃，在21世纪世界环境外交舞台上发挥更加突出的作用。

1. 在邓小平外交思想的指导下，中国的环境外交走上了一条有中国特色的环境外交之路

解放思想，实事求是，走自己的道路，是邓小平理论得以形成的思想前提，也是这一理论丰富、完善和发展的思想基础。是建设有中国特色社会主义理论的精髓。邓小平外交思想中包含了这些最可宝贵的内容，引导着中国环境外交走出了一条特色之路。

中国环境外交始于1972年出席在瑞典斯德哥尔摩召开的人类环境会议，至今已有30年。中国环境外交作为我国整体外交工作的一个重要组成部分，在日益受到高度重视的同时，在各地区、各部门有机协调基础上，日益形成统一领导和集中指挥的机制，步调一致，共同对外，为维护中国在国际舞台上的权威性和良好形象产生了重大作用；本着和平共处五项原则同世界各国广泛建立并且发展了多种协作关系，协调解决了一系列国际争端和全球性问题，为建设有中国特色的社会主义创造了有利的国际和平环境，争取了多方面的国际支持和援助，赢得了国际社会的信任和赞扬；在多边领域，坚决维护国家权益，在双边领域，为改善我国环境质量推动国内环保工作，做出了卓有成效的成绩；一批有专业知识、懂外语、政策性强、精干的中国环境外交队伍不断成熟和壮大

起来，为中国环境外交在实质性发展道路上取得更大成果培养了人才。因此，可以说中国环境外交已经走上了一条健康的有中国特色的道路。

以改革开放为契机，解放思想，树立正确的指导观念，打破过去的束缚，使中国环境外交在指导思想方面取得了突破，参与国际环境合作的深度与日俱增，逐步进入到实质性的交流和合作阶段。

从发端至改革开放前这一时期，中国环境外交具有明显的宣传性。通过向国外宣传我国关于环境保护的方针、原则、政策和优越性，促进国际社会对中国环保工作的了解与赞同，介绍和传播中国特色的环保方式和经验，在这些方面取得了突破。但不足之处也很明显。例如对于某些环境业务问题缺乏完整的知识，对环保国际合作的重要性认识不够，特别是对于国际环境机构的功能缺乏深刻的了解。

对外开放政策促使中国的政治经济政策进行调整和改革。与此联系紧密的中国外交政策和活动也相应进行调整。在这种大形势下，中国环境外交进入一个新的历史时期。对外开放带来的新信息和新思维有利于促进中国环境外交的科学化和公开化，使领域不断扩大，形成全方位的特色，拥有了更为广泛的舞台，使中国环境外交进入空前活跃时期。如参加人与生物圈委员会；在《蒙特利尔议定书》艰难谈判中起到重要作用；为协调发展中国家在环发大会上的立场举行北京会议，通过《北京宣言》；在 1992 年召开的环发大会上取得辉煌的外交成就等，可以说，没有改革开放就没有中国环境外交的深入发展和实质性飞跃。

发达国家是造成当代环境问题的主要责任者。首先从历史的角度来看，当代的世界环境问题不是近几年形成的。发达国家自工业革命以来的发展中，为自己创造了大量财富，也向地球排放了大量的污染物，从而积累形成了现在环境问题，如温室效应、臭氧层破坏、酸雨、土地沙漠化、热带雨林的砍伐、淡水资源污染等问题。即使从现实的角度来看，发达国家也仍然是主要污染物的排放者。目前发达国家的人口仅占世界总人口的 25%，而二氧化碳的排放量却占全球总排放量的 75%；全球消费的有关破坏臭氧层的 113 万吨受控物质中，发达国家就占 86%；全球现有的危险废物也主要来自工业化国家，其产量占世界的90%左右。所以，无论是从历史的角度看，还是从现实的角度看，发达国家都是当代环境问题的主要责任者。我国在世界环境与发展领域的不同场合，如国际会议、民间论坛、双边和多边谈判中，以此作为促进环境与发展领域国际合作的指针，一贯坚定地指出，发达国家有义务在现在的发展援助以外，提供新的、充分的、额外的资金，帮助发展中国家参加解决全球环境问题，或补偿由此而带来的额外经济损失，并以优惠的、非商业性的条件向发展中国家提供环境无害技术。

我国作为一个发展中国家，在外交领域应与广大发展中国家在立场上协调一致，成为发展中国家最可靠的朋友和利益的代表，形成一股真正的力量，共同与发达国家进行斗争。在中国环境外交具体的策略中形成的“77+1”模式是这个思想的有力体现。

在国际环境外交领域，中国与“77国集团”密切配合，出现了“77国集团加中国”的合作方式，这一模式在一系列全球环境问题谈判中发挥了突出作用。中国与“77国集团”一起协商，共同提出立场文件和决议草案，成为南北双方谈判的基础。这种由1992年里约环发大会筹备过程中酝酿，正式形成于环发大会的“77国集团+中国”的合作形式，对加强发展中国家内部的协商和团结，维护发展中国家的利益，促进南北对话，发挥了积极作用，同时也为中国环境外交提供了一个充分展示自己，维护国家权益的一个国际舞台。

只有始终不移地贯彻以经济建设为中心，才能推动我国改革开放的伟大事业不断前进。邓小平同志指出“发展是硬道理”，发展是第一位的。但同时也要处理好保护环境与经济社会发展的关系，坚持环境与经济的协调发展，走可持续发展之路。

发展经济不能与环境保护对立起来，不能以牺牲环境来换取经济的发展。如果离开了发展经济，片面地强调保护和改善环境是行不通的。同样，不顾生态环境的承受能力，而盲目地追求经济发展也是有害的，不是硬道理，是歪道理。因为环境污染和生态破坏将会抵消经济发展所创造出来的一切成果。所以，在保持适度经济增长的前提下，妥善处理好经济发展与环境保护的关系，寻求适合国情的解决环境问题的方法和途径，努力实现经济社会的可持续发展。

2. 以邓小平外交思想为指南，中国环境外交在实践中逐步形成了一套完善的基本原则立场

近30年的环境外交实践，中国环境外交取得了丰硕的成果。特别是改革开放20多年来，在邓小平外交思想指导下，在国际环境外交领域的地位更加重要，作用愈加突出。同时经过不断积累和总结，初步形成了一整套指导工作的原则立场，并在实践中不断发展完善。

原则立场概括起来就是：经济发展必须与环境保护相协调；保护环境是全人类的共同任务，但是发达国家负有更大的责任，要坚持“共同但有区别的责任”的原则；要考虑发展中国家的特别需求和发展权；加强环境领域的国际合作，要以尊重国家主权为基础；处理环境问题应当兼顾各国的现实利益和世界长远利益。中国对全球环境问题所持的积极态度和原则立场，得到了国际社会，特别是发展中国家的普遍称赞。这些立场原则指导着中国环境外交向前发展。

（1）坚持可持续发展的原则是中国环境外交的根本出发点。环境问题绝不是孤立的，应把环境保护同经济增长与社会发展的要求结合起来，在发展进程中加以解决。首先必须承认发展中国家的发展权利。保护全球环境的措施应该支持发展中国家的经济增长与社会发展，经济和社会进步必须以良好的生态环境和可持续利用的自然资源做基础，而且只有在社会、经济的不断发展过程中，才能切实解决好环境问题。因此，必须兼顾当前利益和长远利益、局部利益和整体利益，结合具体国情来寻求可持续发展的道路。

（2）坚持“共同但有区别的责任”的原则。我国认为全球环境问题也是当前国际关系中的一个热点，受到了世界各国的普遍关注，保护和改善全球环境，是全人类的共同愿望和任务。但发达国家应负有更大的责任。他们应当帮助发展中国家摆脱贫困，走可持续发展之路。

（3）维护国家主权，反对干涉内政。各国对其资源的保护、开发、利用是各国的内部事务，应由各国自己决定。发展中国家对其自然资源及其开发利用的主权不容侵犯，应反对借口环境保护干涉别国内政。国家主权强调的是国家的独立存在，国际合作强调的是各主权国家的相互尊重和加强协调，尊重主权

是国际合作的前提和基础，且贯穿于国际合作的全过程中。国家无论大小、贫富、强弱，都有权平等参与环境领域的国际事务，对于本国范围内的环境问题拥有国内的最高处理权。

为了在环境与发展领域开展真诚的国际合作，应当建立新的全球伙伴关系，这种“伙伴关系”必须构筑在公平合理、尊重各国主权和互不干涉内政等原则的基础之上。

（4）坚持消除贫困，缩小南北差距，促进全球环境问题逐步得到解决。在所有环境问题中，“贫穷污染”是最为严重的问题。没有饭吃，缺医少药，没有住房，还有什么比这更重大的环境问题呢？要改变贫穷污染需要治本，首先要帮助发展中国家大力发展经济。造成贫穷的很大一部分原因是发达国家和发展中国家之间长期存在的不合理国际经济关系，因此，必须建立新的国际经济秩序，帮助发展中国家解决贸易、债务、资金、技术等问题。

3. 继续以邓小平外交思想为指导，努力开创 21 世纪中国环境外交的新局面

和平与发展已成为当今世界的主题。促进世界的和平与发展，是我国外交政策的基本目标，也是邓小平理论具有国际性质的表现，又是邓小平外交思想的重要组成部分。

进入 21 世纪，国际环境外交发展呈现出许多新的特点，对中国环境外交的发展提出了严峻的挑战。这些特点归纳起来有以下几个方面：

（1）环境外交主体出现多极化。虽然从总体上看发展中国家与发达国家之间的合作与斗争依然决定着环境问题的主导方向，但是与世界上其他事物一样，这种关系在不断发生着变化。原来是一些局部性的、地区性的问题逐渐演变为全球性的问题；原来尚未突出、潜在性的问题逐渐演变成令人瞩目的弱点问题。这样，在一些场合下，在解决和处理一些具体问题上，由于各国发展方式和利益的不同，因而对解决环境问题有不同的观点和立场，在环境外交主体上显露出多极化现象。例如，在削减温室气体的气候变化谈判中，美国、欧洲、小岛国家与大部分发展中国家就持不同的观点和立场。这其中既有发达国家与发展

中国家的矛盾，也有发达国家和发展中国家各自内部产生的矛盾，还有内陆国家与沿海、岛屿国家间的矛盾。

（2）环境外交日益公约化、法律化。近年来，研究和解决环境问题或环境纠纷的环境外交会议十分频繁，涉及的国家、国际组织以及参加人数和规模越来越多、越来越大。国际条约、协议不断签署，可以看出国际社会对环境问题的讨论，已经跨越了议论和发表原则性宣言的阶段，开始进入到制定具体的条约和法规的阶段。环境外交的日益条约化、法律化，是国际社会避免和解决环境冲突以及由此引发的政治冲突与经济冲突的一种努力，是一个必然的发展趋势。

（3）环境外交的斗争日益激烈。环境问题有可能是未来国际冲突的一个潜在的重要起因。跨国资源争夺与环境污染有可能加剧国家间关系的紧张局面，引发政治冲突与纠纷，从而对国家安全造成威胁，环境外交的斗争日益激烈。环境问题日益与政治、经济以及社会问题交织，增加了解决问题的难度。在“国家利益驱动”下，环境外交中的各种矛盾更加尖锐与复杂。

（4）发展中国家与发达国家在环境问题上的对立日益凸现。社会和经济发展的不平衡、世界经济秩序的不平等以及发展中国家政府和人民环境意识的不断增强致使发达国家与发展中国家在环境问题上的纠纷和利害冲突不断，特别是随着环境立法的日渐深入，发展中国家与发达国家之间的矛盾还会进一步尖锐，斗争将会更趋明显，更为错综复杂，更为激烈。目前，霸权主义和强权政治有了新的发展，其必然在全球环境问题上有所体现。环境问题很有可能会成为某些发达国家干涉别国内政，干涉别国主权的“最佳借口”。

国际环境领域出现的这些新趋势，对中国环境外交来说既是机遇又是挑战。为做好21世纪的中国环境外交工作，必须以邓小平外交思想为指导，以发展的观点对待邓小平外交思想，克服遇到的各种新情况、新问题、新困难，扎实工作，努力提高中国在环境外交国际舞台上的地位和作用，将21世纪的中国环境外交全面推上一个新的阶段。

我国作为一个环境大国，作为联合国常任理事国，一方面要继续坚持我国环境外交的方针和原则，维护我国和发展中国家的根本利益，更加积极地参与全球国际环境事务，推进全球环境与发展事业的健康发展；另一方面要继续落实联合国环境与发展大会和可持续发展世界首脑会议作出的各项决定，认真履行我国已签署或加入的国际环境条约，树立良好的国际形象。

要十分注意研究环境外交领域出现的新动向、新问题。地区性环境问题是目前我国面临的一个及其重要的问题。我国有漫长的边界，与 15 个国家接壤为邻。随着社会的飞速发展与岁月的推移，污染转移、物种迁移、公共河流等资源的保护和利用等问题，将逐渐提上议事日程，我国面临着和将要面临更多、更复杂的地区性环境问题。加强我国与周边国家环境关系的研究，认真解决好同周边国家的地区性环境问题，对于我国和亚洲的稳定与发展有着重要战略意义。

环境领域的国际合作与交流，很大程度上是通过国家间的双边和多边合作实施的，因此要继续加强，并且要特别注意实效。应当通过国际合作与交流，为国内的环保重点工作服务，学习国外的经验，吸取教训，引进资金，引进技术，引进人才，为我国的环保事业服务。

第三篇

不再雾里看花
——加入 WTO 后的思考

一、从“入关”到“入世”

世贸组织（注 1）的前身是“关贸总协定”。第二次世界大战以后，各国关税壁垒及贸易保护措施盛行，极大地阻碍了世界经济与贸易的发展。为推动贸易自由化，由 23 个创始国于 1946 年开始进行关税谈判，谈判达成了 45 000 个关税减让，影响到 100 亿美元的贸易额，占国际贸易的 20%。上述关税减让及规则合在一起构成了“关税与贸易总协定”(“关贸总协定”)。“关贸总协定”于 1948 年 1 月 1 日正式生效。随着经济与贸易的突飞猛进，“关贸总协定”也逐渐发展扩大，极大地促进了世界贸易的高速发展。与此同时，由于“关贸总协定”主要是致力于通过关税减让的方式促进货物贸易的发展，到 20 世纪 80 年代世界贸易的现实已不再相适应。

1986 年 9 月，“关贸总协定”第 8 轮谈判在乌拉圭开始，被称为“乌拉圭回合”。谈判不仅包括了传统的货物贸易问题，而且还涉及知识产权保护和服务贸易以及环境等新问题，这样关贸总协定如何有效地贯彻执行乌拉圭回合达成的各项协议就被提到了多边贸易谈判的议事日程上。无论从组织机构还是从协调职能来看，关贸总协定面对复杂的乌拉圭回合多边谈判协议均显示出不足性，客观上有必要在其基础上创立一个正式的国际贸易组织来协调、监督和执行新一轮多边贸易谈判的成果。

1990 年初，时为欧共体轮值主席国的意大利首先提出了建立多边贸易组织的倡议，同年 7 月，欧共体把这一倡议向乌拉圭回合体制职能谈判小组正式提出，随后得到了加拿大、美国的支持。1990 年 12 月布鲁塞尔部长会议正式作出决定，责成乌拉圭回合体制职能谈判小组负责多边贸易组织协议的谈判。经过 3 年的谈判，到 1993 年 11 月形成了“建立多边贸易组织协议”，并根据美国的动议，把“多边贸易组织”改名为“世界贸易组织”。“世界贸易组织协议”于1994年4月15日在马拉喀什部长会议上获得通过，104个参加方政府代表签署了这项协议。1995年1月1日起“世界贸易组织”正式生效运转。1995年1月31日，世贸组织举行成立大会，取代“关税与贸易总协定”。世界贸易组织是多边贸易体系的法律基础和组织基础。它规定了主要的协定义务，以决定各缔约方政府如何制定和执行国内贸易法律制度和规章。同时，它还是各国通过集体辩论、谈判和裁判，发展其贸易关系的场所。

世贸组织是一个独立于联合国的永久性国际组织。其基本宗旨是通过实施市场开放、非歧视和公平贸易等原则，负责管理世界经济和贸易秩序，从而达到推动实现世界贸易自由化的目标。它管辖的范围除传统的和“乌拉圭回合”新确定的货物贸易外，还包括长期游离于关贸总协定外的知识产权、投资措施和非货物贸易（注 2）等领域。世贸组织具有法人地位，它在调解成员争端方面与关贸总协定相比更具权威性和有效性。世贸组织作为一个正式的国际贸易组织在法律上与联合国等国际组织处于平等地位。它的职责范围除了关贸总协定原有的组织实施多边贸易协议以及提供多边贸易谈判场所和作为一个论坛外，还负责定期审议其成员的贸易政策和统一处理成员之间产生的贸易争端，并负责加强同国际货币基金组织和世界银行的合作，以实现全球经济决策的一致性。

世贸组织的宗旨为：“提高生活水平，保证充分就业和大幅度、稳步提高实际收入和有效需求，扩大货物和服务的生产与贸易”，“积极努力确保发展中国家，尤其是最不发达国家在国际贸易增长中的份额，与其经济发展需要相称”。其目标是：建立一个完整的、更有活力和持久的多边贸易体系，以包括关税与贸易总协定、以往贸易自由化努力的成果和乌拉圭多边贸易谈判的所有成果。促进“建立世界贸易组织协议”和多边贸易协议的执行、管理和运作，并为其提供一个组织；为成员提供谈判的讲坛和谈判成果执行的机构；通过争端解决机制，为达到全球经济政策的一致性，以适当的方式与国际货币基金组织及世界银行及其附属机构进行合作。

中国是1947年成立的关贸总协定创始国之一。新中国成立后，台湾当局非法窃据中国席位。直到 1984 年 4 月，中国取得了总协定观察员地位。我国 1986 年 7 月提出“恢复我国在关税与贸易总协定的缔约国地位”，至我国正式“入世”历时 15 个年头。在这期间，关贸总协定于 1995 年 1 月 1 日为世界贸易组织所取代，我国申请“复关”遂改为申请“入世”。

通过漫长而复杂的国别谈判，直到 2001 年 11 月 10 日，世贸组织在卡塔尔首都多哈举行的第四届部长级会议上通过《关于中国加入世贸组织的决定》，中国在提出申请 15 年后终于实现加盟。

“绿色经济”正在悄然兴起

加入世界贸易组织（WTO）是我国着眼于长远发展的战略选择，深化改革开放的必然结果。将给我国带来重大的发展机遇，有助于推进社会生产力的发展，促进资源合理配置和提高综合国力，促进经济结构的战略性调整，提升企业国际竞争力。同时对我国环境质量状况、环境管理和环保产业也具有深远的历史性影响。既是难得的进行经济结构调整的历史机遇，又在某些方面增大了环境压力，对环保产业提出了严峻挑战，对环境管理提出了新的要求。

1．加入 WTO 对环境的影响

加入 WTO 后，我国的环境总体向好的方向发展。污染物排放总量逐年下降，生态保护工作得到加强，环境管理工作逐步与世界接轨，绿色产品生产勃然兴起。同时，城市中大气污染压力加大和污染转嫁问题的出现应引起足够重视。

（1）加入 WTO 后，随着经济结构调整的进一步深化，有助于从源头上解决工业污染排放和农业化肥农药的面源污染问题。

利用加入 WTO 的机遇，我国可以进行经济结构、产业结构的调整。将低效益、重污染、高能耗的传统行业淘汰，将高效益、轻污染、无污染、低能耗、高新技术的行业引入，从而大幅度减少污染物的排放，减轻环境污染，提高环

境质量。日本在 20 世纪 70 年代利用结构调整，大力发展电子产业，实现了经济的增长和环境效益的双赢。

加入 WTO 后，我国将从国际市场大量进口农业产品，必然减少我国农业用地的使用，进而减少化肥和农药的施用量，减少农业生产带来的“白色污染”和农作物秸秆污染，这非常有助于解决农业面源污染问题。

（2）大气整体环境压力将会减小，但城市大气环境压力会增大；工业固体废弃物将减少，而生活垃圾将有所增加；进口垃圾的可能几率将会增大；生态系统退化的趋势得到扭转。

加入 WTO 后，随着石油液化气、天然气等清洁能源的进口增加，我国能源结构中煤炭的比例会明显降低。因此，大气中主要污染物如二氧化硫等的排放量将大幅度减少。但由于加入 WTO 后汽车关税水平下调，轿车进口量势必增加，轿车价格走低，购置汽车的用户将会大幅度增加，轿车消费的增加对城市大气环境将带来更大的压力。

加入 WTO 后，由于第二产业比例的下降，第三产业比例的提高，工业固体废弃物将逐步减少，而生活垃圾将有所增加。同时，由于贸易机会、贸易量的大幅度增加，如果管理不严，洋垃圾进口的几率将会加大。

中国加入 WTO 后，可以大批量进口木材，有利于保护森林资源；可以充分利用国际和国内两个市场来解决 13 亿中国人的吃饭问题。利用自身优势，发展水果、蔬菜、养殖等劳力密集型产业，而进口部分粮食。粮食的进口，使得在边远山区“一退三还”（注 3）成为可能，大大减缓农村的生态环境压力，有助于从根本上解决开发带来的生态破坏。

（3）加入 WTO，将为中国的环境管理带来良好的机遇，使中国的环境管理系统、环境管理标准逐步与国际接轨。

首先，全面的市场开放使中国的环境管理部门面临越来越多的新课题。为了更好地进行环境管理，必须充分借鉴国外的先进经验，与国际接轨，进行环境的规范化、系统化管理。

其次，中国的环境管理标准需要进行重新修订，拉近与发达国家标准的距离。虽然 WTO 倡导自由贸易，但是环境作为一种主要的非关税贸易壁垒手段

（注 4）仍将被广泛使用。这将迫使我国慎重考虑现行的环境标准体系，尽可能与发达国家接轨，以减少交易成本，避免在贸易战中处于劣势。

在贸易自由化进程中，环境标准与法规关系到国际贸易中的市场准入和出口产品的市场竞争力。因此，有步骤地提高环境标准，逐步与国际标准接轨，有利于我国在国际贸易中占据主动地位，有利于我国出口贸易。严格的环境措施还有可能使产品打入国际市场，给企业营销带来新的市场机遇。

（4）加入 WTO 后，中国绿色产品市场发展前途广阔，将成为对外贸易的一大亮点。

加入 WTO 以后，企业面对更为广阔的市场，几乎整个世界的大门将向中国企业打开，这是前所未有的良好机遇。然而要想抢占市场份额，必须充分认识世界市场的发展态势，顺应世界市场的发展潮流。随着全球绿色运动的兴起，绿色市场蓬勃发展，绿色消费涌动。绿色市场的核心是绿色产品，绿色产品已成为 20 世纪 90 年代以来最具魅力的引导市场潮流的产品。据有关资料显示，1997 年，国际绿色产品市场交易额为 4 260 亿美元，2000 年这一数字达 6 500 亿美元，世界绿色产品市场每年以近 10%的速度增长，大大高于同期世界经济的增长，许多国家绿色产品市场消费量年增长率达 20%～30%，甚至 50%。今后，企业在绿色市场的份额将决定着企业的发展态势，新一轮的企业竞争将围绕着绿色市场而展开。在绿色市场争夺战中，绿色产业将会优势独具，尽显风流。

（5）加入 WTO，可能伴随着一个污染转嫁问题：污染行业随着投资方向将由欧美日等发达国家逐步向中国转移、由东部向西部转移的趋势。污染转嫁问题将成为加入 WTO 后中国环境保护工作面临的一个紧迫课题。

2. 加入 WTO 对环保产业的影响

加入 WTO 后，我国的环保产业在规模、技术上将会有一个飞跃，并可能形成相当的产业规模。同时也将对以乡镇企业为主的环保产业队伍带来很大的冲击。中国的环保企业将面临重组乃至破产的境地。

加入 WTO 对中国环保产业发展的积极影响：

（1）加入 WTO，有利于促进我国统一开放、规范有序的环保产业市场的形成。中国“入世”后，将有力地促进市场经济体制的完善，打破环保市场的垄断，促进完整有序的环保市场的形成。

（2）加入 WTO，有利于促进环保技术的创新和技术的产业化，提高我国环保产业技术水平。加入 WTO 后，各国将按世贸组织的规则参与经济运作，在平等竞争的原则上，技术水平将成为市场竞争的决定性因素。只有在技术上不断创新并领先，不断推进技术实现产业化的企业才有可能生存和发展。这将激励我国众多的环保企业努力争取占领相应领域的技术制高点，从而推动我国环保技术的创新、进步和提高，加速环保技术成果的转化，形成现实的生产力。

（3）加入 WTO，将加速传统产业的更新和淘汰，促进有利于环境保护的新兴产业的形成，促进产业结构的调整，使我国的经济结构更为合理，更加有利于环境的保护。

（4）加入 WTO，将促进环保企业的重新组合，实现社会资源的合理配置，促进规模化集约化企业集团的形成，改变我国环保企业规模小、数量多的局面。

（5）加入 WTO 后，国外企业进入我国环保服务领域，将会对国内企业形成竞争压力，将加速推进我国环保技术服务业的进一步发展。加入 WTO 后，国际资本进入国内市场的障碍减少，它们凭借资金、管理、技术、人才等优势，按市场经济规则和方法对我国环保产业进行合资、独资，以及兼并或重组。我国以乡镇企业为主的环保工业，在技术、管理、规模等方面都无法与国外企业竞争，势必对我国的环保产业队伍带来很大的冲击，“逼迫”中国环保产业提高竞争力。如果中国环保企业不作出相应调整，则会破产，甚至出现中国民族环保产业置于国际资金的控制之下的局面。

（6）加入 WTO，将有利于加速我国环保资本市场的形成和扩张，为环境保护提供充足的资金来源。特别是随着环保设施运营服务业和环境污染治理服务业的发展，环境保护活动成为商业化行为，必将引导大量的国外资本进入环保投资领域，从而形成我国环境保护的资本市场，而环保资本市场的形成，也必将吸引大量的国内社会资金投向环保领域，使环保资本市场进一步扩张。

加入 WTO 后对我国环保产业发展的负面影响表现在：

首先，我国环境保护设备制造业会受到国外企业的强烈冲击。尤其是在那些技术落后的领域和技术产业化程度较低的领域。由于缺乏竞争力，将会被国外的先进技术逐出市场，失去已有的市场份额。

其次，广大中小型环保企业，由于规模小，创新能力低，抗风险能力和竞争力弱，容易被国外大型企业逼出已有的市场，甚至最终难以生存下去而破产，导致失业人数的暂时增加。

再次，我国环保服务业由于刚刚起步，还十分弱小。如环保设施服务业、环境污染治理服务业、环保咨询服务业等尚处在萌芽状态，还不具备市场竞争力。国外企业的介入，将极易获取较大的环保服务市场份额，对我国环保服务业发展形成阻碍。

3. 积极研究对策应对加入 WTO 的挑战

充分认识加入 WTO 后对中国环境和环保产业的影响，研究并提出各种可行的、积极的方案和措施，规范对我国环境保护在短期内造成的不良影响，为中国环境保护事业的发展做出更大贡献。

（1）加强环保技术创新和机制创新，加大环保科技开发和技术转化的投入，在尽可能短的时间内提高我国环保的科技水平和技术产业化能力，缩小与环保技术先进国家的差距，以化解加入 WTO 后因技术差距所带来的市场风险。

（2）通过进行产业结构的调整，促进企业加强环境保护工作，有效地解决工业和农业环境污染问题，加强环境管理，早日完成我国的环境标准与国际标准的接轨，大力发展绿色产品。积极采取措施，克服污染转嫁等一些消极影响。

（3）制定相关政策，积极引导环保技术服务业的发展，做好与国外企业争夺国内市场的前期准备；尽快形成一支环保技术服务大军，占领尽可能多的服务市场份额，改变我国在环保技术服务领域力量较弱的局面。同时，按照市场的规则制定和完善环保服务市场规范，提高服务质量和水平，使我国环保服务业尽可能与世界接轨，以提高和增强与国外企业在这一领域的竞争能力。

（4）加快我国环保投资体制的改革，尽快纳入市场运作的轨道，形成环保资本和投资市场，吸纳社会资金进入环保资本和投资市场。这样既可以弥补我国加入 WTO 后环保资本市场的空白状况，又可以为环保的资本运作探索经验，还可以避免国外资本主导我国环保资本与投资市场局面的出现。

加入 WTO，对我国来说，既是机遇又是挑战。为了利用加入 WTO 的机遇、迎接 WTO 的挑战，应加紧组织编制“绿色经济计划”，系统地制订一个将生态环境融入经济系统的详细计划，以积极主动的姿态参与经济主战场，确保将环境的负面影响减至最小。

环境问题：一半是火焰，一半是海洋

我国现行的对外贸易政策法规，由于缺乏对环境的综合考虑和与环境政策的协调，使对外贸易出现一些环境问题。加入 WTO 以后，如果不正确处理对外贸易发展与环境保护的关系，将影响我国的外贸出口和可持续发展。

1．出口贸易带来的环境问题

20 世纪 80 年代以前，我国对外贸易基本上不考虑或很少考虑贸易对资源环境的影响。由于大量出口矿产品、农产品和畜牧产品，致使一些自然资源锐减、生态环境恶化。有色金属矿如钨、锡、钼、锑、稀土和其他稀有金属的出口，都曾不同程度地导致这些矿产资源乱挖滥采；矿物的土法选炼释放出大量有毒和放射性物质，严重污染环境；石材的出口造成了严重的环境和生态的破坏，甚至桂林的钟乳石都曾被滥采出口。近年来，一些出口企业又盲目收购发菜、山野菜、药材等野生植物，致使宁夏、甘肃大批农民拥向内蒙古草原，乱挖滥采，进一步加剧阿拉善盟、伊克昭盟草原沙化。甘草的出口也造成类似问题。羊绒出口量的急剧扩大导致过度放牧和生态环境的破坏。盲目追求扩大出口已经给我国农牧业的可持续发展带来威胁。

为了出口创汇，我国一些企业生产和出口的产品是发达国家因污染严重不愿意生产的产品，结果造成“把产品输往国外，把污染留在家乡”。

2．进口贸易带来的环境问题

我国曾一度进口数量较大的象牙、虎骨、豹骨、犀牛角等野生动物制品。这些产品的进口破坏了珍稀濒危物种的保护，虽然国家现已禁止进口，但管理任务仍相当艰巨。我国加入蒙特利尔议定书及修正案之后，积极采取措施减少或替代ODS的使用。据调查，仍有相当数量的ODS以“来料加工”或“老设备补充”的名义进入我国市场。这些物质的进口增加了我国淘汰ODS的难度。沿海地区从美国、日本、西欧、香港等20多个国家和地区，进口大量旧船拆废钢，油污、船锈以及电焊等污染物直接排入滩涂、江海中，给人工养殖带来严重危害。我国每年从国外进口废金属、废纸等废旧物质，如果管理不善也会导致洋垃圾入境。

3．利用外资带来的环境问题

随着国际产业结构的变化，发达国家污染密集型产业的投资条件不断恶化，促使其将污染密集型产业向发展中国家转移。一些境外企业利用我国一些地区某些宽限政策，转移ODS及其使用技术，投资兴建污染密集型企业。这些企业主要集中在橡胶、塑料、化工、化纤、制革、印染等行业，对我国环境产生了不良影响。

4．顺应形势完善对外贸易政策法规

解决贸易政策和环境政策不协调的问题，必须以可持续发展为指导思想，根据国际环境形势的发展变化，完善对外贸易政策法规，把环境保护内容引入外资政策法规中。具体内容和措施如下：

（1）在制定对外贸易发展战略时，应综合考虑经济效益、社会效益和环境效益。统筹规划对外贸易活动，使出口、进口、利用外国贷款、无偿援助、吸引国外直接投资及对外直接投资与环境保护的需要相辅相成，互相促进。改变片面追求对外贸易规模与速度完全不考虑环境影响的现状。

（2）尽快建立和完善与环境保护有关的对外贸易法规体系。在制定出口政

策法规时，应注意不能片面强调出口创汇，而应以不破坏我国自然资源和环境为前提，调整出口产品结构，提高产品的环境标准。同时要促进生产方式向有利于保护生态环境的方向转变。在制定进口政策法规时，应规定不能进口有害我国环境的商品和技术，引进先进的生产技术和管理方法，注重对我国资源的有效配置和补充。在制定引进外资的政策法规时，应认真贯彻国家的产业政策，不准引进危害环境和破坏资源的产业和技术。

（3）限制或减少造成自然资源破坏和附加值小的初级产品的出口，如甘草、一次性木筷、麻黄等。对一些资源型的出口商品，要尽可能提高其加工深度，增加技术含量和附加值。鼓励绿色产品出口，使我国绿色产品在国际贸易中的份额有所增加。

（4）加强对外资项目的管理。招商引资、建立“三资”企业的工作应朝着有利于我国环境保护的方向发展，在项目审批和管理上应严格执行环境保护的规定。对注重环境保护的企业采用一定的倾斜政策，对不符合产业政策和环保要求的企业采用一票否决制，以防止污染企业进入国内。

全球经济一体化≠污染转嫁

1. 环境污染转嫁的内涵

环境污染转嫁是指一国或地区内的污染物质在自然条件下，随大气中的气流跨境迁移，随河流中的水体跨国扩散，或者采用人为的手段将污染物转移到境外从而使自己免遭或减轻污染损害的社会行为。污染转嫁不仅严重破坏了治理环境污染的秩序，而且也极易引发转嫁国与被转嫁国之间的纠纷。

如英国将烟气用高烟囱排放作为控制二氧化硫污染的主要手段，虽然此举对英国而言既可在本土减少污染，又可以少花钱。但是由于高烟囱排出的二氧化硫到高空后迁移扩散，致使北欧频降酸雨，受害国强烈不满。美国五大湖地区的工业区污染造成的酸雨对美国、加拿大两国边境地区的森林和野生生物构成的严重破坏以及西欧酸雨对北欧的危害等问题都成为有关国家外交事务中的一个难解之题。20 世纪 30 年代，美国、加拿大曾就酸雨侵蚀案对簿公堂。

当今世界，发达国家为了解决或避免产生在本国境内的污染问题，改善其生存环境与质量，大规模地向发展中国家进行污染行业的投资及污染物排放转嫁，已经成为环境与发展领域一个突出的问题。据统计，1981—1985 年，美国可产生有害废物的工业在国外投资中，发展中国家占 35%。日本将绝大部分可产生有害废物的工业放在南亚和拉丁美洲。世界上危险垃圾的 90%来自发达国家，由于处理能力不够及经济上的考虑，发达国家以低廉的酬金使一些贫穷国家与他们签订倾倒危险垃圾的不人道的协定，发展中国家成了某些发达国家的垃圾场。近年来，某些发达国家在非洲的危险物倾倒现象十分严重，并且在手段上更加狡猾与卑劣，在范围上更加扩大。他们偷梁换柱，把有毒物品当做原料出口到发展中国家。某些发达国家甚至采用偷卸、强卸的手法将有毒废物倾卸在发展中国家。发达国家这种污染转嫁的环境侵略行径遭到发展中国家的强烈反对。非洲国家的报纸指出：西方发达国家是“死亡贩子”，是企图“自以为富有和优越，而欲将穷国变成为有毒废液料的垃圾箱国家”。为了阻止这种非法污染物的倾卸，联合国人权委员会第 52 届会议通过了一项关于禁止向发展中国家非法倾倒有毒物质的决议，但是几乎所有发达国家都对这项决议投了反对票。

2. 环境污染转嫁产生原因、途径

环境污染转嫁是伴随着工业化的进程而逐渐产生的。工业革命以来，世界经济获得了空前发展，但也引发了日益严重的环境危机。20 世纪 70 年代，在一些发达国家爆发了空前高涨的环保浪潮，广大公众强烈要求政府采取积极措施保护环境，提高产品的环保标准和环保质量。而发展中国家在经济发展缓慢、国力孱弱的情况下，无力为之。这样对于发达国家来说，环保标准宽松的发展中国家为他们转嫁环境污染提供了可能。

（1）发达国家和发展中国家制定的环保标准存在差异。发达国家对工业生产和产品制定了较高的环保标准，使得许多企业在生产过程中环保投资扩大，成本增加，这些企业为获得赢利，将生产线转移到环保标准低的国家成为利益

驱动的最佳选择。而发展中国家因条件所限，制定的环境标准相对较为宽松，这就为发达国家进行污染转嫁提供了可乘之机。

（2）发达国家和发展中国家经济实力存在差距。一般来讲，污染被转嫁国大都是发展中国家。这些国家工业底子薄，资金缺乏，技术落后，对于发展经济、摆脱贫困有着迫切要求，而要在短时间内求得迅速发展，从发达国家引进技术、设备成了一条重要的渠道，但这些技术、设备大都是发达国家落后的，污染严重而被淘汰下来的。因此，在发展中国家大力引进国外的资金、技术的过程中，如果缺乏必要的防范措施，很容易成为污染被转嫁国。

(3)发达国家和发展中国家在环保产业特别是在监测仪器水平上存在差距。污染被转嫁国环保产业一般较落后，有的尚处于萌芽状态，需要予以大力扶持，有的甚至一片空白，导致在环保技术、产品及咨询等方面有很大差距。他们没有能力实施发达国家进行的环保检测、测试、认证和鉴定等手续，对发达国家的一些隐性的高科技污染转嫁，由于仪器、技术落后无法发现，使污染以堂皇的面貌进入国内。

（4）发达国家和发展中国家的公众环保意识有明显差距。发展中国家经济欠发达，有的仍处于温饱半温饱状态，公众环保意识比较淡薄，对于污染产品及其对健康的危害没有发达国家公民拥有的那种自觉抵制意识，对污染转嫁的危险漠然视之，抵制转嫁的最后一道防线形同虚设，成为污染转嫁结果的受体而丝毫不察。

从污染转嫁所表现出的形式来看，污染转嫁有以下三种：

（1）直接转嫁。这是一种较为普遍、直接且简易的转嫁途径。表现形式有：直接将有毒有害的污染物运输、排放到本国之外的其他国家；对本国内已停止生产的污染严重的产品向其他国家订货；将产生严重污染的产品出口至其他国家；以各种合法形式掩盖污染物，或以一种污染物替代另一种污染物的污染转嫁；通过河流、海洋、大气等将未经处理的污染物排放到他国、公海以及大气层中。

（2）间接转嫁。表现为发达国家将那些资源、能源消耗高、浪费严重、工艺落后、污染严重、治理无望而淘汰下来的工艺、设备、技术或工程项目转移到发展中国家；在进行跨国投资时，投资者恶意垄断环保技术，为节省投资不引进配套的环保设备。

（3）后果转嫁。表现为发达国家利用高新技术解决或减轻了经济发展过程中产生的环境污染问题，对其他国家特别是发展中国家则实施环保技术垄断。这种技术垄断直接导致对发展中国家实行环保技术垄断和封锁，将污染消极地转嫁给技术落后的发展中国家，使发展中国家因为贫穷和落后而承受工业化带来的环境污染的苦果。

3．加入 WTO 对我国环境污染转嫁问题的影响

加入 WTO 将给中国经济发展带来巨大的机遇，同时也面临种种挑战，其中一个重要的方面就是环保问题。加入 WTO 意味着要按照其规定的原则实行自由贸易，而自由贸易对环境的影响犹如一把“双刃剑”，对环境污染转嫁的影响也是如此。

（1）加入 WTO 对我国环境污染转嫁的积极作用。

加入 WTO 后，有利于推动我国环保技术的创新，装备水平的提高，加速环保技术成果转化为现实的生产力，为加强国内环境保护工作提供技术、物质支持，也有利于加强对国外污染转嫁的识别和抵御能力；通过推进完整有序、符合市场规律的环保市场的形成和产业结构的调整、升级，对中国的民族环保产业发展形成强大的外部压力，促进其改变机制，扩大规模，吸引国外环保资金；有利于提高全民的环保意识，形成一道抑制污染产品跨国转嫁的公众屏障。

（2）加入 WTO 对我国环境污染转嫁的消极作用。

1）加入 WTO 后，必须遵守世贸组织的规则，在平等竞争的基础上参与经济运作，实行自由贸易，这将导致国外产品潮水般涌入国内市场。在发达国家被斥质的污染产品，在我国加入 WTO 初期还未建立起完善的商品环保检验、测试、认证、鉴定等手续时，容易进入国内市场，使我国成为污染产品的被转嫁国。

2）加入 WTO 后，自由贸易迅猛发展，引发市场容量和需求大幅度增长，将导致资源的加速消耗和环境的进一步恶化，形成新的环境压力。同时也将削

弱环境对污染的抵御能力，这是一种间接隐性的污染转嫁。

3）加入 WTO 后，国外的一些新兴产业和技术大量涌入国内，这些产业和技术往往会带有一些高技术含量的隐性污染，但由于国内短时期内缺乏识别能力，污染很难被迅速消除。

4）自由贸易制度同样存在忽视环境损失的“市场失灵”问题。自由贸易可以促进资源有效使用，有助于校正市场调节失败和政府干预失败，但有时自由贸易也可能加重市场调节失败和政府干预失败，导致环境急剧恶化，在国与国之间形成跨国环境问题。

4. 我国应对污染转嫁问题的对策与建议

国际法中对于国际环境损害责任原则有明确的规定：一个国家对环境污染或污染所造成的后果，其跨越本国管辖范围致使有关国家或非国家管辖区域造成的环境损害承担赔偿责任。1992 年发表的《里约环境与发展宣言》明确规定“各国应制定关于污染和其他环境损害的责任和赔偿受害者的国家法律。各国还应迅速并且更坚决地进行合作，进一步制定关于在其管辖或控制范围内的活动对在其管辖外的地区造成的环境损害的不利影响的责任和赔偿的国际法律”。因此，世界各国都有义务采取措施防止环境污染的转嫁，包括防止向别国转嫁和别国向本国转嫁。针对加入 WTO 后，可能引发的形形色色的环境污染转嫁问题，我国必须从完善国内立法，加强国际合作入手，成立一个专门的机构，协调相关部门采取一致行动，共同对外，遏制这种环境污染的逆流。

（1）防范污染物的直接转嫁

1）完善商品进出口的相关法律规定，由环保部门提供一个国外污染产品的名录，禁止那些出口国法律禁止或限制使用的物质输入国内，对国外环保换代产品，应采取限制进口或征收“绿色关税”措施；进口对环境可能造成污染的产品时，必须经环保部门检测，提出环境影响报告书，出口方必须出具环境污染报告书。同时，对该类产品进口或销售之前可以加收一定数额的押金，待这些潜在污染被处理后，方可退回押金。

2）进一步加强国内立法，禁止有毒有害物质或其他废物的进口或过境。一般的废物进口另作他用的，必须经专门机构批准，通过环境影响评估和风险评价，在确定我国能够对其进行无害处置或出口国能帮助进行无害处置后方能进口；出口国必须向我国提供有关该批废物的详细资料供参考和评价；为预防转嫁后的经济损失，可要求出口方提供商品价值相当比例的保证金。

3）以有关国际公约特别是《巴塞尔公约》为依据，严禁发达国家将未经处理的废物或其他污染物弃置、堆放、转移到我国。一旦受到污染转嫁，有权要求转嫁国予以赔偿，转嫁国有责任对已造成的污染危害提供技术、资金，帮助解决污染问题。

4)对各种以合法形式掩盖的污染物转嫁以及以一种污染物替代另一种污染物的转嫁问题，要慎重对待，严加防范。首先，要大力提高环境技术检测水平，增强对各种产品污染的辨别能力，紧紧跟踪高科技环境污染的发展动向以应变隐性污染转嫁；其次，对某些技术含量高，污染损害不易鉴别和发现的产品，要求出口方投保污染责任险；最后，加强环保信息产业的发展，及时掌握国际上相关产品的最新规定、要求，技术替代的趋向等，为抑制污染转嫁做好信息支持。

5）对于区域内的空气污染和河流污水的越境造成的污染转嫁，可以考虑实行总量控制、配额交易制度。具体讲，就是将一定区域的有害气体或一定流域的污染排放量控制在该区域环境容量允许的最大排放额度内，然后，依据一定的标准将该排放总额分配给区域内各国。各排放主体不得过量排放，确需过量排放的可以购买其他国家多余的配额。排放主体多余的配额可以在交易市场交易出售。在进行交易的过程中，购买方要交纳一定额度的配额交易税，收缴的交易税可作为平衡储备以备急用，同时可以减少排污总量。

6）对将污染转嫁公海从而间接转嫁污染的行为，可以通过签订国际双边、多边公约来解决，不仅从利益本源上遏制住污染转嫁，而且还有利于保护海洋环境和海洋资源的合理开发。

7）强化抵制污染转嫁的内部原动力，把发展经济、提高技术检测能力与加强环境保护规划、抑制污染转嫁目标结合起来，是我国解决污染转嫁问题的根本出路。通过大力推动环保产业发展，逐步形成健全的转嫁检测、识辨机制。

同时，对于加入 WTO 后，我国面临的市场压力要提早制定对策，合理开发、利用资源，避免产生隐性污染。

（2）防范污染的间接转嫁

1）在专门的机构内设立一个项目审查委员会，依据环保部门提供的重污染项目名录进行审查。在引进外商投资项目时，要加强对引进项目中环保因素的考虑，严格执行环境影响评价制度，实行一票否决制；一切外资项目必须经环保主管部门审核，凭此申请工商执照；对环境污染严重而无相应处置设施及方案的项目不予批准。

2）制定外资引进项目环保规定，进一步完善有关法律内容。引进的外商出资设备中工艺污染严重的，不得进口；对于引进的项目、工艺设备，外商必须提供完整明确的污染处理资料和技术，否则不得引进或投产运营。

3）为预防外资项目建成运行后产生污染，通过签订协议等形式，要求外商或出资企业交纳一定的保证金，在企业采取措施防治污染后，方可退回保证金。

（3）防范污染的后果转嫁

在国际环境与发展领域的一系列条约、协议中，明确提出发达国家由于历史发展原因已经掌握了先进的环境治理技术，并且拥有雄厚的资金，发展中国家却苦于资金和技术的限制，在一定时期内尚难以发明并改用适合的替代技术。发达国家在环保技术转让上应该承担更多的义务，采取实际行动帮助发展中国家增强能力。发达国家应遵照相关协议规定按照“优惠的非商业性的”原则转让技术，不能借口技术主要掌握在私人公司，实行技术封锁，因为环境问题需要各国政府和公众共同努力才能解决。

注释：

注 1　世贸组织：世界贸易组织 World Trade Organization 或 WTO。

注 2　非货物贸易：指服务贸易。

注 3　“一退三还”：即退耕、还林、还草、还湖。

注 4　非关税贸易壁垒手段：除关税之外的其他贸易壁垒手段。

二、“绿色贸易壁垒” 引起纷争的苹果

20 世纪 90 年代以来，随着经济全球化和贸易自由化的发展，国际贸易与竞争规则发生了重大变化。贸易壁垒的主要形式从关税壁垒转向非关税壁垒，非关税壁垒从进口许可证与配额制等转向技术壁垒。在国际贸易竞争中，发达国家的贸易壁垒已转向技术壁垒，而发展中国家仍停留在许可证与配额等非关税壁垒。在许可证与配额等非关税壁垒逐步弱化的贸易自由化过程中，发展中国家面临着新的不利竞争地位。

我国加入 WTO 后，国际贸易发展面临两个主要障碍：一是国外歧视性反倾销；二是技术壁垒。从 1979 年 8 月到 2000 年 9 月，国外对我国提起的反倾销案件 378 起，我国已成为遭受反倾销调查最多的国家之一。国外反倾销调查已引起政府和企业的高度重视，而一些部门和企业对技术壁垒问题缺乏基本的了解和认识。特别是在当今国际环境保护浪潮风起云涌，发达国家纷纷把环境保护作为对发展中国家产品出口进行限制的借口。我国出口贸易正越来越多地面临主要来自发达国家“绿色贸易壁垒”的挑战。可以说，我国几乎所有的出口产品均已经或即将受到“绿色贸易壁垒”措施的影响，“绿色贸易壁垒”将成为 21 世纪初期我国出口贸易发展的巨大障碍，但同时也给我国的许多产品创造了新的市场机遇。

"绿色贸易壁垒"的挑战

1．技术壁垒正在成为国际贸易壁垒的重点

非关税壁垒可分为两类。一类是以国家行政管理为基础，如进口许可证、配额制、外汇管制等；另一类以技术为支撑条件，国际贸易中成为"贸易技术壁垒"，简称"技术壁垒"。即商品进口国在实施贸易进口管制时，通过颁布法律、法令、条例、规定，建立技术标准、认证制度、卫生检疫检验制度、检验程序以及包装、规格和标签标准等，提高对进口产品的技术要求，增加进口难度，最终达到保障国家安全、维护消费者权益和保持国际收支平衡的目的。

技术壁垒的类型主要有三种：一是技术法规壁垒，如国家为保护环境和人与生物安全而制定的禁止或限制某些物品进口的技术法规与规章；二是技术标准壁垒，包括产品技术标准和包装标准；三是检验壁垒，如认证程序和检验程序等。技术标准是技术壁垒的核心，其中绿色壁垒（即环境保护标准）和信息壁垒（如条形码、计量单位信息标准等）近几年发展很快，对发展中国家的影响也越来越大。1999 年全球绿色消费的总量达 3 000 亿美元，84%的荷兰人，89%的美国人，90%的德国人在购物时会考虑消费品的环保标准。

技术壁垒因其涉及的技术和适用范围的广泛性，使其比配额、许可证等其他非关税壁垒形式更为复杂。因而要证明技术标准是否妨碍正常的国际贸易并不容易。在国际贸易中，技术壁垒已占非关税壁垒的 30%。贸易壁垒的重点正在向技术壁垒转移。发达国家为争夺技术壁垒的优势，利用其科技优势最大限度地控制国际标准化组织（ISO）（注 1）和国际电工委员会（IEC）（注 2）的技术领导权，尽可能将本国的技术法规、标准及检测技术纳入国际标准。在 ISO 技术委员的 1 386 个秘书处和 IEC 的 204 个秘书处中，发达国家占据领导地位的达 90%以上。

2. “绿色贸易壁垒”已经成为技术壁垒的主要表现形式

随着环保浪潮的不断高涨，国际贸易中有关环境的问题日益突出。以1995年世贸组织专门成立贸易与环境委员会为标志，绿色贸易壁垒在国际贸易舞台开始扮演重要角色；1999年11月30日，在美国西雅图召开的世贸组织第三届部长会议上，各成员国就环境与贸易问题展开广泛讨论，绿色贸易壁垒成为世界贸易中不能回避的现实问题。

“绿色贸易壁垒”是国际社会为保护人类、动植物及生态环境的健康和安全，而采取的直接或间接限制甚至禁止某些进出口贸易的法律、法规和政策措施。“绿色贸易壁垒”已经成为现行技术性贸易壁垒的主要表现形式之一。

从广义讲，绿色贸易壁垒指的是一个国家以可持续发展与生态环保为理由和目标，为限制外国商品进口所设置的贸易障碍。从狭义上说，绿色贸易壁垒实际上是指一个国家以保护生态环境为借口，以限制进口、保护本国供给为目的，对外国商品进口专门设置的带有歧视性的或对正常环保本无必要的贸易障碍。目前绿色贸易壁垒的实质，很大程度上是发达国家依赖其科技和环保水平，通过立法手段，制定严格的强制性技术标准，从而把来自发展中国家的产品拒之门外。所以，有人把绿色贸易壁垒称为环境贸易措施、绿色措施。

国际社会采取了许多措施，制定了许多国际公约，各国政府和一些民间的社会团体制定了一些法律、法规和政策措施，限制甚至禁止某些国际间贸易，以保护人类、动植物及生态环境的健康和安全，“绿色贸易壁垒”由此产生。各国消费者环境意识的提高和全球绿色消费运动的兴起，促进了“绿色贸易壁垒”的发展。但在当今的世界中，一些发达国家以保护生态环境为名，行贸易保护之实，设置了许多新的市场准入壁垒。

关税与贸易总协定在东京回合和乌拉圭回合谈判中认可了“绿色贸易壁垒”的合法性，规定“绿色贸易壁垒”的合法目标主要是保护人类、动物或植物健康或安全，保护生态环境。为此“绿色贸易壁垒”必须遵循贸易影响最小、科学上证明合理、国民待遇和非歧视、统一性、透明度、发展中国家特殊和差别待遇等原则。

当前国际上现有的“绿色贸易壁垒”体系主要由国际公约、技术规章和规范、商品检疫和检验规定、包装和标签要求、内在化要求等五个体系构成。

为保护环境和人们的身体健康，国际社会制定了180多项与环境和资源有关的国际条约，其中约有10多项公约中含有与贸易有关的条款。与贸易直接相关的主要国际环保公约有:《保护臭氧层维也纳公约》和《关于消耗臭氧层物质的蒙特利尔议定书》及其修正案、《控制危险废物越境转移及其处置巴塞尔公约》、《濒危野生动植物物种国际贸易公约》、《生物多样性公约》、《关于在国际贸易中对某些化学品和农药采用事先知情同意程序的鹿特丹公约》、《联合国气候变化框架公约》。我们应认真研究主要贸易对象国的非正常“绿色贸易壁垒”措施，打破壁垒，扩大出口，总结国内外的经验与教训，收集、跟踪国外的“绿色贸易壁垒”，积极寻求对策。对专门歧视我国出口产品的非正常“绿色贸易壁垒”应利用各种渠道坚决反对，以维护我国的合法权益。

3. 当前我国面临的主要绿色贸易壁垒问题

我国作为世界上最大的发展中国家，出口货物大多是劳动密集型产品，受环境保护措施的影响很大,绿色贸易壁垒正在成为21世纪初我国出口贸易发展的巨大障碍。入世后，发达国家必然会利用自身技术和环境优势，将环境保护、安全卫生等作为一种新的贸易保护政策武器，使我国出口贸易面临严峻挑战。

（1）市场准入的环保标准不断提高。发达国家凭借其经济和技术的垄断优势，通过立法或其他非强制性手段制定了许多苛刻的环境技术标准和法规。近年来，影响我国出口的环境标准主要有：食品的农药残留量检验标准、陶瓷产品含铅量检验标准、皮革中五氯酚残留量检验标准，冰箱和空调等制冷产品的氟检验标准等。在机电产品方面，欧盟制定了“技术协调和标准新方案”，实行CE标志认证制度（注3），规定1996年1月1日始其成员国有权拒绝未贴CE标志的产品入关，对我国电视机、收音机、灯具等出口贸易造成了极大困难；在服装和纺织品方面，西方国家通过立法禁止含有某些化学成分的纺织品进口，如1994年7月，德国颁布了《德国消费品法令第二修正案》，规定禁止所有与皮肤有接触的产品中使用可以通过偶氮基团分解形成 20 种致癌芳香胺中任何一种偶氮染料，我国纺织品出口遇到很大阻力。上海一家针织品进出口公司向欧洲某国出口的童装中，因含有德国禁用偶氮染料以及甲醛含量超标而被迫停止出口，价值 500 万美元。

（2）削弱了我国出口产品的国际竞争力。有时发达国家虽不对产品和服务的市场准入直接设限，但可通过绿色技术标准的设置使我国出口产品成本大为增加。我国外贸企业为了获得国外绿色标志，一方面要支付大量的检验、测试、评估、购买仪器设备等间接费用，另外还要支付不菲的认证申请费和标志使用年费等直接费用。如中国厦门丝绸进出口公司的一单 15 000 米丝绸染色业务，送到德国指定的代理检测公司，以该公司收费标准 190 美元/样计算，每单业务要花费 4 000 多美元，折合人民币 3 万多元。该公司平均每年向欧洲出口印染丝绸 80 多万米，其检测费用高达 180 多万元人民币。在成本内在化及反补贴措施的影响下，一些发达国家通过对我国出口货物征收绿色关税，同样使这些产品在激烈的国际竞争中丧失价格优势，制约我国外向型经济的发展。

（3）进口产品中的环保与质量问题也较严重。1991—1995 年，我国共进口各类废物 3 030 万吨，用汇 68.8 亿美元，占进口总额的 1.3%。90 年代中期，我国 1 万多家外资企业中污染密集企业达 4 000 多家，协议投资金额为 90 亿美元，其中污染密集型企业投资 40 多亿美元，占投资总额的近半数。这些进口产品和产业因缺乏技术性贸易措施保护，对我国环境和消费者造成严重损害。

4．实际工作中存在的不足

（1）未把环境标准作为产品竞争力的重要因素。环境技术标准不仅在生产领域从质量与性能上决定产品的竞争力，而且在贸易领域决定产品的市场竞争力。我国企业虽然对产品的质量比较重视，但产品环境技术标准低，企业的产品技术标准大多不是为参与国际竞争按国际标准制定的，主要是为生产服务的，较少考虑扩大出口、保护国内市场和消费者利益等对外贸易的要求。

（2）技术法规与标准制定、管理工作滞后。美国现有 55 种认证体系，日本有 25 种认证体系，欧共体内部已有 9 种统一的认证体系，目前我国尚未形成统一认证体系。世界各国对转基因产品持慎重态度。欧洲、日本已决定对进口的

转基因产品加贴转基因标识。由于我国尚未制定有关转基因产品进口的法律，美国孟山都公司的转基因棉花已进入我国大面积推广生产，我国手机用户已达4 000多万户，全球主要手机制造商均在我国设立了生产企业，但我国至今尚无统一的手机环境标准。

（3）产品环境技术标准落后。20世纪80年代初，英、法、德等国家采用国际标准已达80%，日本新制的国家标准有90%以上是采用国际标准化组织标准。20世纪90年代以来，我国加快了国际标准采用速度，1997年以后制定修订标准的国际标准采用率已占60%，但整体看，我国环境技术标准仍很落后。

（4）环境标准研究手段落后。我国科技开发投入用于环境标准研究的投入过低，致使检测、实验等技术标准研究手段落后。环境标准研究手段达不到国际水平，我国制定的标准也就得不到国际承认。

（5）企业对国外环境标准信息了解滞后。在高技术产业竞争中，环境标准成为抢占市场的竞争前沿。而我国企业对国外环境标准变化信息了解既少且慢，严重影响了企业及时调整竞争对策。

（6）国外绿色壁垒将抵消我国加入WTO的贸易利益。加入WTO后，因消除关税与配额限制，我国具有优势的轻纺产品和机电产品可望扩大出口，但绿色贸易壁垒将使我国许多产品无法出口。我国对外开放国内市场，却不能对等进入国外市场，这应当引起我们的重视。

5. 积极稳重地建立我国绿色贸易措施体系

（1）建立我国正常的“绿色贸易壁垒”体系。既能有效地保护我国人民与动植物的健康与安全，保护生态环境，又能保障国民经济的健康发展。绿色贸易壁垒是当前国际贸易中的游戏规则，是进入国际市场的通行证。就像专利在市场竞争中的正当权益一样，谁控制了国际环境技术标准，谁就占据了国际竞争中的有利地位。建立绿色贸易措施体系应成为我国应对WTO的战略措施。

（2）通过适当的宣传方式和培训，引起各级政府对绿色贸易壁垒问题及其影响的高度重视。学会在国际贸易中正确使用绿色贸易措施，维护我国的合法权益。

（3）建立绿色贸易措施体系涉及经济管理、对外贸易、科技管理、技术监督、商检、海关等政府各有关部门，国家要组织和协调各部门共同应对国际市场上的各种竞争，建立统一的绿色贸易壁垒措施体系。

（4）加强对世界产业技术发展环境保护及标准趋势的长期跟踪和预测研究。当前，特别要加强对我国具有发展潜力、市场容量大的产品技术领域的环境标准国际化研究，如移动电话辐射标准、信息安全标准等。

（5）绿色壁垒是国家之间环境技术实力的较量。国家“十五”计划及中长期发展规划中，要部署未来20年内新兴产业技术领域的技术法规与标准及相关技术手段的应用基础性研究，建立具有国际先进水平的环境标准检测与实验机构，加强检测方法与手段的研究开发，提高我国环境技术标准的研究与创新能力。

（6）积极参与国际组织研究、制定和协调国际技术法规与技术标准，提高我国在国际标准组织中的地位和影响。

奋起应对绿色贸易壁垒

“绿色贸易壁垒”是各国政府和国际社会为保护人类、动植物及生态环境的健康和安全，而采取的直接或间接限制甚至禁止某些进出口贸易的法律、法规和政策措施。由于我国经济技术相对落后，环境标准普遍偏低，而且缺乏针对产品的环境标准，几乎所有的出口产品均已经或即将受到“绿色贸易壁垒”措施的影响。

1. 对有关行业和产品的环境限制

（1）对农产品和食品的限制。限制我国农产品和食品出口的环境因素主要是农药和有毒物质残留量超标，以及使用发达国家已经禁用的农药品种。我国农药残留量标准涉及的品种及限制水平尚与发达国家存在一定差距。以食品为例，我国只规定了62种农药在食品中的最高残留量，而日本规定了96种、美国规定了 115 种、加拿大规定了 87 种。许多发达国家还针对不同食品规定了不同的农药最高残留量标准。如日本规定了大米有 52 种，美国规定了梨果类水果有 128 种，德国对蔬菜水果类规定了 168 种，而我国尚未针对不同类食品规定不同的农药残留标准，因而农产品和食品出口受到国外各类环境标准的限制。

（2）对机电行业的影响。我国机电产品出口市场主要是欧美、日本和港澳地区，而欧美、日本等国的环保法规是世界上最严格、最系统的。我国机电产品在进入发达国家市场前，必须先达到这些国家对机电产品的电磁污染、噪声污染及节能等方面的环境要求。一些国家要求必须对进口机电产品进行电磁兼容性测试，并经有关部门出具认可证明。我国电动机、空气压缩机、家电等小型机电产品的出口在价格上有一定的竞争力。但由于技术原因，许多产品的噪声控制水平比较低，在出口贸易中受到限制。欧盟制定了"技术协调和标准新方案"，实行 CE 标志认证制度，规定 1996 年 1 月 1 日起拒绝未贴 CE 标志的产品入关，对我国电视机、收音机、灯具等出口贸易造成了极大困难。

（3）对纺织及染料行业的限制。（后有专门论述）

（4）对皮革行业的限制。近年来我国皮革制品出口量有较大增加，1997 年出口额达到 100 亿美元。皮革行业是一个重污染行业，在制革过程中使用的化学物质对人体健康具有危害，因而国外皮革制品的环境标准较高。多氯联苯是剧毒并对环境非常有害的物质，欧盟将其作为首选的受控物质，德国、荷兰、瑞典等国的立法均对其有严格要求，禁止生产、使用、进口含有多氯联苯的产品。1989 年，德国政府决定禁止进口在生产中使用有毒杀菌剂五氯苯酚的皮革制品。欧盟、美国均通过有关法规、指令，对五氯苯酚的残留制定了标准，规定含量高于标准的产品的进口和贸易将被禁止。

（5）对包装行业的限制。（后有专门论述）

（6）对其他行业及产品的限制。我国陶瓷尤其是各类餐具中的含铅量、烟草中的有机氯含量、玩具中的软化剂以及鞋类所有黏着剂含量，有的超标，有些是使用了进口国禁用的物质。这些产品在出口时都曾发生过因上述环境因素而受阻的情况，给这些行业的对外贸易带来影响。由于合成洗涤剂对水体污染严重，发达国家的环保法规对生产合成洗涤剂使用的化学物质有各种限制，尤其对三聚磷酸钠、烷基苯磷酸钠、荧光增白剂等物质的含量提出了严格限制要求。无磷洗涤剂在国外已被广泛使用，并成为今后的发展方向，我国合成洗涤剂出口将难以打开局面。

2. 有关建议

（1）为避免我国出口产品受国际市场中“绿色贸易壁垒”的影响，应大力推行环境标志制度，提高环境标志产品的市场占有率，特别是外贸企业应主动进行 ISO 14000 环境管理标准体系认证，并使其认证标准与国际接轨。在生产过程中，降低环境污染，提高原材料使用率。大力开展宣传，提高管理部门、进出口部门及企业的环境意识及对环境贸易问题的认识能力。

（2）通过行业内部的产业结构调整，降低初级产品在出口商品结构中的比例，制定有关政策对以掠夺性开发自然资源为代价的初级产品贸易予以限制和禁止。增加高技术含量和高附加值产品的生产和出口，加强发展和扩大绿色产品的出口。

（3）积极开发国产环保型替代染料和新型包装物，提高我国产品对外贸易的环境标准。加大投资力度，有计划、有重点地选择关键技术难题开展技术攻关；同时，加强与国外有关部门的合作，吸收和引进国外资金和技术，推进替代产品国产化进程。

（4）加强对国外各种环境要求的分析和鉴别，对符合国际贸易基本原则的合理要求，予以认可并尽力达到；对那些违背 WTO 基本原则，以环境保护为由实行贸易保护主义的行为，坚决予以抵制。同时要利用 WTO 规则及 TBT（注4）、SPS（注 5）等协议，争取获得国外的技术援助和发展中国家的特殊待遇、差别待遇。

全新的理念：“生态纺织品”

纺织品是我国的一项传统出口产品。改革开放以来，我国纺织品出口贸易

迅速发展，在国际纺织品市场地位日益重要。从 1978 年至 1994 年，纺织行业一直是我国最大的出口创汇部门，创汇额占全国的 1/3。1995 年，我国纺织品服装出口额跃居世界首位，占世界纺织品出口额的 12.66%。

纺织行业作为一个高污染行业，产品生产中的印花、染色及后整理等工艺造成的污染问题以及成品中有害物质对人体健康的危害，已越来越引起人们的关注。进入 20 世纪 90 年代以来，世界各国特别是西方发达国家通过不同方式出台了许多针对纺织及服装产品的环境标准和要求，对纺织和服装产品生产加工过程中有害化学物质的使用和限量作出了具体规定。这些环境要求的出台对我国纺织行业的对外贸易及相关领域提出了严峻的挑战。

1. 当前我国纺织行业存在的环境问题

虽然纺织行业污染物总排放量不是很大，但由于纺织废水（尤其是印染废水）中难降解物质多、色度高，治理难度很大。

纺织废水主要包括印染废水、化纤生产废水、洗毛废水、麻脱胶废水和化纤浆粕废水，其中印染废水污染最为严重，排放量约 6.9 亿立方米，占纺织废水排放总量的 75%。另外，由于国产染料上染率较低，染色过程剩余染料较多，助剂投加过量，单位产品产污量比发达国家高近一倍，增加了废水处理难度和治理工程投资。废气主要来自行业内的约两万台锅炉，1993 年共耗煤 2 600 万吨，排放二氧化硫 46 万吨、氮氧化物 24 万吨、烟尘 15 万吨。噪声污染是纺织工业的老问题。目前国内约有梭织机 70 万台左右，织布工人近 70 万人，棉纺厂大部分车间噪声大于 90 分贝，布机车间噪声达 104 分贝。虽然在一些工厂车间采用了吸音、消音、隔音等措施，积极发展无梭织机，但职工因长期在噪声环境中工作，健康受到严重损害，同时部分工厂离居民区较近，噪声超标引起纠纷。

由于天然纤维棉花在生长过程中大量施用化肥和农药，造成一些地区水体污染、湖泊富营养化、土地板结、土壤生产能力和农产品质量下降。在一些高产地区，农药施用量很大，有的每年施用农药 10 余次，每公顷用量高达 15 公斤。这些农药或杀虫剂多为有机化合物，具有很强的生物毒性，自然降解过程十分缓慢，可通过皮肤在人体内积累而危害健康。纺织品在染色和印花过程中使用的偶氮类染料，对人体有一定危害，甚至可以致癌。

2．国际上有关纺织及服装产品的环境标准和要求

（1）限制偶氮染料的规定。1994 年 7 月，德国颁布了《德国消费品法令第二修正案》，规定禁止所有与皮肤有接触的产品中使用可以通过偶氮基团分解形成 20 种致癌芳香胺中任何一种偶氮染料。1996 年 8 月，荷兰关于禁用某些偶氮染料的立法生效，规定 1996 年 8 月 1 日起用于服装、鞋和床单中的含有禁用偶氮染料的某些产品的进口将全面禁止。法国正在制定针对服装纤维中所含偶氮染料的立法。

（2）限制主要有害物质的规定。欧盟、德国、荷兰、瑞典均通过有关法规、指令，对纺织品中五氯苯酚的残留制定了标准，规定含量高于标准的产品的进口和贸易将被禁止。多氯联苯是剧毒并对环境非常有害的物质，欧盟将其作为首选的受控物质，德国、荷兰、瑞典等国的立法均对其有严格要求，禁止生产、使用、进口含有多氯联苯的产品。镉化物是致癌物，可作为一种固定剂存在于纺织染料中，瑞典有专门针对纺织品中镉的禁令，规定作为表面处理染色剂和稳定剂的含镉产品都被禁止。欧盟国家正在立法限定纺织品中甲醛的最高允许浓度。

（3）关于生态标志标准的规定。欧盟颁布的许多针对纺织品的环境标志和认证标准非常严格，这些环境标志有些是政府颁发的，如 1996 年欧共体委员会颁布了针对 T 恤衫和床单的环境标志认证标准；还有一些标准是由私营纺织品认证机构颁布的，如 Oeko-Tex 标准 100、Toxproof 等，在世界范围内具有广泛的影响。

3．对我国纺织行业对外贸易的影响

（1）对我国部分纺织品对外贸易的市场准入形成阻碍。目前，我国市场上 70%左右的合成染料以偶氮化合物为基础，广泛应用的直接、活性、分散、阳离子、金属络合等染料都含有偶氮结构。德国及其他欧盟国家的偶氮染料禁令

对我国染料行业造成极大的影响。近年来，我国纺织品出口遇到很大阻力。

（2）导致我国部分纺织品成本提高，市场竞争力下降。为应对欧盟国家的禁令，一些主要的纺织印染企业，如江、浙、沪等地的丝绸印染厂等全部被要求使用进口染料，这些进口染料的价格一般比国产染料高出 3～5 倍。尽管这种方法可以起到避免出口产品遭到退货、罚款乃至就地销毁等损失。

（3）造成我国染料进口量逐年增加，大量耗用国家外汇。为避免损失，国家要求对出口欧洲的纺织产品全部使用进口染料。1989 年，我国染料进口量约为 1.3 万吨，耗汇 5 500 万美元，到 1996 年染料进口量增加至近 3 万吨，耗汇 1.34 亿美元，分别增加了 131%和 144%。其中直接染料的进口量在 1995 年、1996 年连续两年超过出口量。

4．有关建议

（1）一些管理部门和企业由于对环境与贸易问题缺乏必要的了解和基本知识，对国外日趋严格的环境要求和绿色贸易壁垒认识不足，缺乏切实可行的防范措施。为避免我国纺织产品受国际市场中绿色壁垒的影响，应大力推行环境标志制度，提高环境标志产品的市场占有率，特别是外贸企业应大力推行 ISO14000 标准，并使其认证标准尽量与国际接轨。大力开展宣传，提高管理部门、进出口部门及企业的环境意识及对环境贸易问题的认识能力。

（2）通过行业内部的产业结构调整，降低初级产品在出口商品结构中的比例，制定有关政策对以掠夺性开发自然资源为代价的初级产品贸易予以限制和禁止。增加纺织行业的高技术含量和高附加值产品的生产和出口，加强发展和扩大绿色产品的出口。

（3）积极开发国产环保型替代染料，提高我国纺织品对外贸易的环境标准。加大投资力度，有计划、有重点地选择关键技术难题开展技术攻关；同时，加强与国外有关部门的合作，吸收和引进国外资金和技术，推进替代染料国产化进程。

你听说过“包装税”吗?

包装是商品从生产者手中传递到消费者手中并能完整地保持其使用价值的一种手段。随着我国对外贸易的快速增长和国外环境标准的日益严格，我国出口商品所使用的某些包装材料引发了一些贸易争端。发达国家和地区早在 20 世纪 70 年代就意识到包装及其废弃物对生态环境的破坏和污染问题，并开始发展绿色包装。近年来，美国、加拿大、欧盟等国家禁止我国木材包装进口，除非这些包装能够满足特殊处理的要求，对我国对外贸易产生一定影响。

1. 我国产品的主要出口地对运输包装物料的环境措施

（1）包装的卫生防疫法规。由于有些包装和包装原材料带有寄生或隐匿人类的传染病、动物的病菌、病毒、植物的病虫害、病媒昆虫等，一些国家，特别是发达国家纷纷制定相关法规，采取严格的卫生防疫措施。这些法规对商品采用的包装、包装材料及包装辅料等，或进行限制，或采取强硬的监督和管理措施。在包装材料方面，主要限制那些原始包装材料和部分回收复用的包装材料，如木材、稻草、竹片、柳条、原麻、泥土和以此为基础的包装制品，如木箱、草袋、草麻、竹篓、柳条筐、麻袋、布袋等。在包装辅料方面，如作为填充料的纸屑、木丝；作固定用的衬垫、支撑件等，要事先进行消毒、灭鼠、除虫，或其他必要的卫生处理。在包装容器方面，除上述原始材料制成的容器需要进行必要的限制或处理外，对那些实际上起包装作用的运输设备，如集装箱和其他大型容器，世界卫生组织规定必须实施检疫。美国禁止使用稻草捆扎商品或作为包装的填充材料。一旦发现，必须当场烧毁；英国要求必须事先进行杀菌、灭虫等预防处理。

（2）包装材料与包装废弃物处理的立法和行业规定。1994 年 12 月，欧盟通过了“包装指南方案”，进一步完善欧共体的绿色包装体系，规定欧共体所有成员国必须建立包装材料回收系统，包装废弃物回收的最低和最高目标分别为

50%、65%。这种回收包括使废弃物变为能量回收和再利用，并在全部包装材料中应有25%～45%必须回收。德国是世界上第一个重视包装废弃物回收与利用的国家。政府发出通告，要求纸箱包装应符合以下要求：①纸箱表面不能上蜡、上油，也不能涂塑料、沥青等防潮材料；②纸箱的连接要求采取黏合方式，不能用扁铅丝订合；③纸箱上所做的标记，必须用水溶性颜料。同时，推出一项建立在“污染者付费”原则上的包装回收计划。要求生产产品的公司对运输和包装物负责，本国包装企业收回所有零售网点废弃的包装材料，以作再循环利用。运输货物的个人或企业在货物销售时也不能免除责任，必须回收消费者不再使用的废弃的包装物。

（3）禁止或限制使用某些包装材料的法规。①禁止使用聚氯乙烯制作的包装材料。1992年，欧洲各国完全禁止用聚氯乙烯包装材料，要求使用可循环利用的包装材料。日本严格控制不能再循环的塑料包装材料的使用。②禁止使用含氯氟烃的泡沫塑料。美国纽约州已禁止使用发泡聚苯乙烯制作的快餐盒和咖啡杯，康涅狄格州规定禁止销售和使用聚苯乙烯发泡包装材料。美国食品和药物管理局发布法规，对丙烯腈加以限制，并禁止使用含有多氯联苯的材料。③禁止使用不能再生或不能分解的原料。欧共体规定，包装用品的设计、生产、商品化，必须使其能再利用和再生。对不可回收及不可分解的材料将制定管制协议。意大利和日本规定，制作购物袋等包装物所用的塑料必须是生物分解性塑料。

（4）运用收费、纳税、罚款和抵押金等经济手段，促进包装资源的回收和利用。美国于1993年开始实行向批发商收取包装处理费的办法，并每年规定回收定额。有些国家的产品包装税是向生产产品的企业征收的。如果产品包装中全部使用可再循环利用的包装材料，可以免税；如果部分使用再循环材料，将征收较高的税赋。如美国纽约州将可再装容器和不可再装容器区别对待，对所有不可再装容器征收0.02美分的税金。

2. 我国出口产品包装存在的问题

（1）由于我国产品包装没有充分考虑环境问题，受到主要出口地对包装物料的环境限制，使我国出口贸易遭到很大损失。1998 年 9 月 11 日，美国农业部长签署一项新法令，要求对所有中国输美货物的木质包装和木质铺垫材料实施新的检疫措施。打开每个从中国进口的集装箱，检查所有纯木材包装材料是否经过高温处理、熏蒸或防腐剂处理。否则，货物将一律被拒绝入关。其理由是自 1998 年 1 月起，在全美 20 多个仓库中陆续发现来自中国的木质包装材料里有一种叫光肩星天牛的害虫，并发现一些树木已遭到天牛的破坏。1999 年 1 月，加拿大也对从中国进口商品中所有的木质包装材料进行严格管制，要求必须事先经过防虫处理，并还需附有中国有关方面发放的证明，表示这些木材已经过热处理或化学处理。随后英国、欧盟也有了连锁反应。英国从 1999 年 2 月 1 日起对所有来自中国的货物木质包装实行新的检疫标准，要求木质包装不得带有树皮，不能有直径大于 3 毫米的虫蛀洞，或者必须对木质包装进行热处理，使木材含水量低于 20%。事情发生后，据我方估计，约 500 万美元的中国产品因木质包装而受到影响。

（2）出口商品运输包装技术水平不高，造成包装过度，大量浪费资源。部分木质包装结构设计欠佳，箱体、枕木、立柱等主要受力构件与其他非关键部位材料强度搭配不合理，不利于木材强度的发挥，造成木材使用上的浪费，增加了包装费用，不利于出口成本的降低。

（3）除害处理技术落后，方法不当。目前，我国除害处理一般采用热处理、熏蒸处理或防腐剂处理，这几种方法均有弊端。用烘干法进行热处理，在高温下烘干 3～5 天，木材含水率达到 8%时，才能彻底消灭包括虫卵在内的虫害，这种除害方法要求的时间长、成本高。大部分木质包装是在货物待装之后进行分散熏蒸处理的。目前的熏蒸费大约为每平方米 60 元人民币，既浪费了大量的人力、物力，又增加了出口企业的经济负担。熏蒸法采用的溴甲烷等化学药剂均为有毒有害物质，对一些有特殊要求的产品有很大的局限性，对周边环境也产生严重危害。

（4）运输包装新材料的研制与开发比较落后。我国包装材料研究单位比较分散，研究队伍力量薄弱，资金缺乏、效率不高。新材料的开发更新换代速度缓慢。在新型代木材料方面，胶合板、纤维板、密度板、塑料材料和纸质材料等的开发和使用落后于发达国家水平。

3. 有关建议

（1）加强立法工作，强化出口产品包装的法制化。当前，我国尚无包装法，严重影响和制约出口产品运输包装的监督管理。应借鉴国外经验，根据我国有关法规和标准并针对出口包装产品实际，制定有关外贸包装法规，如制定出口产品包装管理条例等，对生产、仓储、运输、销售、卫生、动植物检疫、包装废弃物处理等进行管理。

（2）制定绿色包装发展规划，推动绿色包装行业的发展。结合我国资源分布特点，积极研制开发新型木质包装和代木包装产品。推广胶合托盘和胶合板的使用，在南方竹资源丰富地区，开发各种竹制品及其深加工品替代木材包装。

（3）推行 ISO14000 环境管理标准认证，实行环境标志制度，提高包装的环境标准。在包装设计上，强调包装简单化、可重复使用性及包装材料的无毒性、可再生和易分解性；在生产过程中，降低环境污染，提高原材料使用率。从包装设计到生产两方面着手，全面建立起一套与企业内部管理因素相结合的污染防治系统，争取与国际标准接轨。

注释：

注 1　国际标准化组织：英文名称：International Organization for Standardization，英文缩写：ISO。是目前世界上最大、最有权威性的国际标准化专门机构。1946 年 10 月 14 日至 26 日，中、英、美、法、苏等 25 个国家的 64 名代表集会于伦敦，正式表决通过建立国际标准化组织。1947 年 2 月 23 日，ISO 章程得到 15 个国家标准化机构的认可，国际标准化组织宣告正式成立。

注 2　国际电工委员会：英文名称：International Electro-technical Commission，英文缩写：IEC。1904 年第七届世界电工技术会议通过决议筹建国际电工委员会，于 1906 年在伦敦正式成立，是为电工、电子和相关技术领域制定和出版国际标准的世界性组织。总部原设在伦敦，1947 年迁到瑞士日内瓦。到 1998 年底，有正式成员 50 个，通信成员 5 个，预通信成员 4 个。

宗旨　促进电工、电子和相关技术领域的标准化及合格评定标准的国际合作，制定统一的电工标准等。机构设有理事会、理事会管理局、执行委员会（下设中央办公室）、管理顾问委员会、行动委员会、合格评定管理局。

注 3　CE 标志认证制度：CE 标志（CE Mark）属强制性标志，是欧洲联盟（European Union，简称欧盟 EU）所推行的一种产品标志。它是一种适用于欧盟有关技术协调与标准的新方法指令（New Approach Directives），用以证明产品符合指令规定的基本要求（Essential Requirments）的合格标志。告知消费者哪些产品符合安全、健康、环境方面的基本要求，因此又被称为“CE 合格标志”（CE Conformity Marking）。

注 4　TBT：《技术性贸易壁垒协议》。为了保护人们身体健康和安全以及保护环境，世贸组织成员经常要求进口产品符合它们所采用的强制性标准。但当有些国家为了保护国内市场，故意设置不利于国外制造商的技术标准时，就形成了技术性贸易壁垒。为了减少因技术性要求、产品标准的过分差异而造成的障碍，在乌拉圭回合中，各谈判方达成了《贸易的技术性壁垒协议》。协议规定，成员在实行强制性产品标准时，不应对国际贸易造成不必要的障碍，并且这些标准应以科学资料和证据为基础。

《贸易的技术性壁垒协议》含有适用于产品标准的国际规则，协议用“技术规定”这一术语指强制适用的标准，用“标准”这一术语指自愿标准。这两个术语包括的内容有：产品特性；影响特性的工艺和生产方法；术语和符号；产品的包装和标签要求。协议规则仅适用于影响产品质量和其他特性的工艺和生产方法。其他方面的工艺和生产方法不在协议条款范围之内。

注 5　SPS：《卫生和植物检疫措施协定》。《卫生和植物检疫措施协定》规定食品和植物产品在何处和如何生产，以及管理动植物的技术标准。该协议规定世界贸易组织成员方的所有进口食品都要服从同样的要求。成员方同意的基本规则虽然是每个成员方可以采用所有必要的卫生和植物检疫措施，以保护人类和动植物的生命，但是所采取的这些卫生和植物检疫措施必须与卫生和植物检疫措施协定相一致。这就是说，特定的措施只能在必要时采用，只能基于科学的原则。

三、6 000 亿美元的朝阳产业

党的十五届四中全会通过的《中共中央关于国有企业改革和发展若干重大问题的决定》，是指导我们推进国有企业改革和发展的纲领性文件，同时对于国内环保企业的发展，特别是在国外环保企业进入中国市场的严峻形势下，更有着巨大的现实指导意义。加入世界贸易组织后，来自国外企业和技术的冲击不可避免，国内环保企业如何应对摆在眼前的机遇与挑战，寻找到一条切实可行的发展道路，求得进一步发展，需要进行认真的研究。只要结合实际，创造性地开展工作，就一定能够推动我国环保企业的发展再上新高。

推动我国环保企业的发展

1. 在环境保护日益受到关注，国家对环境保护的投入不断加大的情况下，我国的环保企业前景广阔如同朝阳

由于各种各样的原因，特别是由于历史上对环境保护投入的欠账过多，使得我国的环保企业的发展缺乏一个良好和宽松的环境，基础较为薄弱。改革开放以来，在建设有中国特色的社会主义理论指引下，随着国力的增强和人民群众生活水平的提高，国家和广大人民对环保日益关注，在环保事业不断发展的同时，我国的环保企业也得到了长足的发展，比重逐渐增长，实力日趋加强。

我国环保企业的发展虽然形成了一定规模，但仍然以小型化和分散为主，

尚未形成大产业气候，存在着产业机构、区域布局不合理，重复建设多的不足。我国环保企业主要集中在环保机械产品的开发和生产以及“三废”综合利用方面，其他方面比较薄弱，而且重复建设多，绿色一次性餐具全国有生产厂家110家，就全国每年100亿只餐具用量来看，集中建设2～3个就可以了。在环保设施运营方面，可以说尚未起步。环保产品技术含量低，配套性差，标准化、系列化程度低，目前，我国尚未形成一批大的环保产业集团。1994年全国百强环保企业中，产值超过1 500万元的只有112家，产值超亿元的不足10家。

环保产业已经并将继续成为世界主要工业化国家竞争的焦点之一，目前在世界上环保产业市场上占有优势的主要是美国、德国和日本。比如德国科隆市虽然只有50万人口，环保产值却已达到450亿马克。1993年世界环保市场交易额为3 560亿美元，2000年这一数字上升到6 000亿美元。

当前，环境保护被列入国家计划，并成为国家计划的重要组成部分，在全国各地区、各行业得到贯彻执行。“33211工程”及污染物总量控制计划和跨世纪绿色工程计划的实施，为环保企业的发展提供了广阔的市场空间。环保设施建设被列为国家重点投入的领域之一，不仅为环保的发展奠定了物质基础，也为环保企业的发展提供了更多更新的机会，随着环境法制建设的加强，环保执法力度加大，加快了环境污染治理的进度，促进了环保企业的市场需求和技术进步，这为我国环保企业的发展提供了良好的机遇。

2．在全球市场一体化趋势下，在国内环保市场上，国外环保企业的渗透和介入不可避免，对此应有正确估价

我国的环保产业发展和世界环保市场的发展有着不可分割的联系，而且在国际环保合作不断加强的情况下，必须摆脱那种国内与国外企业是相互对立、此消彼长的错误观念的禁锢，正确认识到双方完全可以是相互促进、相得益彰。

有一段时间，不少人在认识上把我国环保企业的发展与国外环保企业的进入对立起来，认为国外环保企业的进入和发展必然将影响和冲击国内环保企业，产生此消彼长的结果。世界上一些国家环保企业发展的实践表明，国内与国外企业在市场上既相互竞争，又相互依存，是能够促进本国环保企业发展的。

国外环保企业不断进入我国，他们将带来技术含量高，质量好的设备，对提高我国环保产业的整体水平具有积极的意义。但不可避免带来强烈的冲击，这就要求我国的环保企业必须在振兴民族环保产业上下功夫，如果消极避战，不积极参与国际竞争，只是墨守成规的机械发展，国内市场也最终要丧失。

国外环保企业涌入中国市场及其进一步的发展，将推动国内的环保企业走向市场，引入竞争机制，加快进行企业改革和制度的创新。国外环保企业较早地引入竞争机制，以市场为导向发展生产，获得了先发性体制优势，而且与比较完善的市场机制有着紧密的关系，这对于我国环保企业的发展有很大的经验指导意义。国外环保企业的进入和发展，将促使国内的环保企业真正认识到市场竞争已经在眼前，并不是遥遥无期，深切感受到生存和发展的压力，树立起市场意识、竞争意识和危机意识，面向市场寻求出路，进行改革。国外的环保企业同市场经济的天然联系使得它们有比较优势，与市场经济相适应的经营机制、市场观念、创新意识、用工和分配制度等先进经验，为国内环保企业的发展可以提供有益的借鉴，促进国内环保企业的改革和经营机制转换，适应全球环保市场发展的大潮流。

国外环保企业的进入和发展，将为国内环保企业进行资产流动和重组提供经验，同时为富余人员下岗再就业创造一定的机会和条件。国外环保企业进入中国市场，加快了环保治理技术的大发展，同时也将推动形成一大批在市场中有产品、技术和市场优势的企业，为国内环保企业的租赁、兼并、拍卖和股份制改造提供经验借鉴和广阔的空间。特别是国外环保企业带来了技术、资金，推动了我国污染治理能力的提高，同时也能够为我国培养出一批具有高素质的管理和科学技术人员，并能够为国内企业的减员增效、下岗分流和下岗再就业作出贡献。

国外环保企业的进入，为我国开辟了新的税源，为地方增加财政收入，使政府支持国有企业改革和发展的能力进一步增强。国外环保企业能够为我国提供税源，增加财政收入，为政府对国内环保企业的技改贴息、剥离社会负担、安置下岗职工以及困难企业的关停并转提供一定的财政支持。

3．搞好国内环保企业，关键是要坚定信心，解放思想，勇于探索，不断创新，促进企业与市场经济的有效结合

在国外环保企业进入的情况下，如何搞好国内环保企业的发展，是发展市场经济和环境保护事业过程中一个新课题。

（1）坚持以邓小平理论为指导，解放思想，实事求是，坚定搞好国内环保企业的信心。应该把认真贯彻落实中央有关企业发展的方针政策与实际情况紧密结合起来，坚持以三个有利于为标准，尊重群众的首创精神，鼓励大胆尝试，大胆创新，积极探索企业与市场经济结合的有效途径，坚持共同发展和促进的原则，国外环保企业的成功经验可以为我所用。市场经济不是私有制的专利，国内环保企业通过改革和挖潜完全可以适应市场经济体制，完全能够搞好。

（2）以产权制度改革为突破口，大胆进行企业制度的创新。对于一些国有环保企业，可以按照规范股份制的要求进行改组，有条件的建立以资本为纽带的企业集团；对于个体和私营企业，采取股份合作制等多种形式进行改组改造，积极发展多元投资主体的混合所有制经济。通过产权制度改革，进一步理顺产权关系，企业将增加活力，提高市场竞争力，推动我国民族环保产业的进一步发展。

（3）切实转换企业经营机制，使环保企业真正成为自主经营、自负盈亏、自我发展和自我约束的法人实体和市场竞争主体。促使企业在经营管理、技术创新、产品开发、市场开拓、用人分配等方面下功夫，推动企业加快建立决策、执行、监督、互相制衡的管理机制，出台各种制度和规定，调动经营者和劳动者的积极性，促进企业经营机制的转变。

（4）抓大放小，有进有退，扶优扶强，不断增强国内环保企业的经济竞争力。在面临外国环保企业不断进入的新形势下，通过进行企业改革，坚持把改革与培育大企业、大集团结合起来，与培育主导企业结合起来，与改造传统工艺和淘汰落后生产能力结合起来，鼓励资金向高新技术环保企业和优势环保企业集中。

4．正确分析面临的形势，加快国内环保企业的改革和发展

根据我国环境保护现状和 2010 年远景目标纲要的要求和国内环保企业的发展现实，可以制定出一个切实可行的国内环保企业的发展目标，初步可以规划为两步目标：一是到 2005 年底使大多数国内环保企业适应形势，建立起现代企业制度；二是争取在 5～8 年的时间内基本完成战略性调整和改组，形成合理的布局和结构，建立比较完善的现代企业制度。加快国内环保企业战略性调整和改组，促进资金进一步向大企业、大集团和优势企业集中，逐步向高新技术企业转移。推动环保产业战略性调整与产业结构的优化升级相结合，国有企业战略性改组与所有制结构调整完善相结合，进一步提高环保企业的科技开发能力，提高资产的应运能力，提高竞争力。

（1）坚持建立现代企业制度的改革方向。加快推进我国环保企业依照《公司法》等有关法律法规要求，实行规范的公司制改革，借鉴各种成功的国内外经验，继续采取各种形式放开搞活企业，进一步完善出资人制度和法人治理结构，对已改制的企业要促使其不断规范和完善，切实转换经营机制。充分利用民间资金，吸收和聚集资本，鼓励他们加大对环保企业投入，调动一切可以调动的力量，加大环保企业发展的力度。

（2）切实从实际情况出发，因企业情况制宜，加快推进一些环保企业的扭亏脱困工作。以党的基本路线、方针、政策为指导，加大工作力度，落实具体措施，分级负责，分类指导，一厂一策，标本兼治，着重解决环保企业陷入困境的制度因素和体制因素，摆脱各种条条框框的束缚，有的放矢地解决问题，为实现国家制定的企业三年脱困目标作出贡献。

（3）推动技术创新和管理创新，不断提高企业竞争力。按照全国科技创新大会的有关精神，以形成有效的企业创新机制为核心，营造良好的创新创业环境，构建完善的技术创新体系，使环保企业真正成为技术创新的主体。鼓励企业重视和广泛采用现代管理技术和手段，加强对人才的培养和资金的投入，以提高经济效益为中心，加强质量管理、成本管理和财务管理，把企业管理提高到一个新水平。

（4）进一步完善激励和约束机制，建设一支高素质的经营管理者队伍。积极探索建立与市场经济相适应的选人用人机制，进一步健全对经营者的业绩考评、离任审计、风险抵押等制度，推行厂务公开。在新形势下，努力培养一支懂经营、善管理的专业化管理人员队伍，把企业的管理水平提高到一个新层次，逐渐与国际的先进管理模式接轨，真正使环保产业成为我国21世纪经济发展的一个亮点。

（5）进一步加快一系列配套改革，为国内环保企业的发展创造良好的外部环境。一个良好的企业发展的大环境对推动我国民族环保产业的发展有着不可或缺的关键作用。加快完善国有资产的管理、监督、营运体系和机制，加强对企业资产营运和企业财务的监督稽查，确保资产的保值增值。继续做好下岗职工的再就业工作，深化社会保障制度改革，加快建立和完善多层次的社会保障体系。

产值、投入与中国的环保产业

环保产业，也称环境产业、生态商务，是指在国民经济结构中以防治环境污染，改善生态环境，保护自然资源为目的所进行的技术开发、产品生产、商业流通、资源利用、信息服务、工程承包、自然保护开发等活动。环保产业在我国是一个新兴领域，无论从生产规模还是生产水平都处于初级阶段，尚不能满足不断增长的环境保护需要。环保产业的发展潜力巨大，“十五”期间将成为我国新的经济增长点。

1. 我国环保产业现状

20世纪70年代，随着人们环保意识的增强，国家各项法规政策的出台，满足治理环境要求的环保产业应运而生，在20世纪90年代进入快速发展阶段，并一直保持着较高的增长速度，年增长率为15%～20%，大大高于我国同期国民经济增长的速度。到2000年年底，全国已有1.5万多家企事业单位专营或兼营环保产业，职工总数 180 多万人，固定资产总值 800 亿元。2000 年全国环保产业总产值达 1 080 亿元。

但由于我国目前还处于粗放型发展阶段，给环境保护带来了巨大压力。矿产资源总回收率仅为 30%～50%，比世界平均水平低 10%～20%；主要耗能产品单位能耗比发达国家高出 30%～90%；每年由于酸雨造成的经济损失达到 1 000 多亿元；海洋环境污染恶化的趋势仍未得到有效控制，大型淡水湖泊富营养化严重。全国每年危险废物产生量为 830 万吨，近 200 万吨处于露天堆放状态，造成严重的地下水污染。

这种压力和挑战为环保产业发展提供了难得的机遇。“十五”期间环境保护的投入将达到 7 000 亿元，预计到 2005 年，我国环保产业总产值将达到 2 000 亿元。

2. 加入 WTO 后环保产业面临的机遇与挑战

加入 WTO 以后，无疑会给我国环保产业发展带来机遇，加快环保产业的市场化进程，促进我国环保产业优秀管理和技术人才的培养。

（1）加快经济结构、产业结构和产品结构的调整。加入 WTO 后，将进一步扩大外资的流入规模和领域。跨国公司将更迅速和深入地渗透到我国经济发展中来。外资流入的增加，将推动产业结构和经济结构的调整，使清洁生产进一步发展，提高资源和能源利用率，从源头上解决我国的环境污染问题。

（2）促进我国环保产业相关法律制度的建立和完善。加入 WTO 后，要求进一步建立和完善与市场经济发展的国际惯例相适应的法制体系，增强政策的稳定性和透明度。在这种形势下，地方保护主义、保护落后环保产品的情况会得以改善；行业垄断、伪劣产品、各类企业不能在平等条件下竞争等一系列问题将被克服。

（3）加快我国环保产业的技术进步。依靠国外环保企业进入中国市场后的技术优势发展我国环保产业，会加速我国环保产业的技术进步。而 WTO 对知识产权的保护，也必然加快我国环保工业从仿制为主走向自主开发的道路。如重庆冶金设计院消化吸收日本的布袋除尘技术；平顶山除尘器厂消化吸收的静电除尘技术等，在国际上都达到了一定的水平。

同时，我国环保产业从经营思想到运行模式、生产技术以及经营方式等都将受到国际规则和竞争的挑战。如果我们把握不住机遇，跟不上形势的发展需要，我国环保产业将受到国外势力的冲击，甚至被取而代之。

（1）现行环保产业管理机制不适应。我国环保产业的管理和运行体制还没有摆脱计划经济的影响，主要表现为政企不分，政府包揽市政污染处理设施的建设费；市场运行机制尚未建立，污染防治设施的运行管理没有实现专业化、社会化服务；由于缺乏利益驱动，管理运行者因经济负担重，许多环保设施只有投入没有产出，致使一部分设施不能正常运行或根本不运行。发达国家的环保产业完全按市场化机制运行，形成了需求与供给的良性循环。我国现行的运行管理模式如不进行调整和改革，将无法给国外投资者和企业提供一个参与公平竞争的环境，环保产品和服务领域的对外开放将受到严重影响。由于减少了国际资本进入的障碍，国外环保企业将按照市场经济规则和方法对我国环保产业进行合资、独资以及兼并或重组，“逼迫”中国环保产业提高竞争力。如果中国环保企业不作出相应调整，就可能出现中国民族环保产业置于国际资金控制之下的局势。

（2）一些领域和企业将受到不同程度的冲击。国外企业和产品凭借其资金、技术、质量、经验等多方面的优势进入我国环保领域，对我国十分脆弱的环保产业无疑是一次强大冲击。我国环保产业的管理及技术水平、资金基础、企业规模、产品及服务质量、品种类型等都无法与发达国家相比。环保市场开放以后，关键技术和大型成套设备将成为外资企业争抢的重点，相当一部分技术落后、产品质量低劣的中小型企业，特别是乡镇企业根本无法与国外竞争，很快将被淘汰。在某些我国技术非常薄弱或空白的领域，如烟气脱硫、脱硝等大型成套污染控制设备，国内外技术差别相当大，而我国潜在的市场需求量很大，这些领域将成为国外企业的主攻目标，有可能形成国外企业独占某一市场的局面。由于我国的资源和劳动力优势，在更多领域将形成合资和技术合作为主的生产格局。

我国环境服务的潜在市场非常巨大。但由于起步较晚，各类服务仍处于发

展初期，企业规模和服务水平很难满足需要。加入 WTO 后国外环境服务业将迅速进入我国，其影响程度和范围甚至要大于对环保产品的冲击。环境技术开发、咨询、培训、教育、工程设计施工、环境影响评价等一旦开放都将受到影响。其中，环境影响评价、环境工程设计施工及污染治理设施的运营等具有较高技术含量又有较好收益的项目，将成为国外投资者争抢的主要方面。如日本就已经抢先在重庆建立了独资的环保信息咨询中介公司，并以重庆为基地，面向中国市场，提供污染治理、环保工程设计以及技术咨询等多项服务。但是，由于现行体制中存在的弊端以及地方保护主义和行业垄断等因素的影响，我国尚未建立起规范的环境服务市场化运行机制，这与加入 WTO、实施服务贸易自由化不相适应，不利于吸引利用外资，同时也影响了我国环境服务业的发展。

3．抓住机遇，迎接挑战，促进我国环保产业的新发展

（1）转变观念，制定我国环保产业发展总体战略。各级政府应转变观念，摆脱计划经济体制的影响，在明确政府宏观调控和行政管理职能的前提下，国家应尽快制定以市场经济为基础的环保产业发展和对外开放总体战略，明确环保产业发展目标、合理布局、规范运行管理；寻找率先实现市场化的突破口，以点代面逐步推进，使最薄弱的领域具有一定的缓冲期；进一步明确鼓励、允许、限制甚至禁止外商投资环保产业的领域；扩大各级政府的财政投资来启动和刺激环保市场；通过激励政策启动民间投资参与环保产业，形成多元化环保资本市场。

（2）加强政策指导，促进形成公平有序的环保产业市场。尽管我国环保产业的发展水平较低，但并不属于 WTO 原则下加以保护的幼稚产业。因此，国家应加强各类优惠政策对环保产业各领域的适用性，在产业政策、税收政策、资金投入等方面对环保产业予以支持，在企业重组、技术进步方面予以导向。环保总局在推进环保产业的市场化方面进行了许多积极而有成效的努力，如 1999 年出台了关于《环境保护设施运营资质认可管理办法》，并开展了环保设施市场化运营试点。

（3）争取一定的过渡期，尽快提高我国环保产业关键技术和产品水平。目

前，从事关键技术产品研发及生产的企业多为有一定技术实力的大型国有企业。为提高竞争能力，应趁国外企业尚未进入及立足未稳的时机，以及可能争取到的一段过渡期，打破地区、行业及企业间的垄断，尽快进行产业结构调整、资产重组、强强联合，组建环保产业集团，增强对关键技术和产品的开发能力、生产能力及风险抵御能力，带动一部分中小型企业的发展。

（4）积极开展中国加入 WTO 后的政策研究。通过对“绿色壁垒”的研究，充分利用国外绿色壁垒中的环境要求加速我国产业结构调整。我们也可提出一些环境因素，限制国外产品进口，制造“绿色壁垒”。

4. 有关对策和建议

促进我国环保产业结构调整和产业升级是我国环境保护事业迎接加入 WTO 的挑战、实现环保产业持续发展的关键环节，也是在当前国家大力推进经济结构调整的大形势下的必然选择。近年来，我国环保产业取得了长足发展，在满足基本需求和国产化方面，特别是在一些重要领域的高新技术企业的培育上取得了一定成绩。环保装备设备制造在更加开放、竞争更为激烈的环境中，从高新技术领域入手逐步向取得具有自主知识产权方面有所突破。

（1）我国环保产业发展中存在的问题

1）高技术企业附加值低，缺乏关联带动效应。我国环保高技术企业的发展主要依靠引进国外先进技术和生产能力，使相当大的一部分产品始终停留在对进口零部件进行组装或劳动密集型加工的阶段，导致我国高技术环保企业附加值明显偏低。同时，对引进技术的消化吸收工作严重滞后以及开发和创新能力不足，也使得高技术产业无法向其他产业进行技术扩散。

2）在一些我国自主开发、拥有知识产权的高新技术企业，技术水平相对落后，对高技术产品的配套能力弱，尚未形成企业配套服务的制造技术平台。因此，大多数硬件产品不得不以高价从国外采购，大大提高了制造成本，限制了高新技术企业的创利能力。更为严重的是，设计与制造能力不相配套问题的存在，极大削弱了高新技术企业对其他企业的关联带动作用，同时也影响了高新技术企业本身的积累和发展能力。

3）由于我国高新技术企业发展刚刚起步，规模较小，不能充分提供对传统产业进行改造的技术，高新技术企业的发展与现有传统老企业改造之间相互依存、相互促进的良性循环关系还未形成。同时，政策和体制方面的限制也影响了高新技术对老企业的改造。

（2）环保产业实现结构调整与升级的有效途径

1）准确把握市场动向，以差别化、市场细分化为策略指导做好结构调整工作。

一是准确把握当前进行经济结构调整的机遇，找准环保产业自身的切入点。我国社会主义市场经济已逐步建立，市场特征比从前有了很大变化，已经成为一个比较开放、相互关联的体系。同时，各个产业的发展都显现了与其他产业不同的生命周期和转移规律。我国环保产业正是处于这种趋势中，要不断得到发展壮大，应通过积极引进比较先进的国际技术、管理经验和资本，为自己的快速发展服务，缩短与国际先进水平的差距。

二是根据环保产业的自身特点，进行正确的市场定位和技术定位。在发展之初，我国环保产业主要是面向国内市场，并从生产治理水污染和大气污染设备而起步的，通过“干中学”，积累起了较多的管理、生产和营销经验。我们应继续紧紧抓住这个发展脉搏，当某些领域进入成熟期后，促进有关环保企业通过提高自身研发水平，建立信息站和设计部，就地进行新产品开发设计，建成一批环保产业园，增加产品的科技含量和附加值，并培育成环保高新技术的孵化器，增强竞争实力，赢得更多份额的国内市场，为环保产业的发展闯出一条新路子。

我国环保企业在国内市场实施的是典型的“以农村包围城市”或从“次级中心城市”进行突破的经营策略。特别是东部沿海地区的乡镇环保企业拥有很强的经济实力，它们通过运用良好的市场经营战略，取得了明显的先发优势。我们应立足于这个现实情况，做好新时期环保产业的发展决策。在技术定位上，既不要超前地定位于赶超先进技术和追求国际领先，也不应跟在发达国家后面亦步亦趋，而是应紧紧跟踪国际先进技术进行再开发，缩短与发达国家的差距。从我国的切实需要出发，利用我们的人才技术优势，开发一批市场前景广阔、实际应用程度高、针对性强的治理水、气污染的设备和产品，适应我国的国情需要，满足环保重点工作和中心工作的要求。

三是适应市场与产业发展阶段的要求，实现多样化、专门化生产以满足细分市场需求。首先，我国环保企业要通过提高国产化水平、追求成本领先，然后针对细分市场、开发差别化产品。如水处理设备的生产在以成本领先占领市场以后，应针对市场逐步进入成熟期，坚持以高速有效为重点，不断推出新品种，促进产品的更新换代。

2）从技术引进起步到自主开发立足，不断提升技术水平。

一是从技术引进起步，逐步缩短与国际水平的差距。在进入成长时期后，可通过自主开发提高其附加值，形成核心竞争力。在很长一段发展过程中，我们从国外引进了许多先进技术，对环保产业的进步起了较大的作用，并已经形成了一定的能力。我们应在此基础上对引进技术进行一定程度的消化、吸收和创新工作，加快我国环保产业的发展步伐，促进我国环保产业与国际先进水平的差距逐步缩短。力争经过一段时期的发展后，我国环保产业的技术发展开始从引进型向开发型过渡。及时跟踪世界最新技术发展动向，采用新技术和新材料，争取在关键部件和关键技术等方面取得突破，提高产品的实际应用水平，促成新产品的研发。企业应通过提高研发能力，加快产品开发速度，推出更多的新产品，实现产品功能、造型及色彩日益多样化，努力适应不同的产品需求。

在环保装备领域，可以通过开发形成核心能力，采取局部突破带动总体技术水平的提高与产品的升级换代。虽然我国环保装备产品生产起步较晚，但通过充分发挥“后发优势”，利用技术起步高的优势，促进新旧设备的兼容，完全能够使产品在综合性能指标方面达到或超过国外先进水平，或在某些方面优于国外产品。

二是最大限度利用发达国家的技术资源，从单纯的技术引进走向“技术外取”。“技术外取”是指在技术先进的发达国家设立专门的技术信息收集和技术开发机构，跟踪国外同行的技术发展动态，及时掌握技术最新信息，促进实现资源的最优配置。

3）推动以竞争为主、适当集中的市场结构和有利于资源配置的产业组织结

构的形成和完善。

一是推进竞争性的市场结构的形成与发展，为环保企业发展提供有效的激励机制，有效防止市场垄断，促进技术转移和整个行业的技术进步。

二是实现环保企业由“橄榄型”企业组织机构的转变，这是环保企业获取高附加值资源的关键。当前，我国环保产品加工制造企业呈现出中间（加工制造环节）大、两头（研发和市场营销）小的“橄榄型”特征，这是导致我国环保企业生产能力过剩、附加价值低的重要原因之一。通过引进竞争机制可以促进企业向研发和市场销售环节比重大，而加工制造环节比重小（即所谓“哑铃型”结构）转变，使企业在技术上实现突破以后受到制造环节的制约较小，并以此方式实现从静态比较优势向动态比较优势的飞跃。

三是在开放与竞争中，促进规模化、集中化、专业化和布局合理化。在起步时期，由于有市场需求支持，环保产业存在着大量的重复建设和规模不经济等现象。在经历了一段时间的发展之后，在开放与竞争中，逐渐进入结构高速和规模化、集中化时期形成了一批能够主导市场、具有知名品牌和较高营销水平的企业，名牌企业的生产规模与市场份额不断扩大。应充分利用好这一发展态势努力实现环保产业发展的升级和有序发展。

（3）结构调整和升级过程中需要把握好的关键环节

1）正确处理技术引进与自主开发的关系。技术引进是缩短技术差距的阶梯，但形成核心竞争能力的关键在于对技术的消化吸收和自主开发。我国环保产业通过技术引进及加快研究开发、组建产业园等多种形式，与国际先进水平的差距逐渐缩短，发展步伐不断加快。但应当看到，靠买技术是买不来核心技术的，同时，传统的买技术、买设备或者通过合资等技术引进方式，还会使我国陷入反复引进的怪圈，使产业升级受制于人。因此，只有在消化吸收技术的基础上实现创新，才能促进我国环保企业技术水平和管理水平的提高，加快产业升级。

2）正确处理外资与内资的关系。在吸收外商直接投资过程中要趋利避害，同时，应该认识到“以市场换技术”可以换来比国内先进的技术，但很难换来国际领先技术，更换不来核心技术。在很多情况下，合资并没有形成我国自己的品牌，也没有转移核心技术，相反，却失去了国内的一些高级科技人才，使国内企业在竞争中处于更加不利的地位。这些经验教训表明：一是“以市场换技术”，既取决于国内消化吸收技术的能力，也取决于政府、企业间的合作关系和政府的管理能力；二是靠吸收外资来提升我国环保产业结构水平是有限度的，关键技术最终仍需要自主开发。因此，对一些关键技术和关键领域，应在政府支持下，形成有自主知识产权的技术能力和生产能力。尤其是在合资中，我们应保持自主发展的权力。

3）正确处理政府、市场及企业之间的关系。关键在于正确发挥“看不见的手”和“看得见的手”的作用。一是正确处理保护与竞争的关系。通过竞争保持有效的激励机制，通过适度保护为企业发展提供足够的空间；二是正确处理计划与市场的关系。重在发挥各自的优势，找到各自适合的领域和空间；三是正确处理政府与企业的关系，灵活的企业运行机制和比较宽松的外部环境是成功的必要条件。

四、学会在知识经济的海洋游泳

我国加入 WTO 后，需要实施新的利用外资战略来统一规则和部署我国环保产业利用外资政策，进而达到与国家中长期发展战略和环境保护基本国策相衔接的目的。加入 WTO 后的 5～10 年，是我国进行环保产业战略性结构调整的重要时期，技术进步对改造传统企业，振兴环保装备企业，发展高新技术企业起着至关重要的作用。因此，从这种战略出发，结合跨国公司投资的内在规律，我国应实行“中产品技术转让促进利用外资战略”。

中产品技术转让促进利用外资战略

1. 战略依据

（1）引进技术是我国环保产业利用外资的主要动机。目前，我国一些环保大路产品生产能力已经出现过剩，重复投资现象仍屡禁不止。而从国内金融机构的现状来看，存款增量大于贷款增量，国内储蓄率已接近于 40%，表明国内经济发展的资金短缺压力得到了根本性缓解，甚至出现了局部的资金剩余。因此，我们完全可以利用这种形势，把通过利用外资以弥补建设资金不足的目的相对淡化，而将引进技术转为我国外资的主要目标和立足点。

（2）引进技术应适合国外公司技术转让的规律。根据《中美 WTO 协议》，加入 WTO 后我国各级政府干预外商投资企业转让技术的行为必须采取间接手段。这就要求我们清晰掌握外国公司技术转让的规律，并在此基础上，通过营造政策环境来推动和诱导外商主动转让技术。一般来说，外国公司技术转让具有下面几个规律性特点：

外国公司在本国之外进行研究与开发活动的区位选择，主要取决于东道国的研究与开发设施和科技人员等多种因素，东道国的研究与开发活动越活跃，吸引外国公司前来投资建立研发机构的可能性越大。

外国公司在发展中国家的研究与开发活动与来自本国公司的技术相关，即为适应东道国的当地条件和提供技术支持开展研发活动，而创新性研发活动却很少。

外国公司的技术转让有内部交易和外部交易两种方式，其原则是对其所拥有和控制的企业采取内部交易，对其他公司实行外部交易。

外国公司一般不会将其最赢利的技术出售给国外的非关联公司，他们愿意出售比较成熟的技术。当他们预计到会有竞争威胁时，他们会在出售技术时对该技术的使用施加有关出口或进一步开发的限制性条款。外国公司常常对外部交易方式的技术转让进行管理，使买方不能获得核心技术。

东道国市场竞争程度及竞争对手的行为对外国公司技术转让具有重要影响。东道国市场竞争越激烈，外商投资企业就越需要强化技术领先优势，在东道国市场上，国际竞争对手技术转让的内容越先进，对外商投资企业转让复杂技术的压力就越大。

2. 战略目标

无论是竞争激励战略还是 R&D 投资引力战略，兼具必要性和可能性的战略目标是获得环保中技术产品发展的关键技术。根据国外流行的产品分类法，高技术产品是指信息化程度较高，应用现代高新技术密集的产品；中技术产品主要是指仪器及装备产品。低技术产品是指资源、能源耗费较高，技术含量较低的产品。

（1）高技术产品的关键技术，外国公司不可能转让。一方面，高技术产品的特点是 R&D 投资强度高，对国家具有重要的战略意义，产品与工艺老化快；资本投入风险大；R&D 成果的生产及其国际贸易具有高度的竞争性。另一方面，我国环保高技术企业的技术学习能力相对较强，同时具备依托国内市场规模，迅速降低产品成本的可能性。这两种因素的结合，决定了外国公司不可能冒着技术外溢的巨大风险把高技术产品的关键技术向建立在我国的子公司进行内部转移，而依靠外部交易获得的可能性几乎不存在。

（2）低技术产品外国公司的技术优势并不明显。我国环保产业经过多年的发展，在一些简单产品生产上已具备了较强的技术竞争力，自我研究与开发的潜力也很强；而这些产品技术对于外国公司而言大多数是成熟技术，只要稍加政策鼓励和提高竞争程度，外国公司转让技术的速度就会加快。因此把这些产品作为技术转让的目标，其必要性不大。

（3）中技术产品是我国环保产业要致力追赶的产品，也是外国公司转让技术摇摆不定的产品。加入 WTO 后，环保装备产品是我国环保产业结构调整和优化升级的重点。从技术类型看，我国在这些产品上的根本劣势是技术落后，然而这些产品又恰恰是外国公司技术优势体现的主体。外国公司具备转让中技术产品技术的可能性，但又十分小心谨慎，转让的决心主要取决于占领我国市场而对竞争趋势的判断（包括竞争强度、竞争对手行为等）和全球竞争战略的考虑（如是否有必要在中国设立 R&D 基地以服务于全球市场）。因此在这些环保技术产品的转让上，我们有必要通过出台一些政策措施促进外国公司转让技术，同时一旦成功，将获得环保产业技术迅速进步的巨大回报。

3. 战略对策

（1）培育能够与外国公司开展公平竞争的国内企业。拉平外资企业与内资企业的竞争条件。顺应 WTO 规则的要求，对国内利用外资的各项优惠政策进行分类排队，除了与鼓励外资转让技术和增加 R&D 投资有关的条款外，取消所有不符合国民待遇的政策措施，加快国内环保企业组织结构调整，建立现代企业制度，增强企业活力。在 WTO 规则下加强对国内企业的扶持。利用加入 WTO 的过渡期，先对国内进行开放，并适度降低市场准入门槛。

（2）规范外国公司对国内企业的并购行为。尽快制定和颁布《反垄断法》和《反不正当竞争法实施细则》，以建立、健全竞争法律体系。对外国投资者并购有重要意义的内资企业，应设立制度保障；影响特定市场份额和销售水平的企业，其并购必须遵守《反垄断法》；并购具有控制市场能力的企业必须得到政府有关部门的批准；某一国投资者收购国内企业20%有投票权的股票时，必须实行公开招标等。

（3）引入外国公司的国际竞争对手。有些领域，由于种种原因，国内企业在短期无法形成较强的竞争力。在这种情况下，在同一产品生产上至少要引入两家国外公司投资，使他们之间形成旗鼓相当的竞争对手关系。

（4）鼓励外国公司转让关键技术或核心技术。对能够提供关键技术的外商投资项目实行减税和利息补贴支持。运用加速折旧、适当降低所得税等措施，鼓励外资企业使用更复杂的技术，或提升在我国所从事的技术 R&D 等级。对提供新产品、新工艺的外资项目优先提供政府采购合同。

（5）鼓励外国公司在我国设立 R&D 机构。以低于市场价格提供土地、建筑、电讯、运输、电力等设施基础，免征资本品、设备、原材料等的进口税。为开发新技术或提高质量控制的培训提供服务帮助。

（6）创造国内开展 R&D 的宽松环境。增加基础研究和应用研究的支持力度，运用减免税、提供特别融资措施鼓励中小企业开发 R&D 活动和联合攻关技术，鼓励大学研究机构与外国公司开展联合研究项目。

（7）加强企业的技术学习能力。以提供廉价基础设施和营销技术咨询服务等措施，激励外国公司与内资企业建立分包商或供应商的关系，以实现外国公司对内资企业的人员培训和技术转让。运用财税政策和金融政策鼓励海外留学人员回国创办企业，在中小企业开展技术创新奖励计划，对有重大突破的技术创新项目实行重奖。鼓励大学、科研机构与企业建立合作关系，在一些有条件的大学建立企业出资、为企业科研服务的技术开发机构。

循序渐进的选择：环保服务业开放

加入 WTO，可增强我国环保服务业的国际竞争能力，同时也会给我国环保服务业的发展造成强大的压力，其中对一些领域的冲击是相当大的。面对现实，我国环保服务业要抓紧谋划，早定对策，以便抓住机遇，趋利避害，借此起飞。

1. 进一步改进和完善对环保服务业的统计，摸清环保服务业的家底

无论是加强我国环保服务业的管理，还是开放市场、开展国际多边和双边贸易谈判，都有赖于完整、准确的统计资料。我国环保服务业的统计工作尚处于起步阶段，而且发展缓慢。其中的原因是多方面的，如服务业自身的特点使统计难以操作，如企业的生死率高、结构变化快、调查难度大等问题外，更重要的是国内对环保服务业特别是国际服务贸易的发展、研究以及开发工作尚未引起高度的重视，服务业统计基础薄弱、范围不清、标准不一、资料残缺不全等问题相当突出。

对我国环保服务业现状和发展潜力要心中有数，没有一套既符合我国国情又遵循国际标准的资料收集方法和统计渠道，是根本无法做到的。我国环保服务业统计，无论在标准上还是在内容和方法上，都需要进行认真的研究、调整和改革。只有对统计工作进行改革，才有可能摸清家底，做到知己知彼，真正弄清楚哪些领域可以开放，哪些领域暂不开放；哪些领域的开放程度可以大些，哪些领域的开放程度可以小些，然后，在遵循《服务贸易总协议》的宗旨，根据世界其他国家环保服务业开放的惯例和我国环保服务业实际情况、不同地区的发展变化情况，因时因地制宜，逐步实现环保服务贸易自由化。

2. 根据不同领域的竞争力水平，研究确定各领域的开放顺序和程度

按照我国在“入世”谈判中的承诺和环保服务业不同领域的发展水平，应当遵循“鼓励开放、限制开放和禁止开放”三个类别，有目的、有计划地研究确定各个领域的开放顺序和程度。

对于我国有较强竞争实力，甚至还有相对比较优势的领域，应当在现行改革开放的基础上，进一步扩大开放的范围和程度，并以此作为我国环保服务业打入国外服务市场的筹码。对于需要大规模的投资，而国内资金一时难以到位的领域，应当适度放开对外开放的限制，允许外商以 BOT 形式进入我国的环保

服务业市场。对于国内尚属空白或尚不发达而又急需发展且以高新科技为核心的领域，应当视国内的需要与可能，先允许外国专业技术人员进入，之后再合资经营，从而引进国外新的交易方式、交易技术和管理方法等，以改善我国环保服务业的结构，提高服务业的技术水平和管理水平。

环境信息社会化和法律、环境咨询等是我国环境保护工作确实需要而国内商业化程度较低、自给能力严重不足的领域，由于对外开放前期会在一定程度上受到国外环保服务企业的冲击，应当充分利用“入世”后的时间差，在积极扩大对内开放的基础上适度地对外开放。要充分利用《服务贸易总协议》所提供的特殊优惠，制订符合我国国情的环保服务业发展规划和开放计划，以入股、合作等方式鼓励民间资本逐步进入这些领域，在竞争中增强我国环保服务业的活力，并准确把握好对外开放的范围、程度和先后顺序，采取有限制的开放政策。对环保融资业务的开放应持慎重态度，但对一般信贷业务则可在国有银行加速建立商业化运行机制的同时逐步放开。信息服务要集中力量发展我国的核心技术，在积极培养人才、保障国家环境安全的前提下，采取多种手段，积极从国内、国外两个市场筹措发展资金，利用国外已成熟的风险投资机制，充分发挥债券、股票市场的筹资功能。

对于环境宣传教育、文化和新闻出版等领域，应当严格地选择对外开放形式。我国在这些服务领域的市场潜力巨大，但市场规模与国际水准相去甚远，是我们应当优先发展的重要领域。发展我国的环境教育，应采取聘请海内外著名学者、吸引优秀人才等手段，提高我国的教育质量和科研水平；培训领域可适当开放，但要限制外国教育单位的资质，保证教学质量；对外国自然人在华从事环境文化产业的就业要加强管理，确保引进真正能够代表先进水平的优秀人才；对新闻出版和广播影视服务的提供者的引进要认真审查，严格限制，尽量避免西方文化和意识形态对我国的渗透和控制。

3．根据不同地区的环保服务业发展水平，研究确定环保服务业的对外开放的地区层次

针对我国不同地区环保服务业发展的不平衡状况，应当按照不同地区的服

务结构和经济发展水平，研究确定其对外开放的次序，以搞好不同经济带环保服务业的梯度发展，发挥国内与国外、东部与中西部间的优势互补和相互促动。

对环保服务业发达的东部地区，特别是沿海特大城市和特区城市，如上海、广州以及深圳、厦门等，要充分发挥其中心城市的辐射作用，作为我国吸收国外先进技术、管理经验的桥梁，使之成为我国环保服务业成长的“经济孵化器”。北京、上海、广州、深圳等发达城市，更应在环保服务业开放深度和广度上向国际大都市看齐，尽快确立环保服务业开放的清单，在已承诺开放的领域逐步实行市场准许入和国民待遇，向实现环保服务贸易全面开放的目标发展。对于广大中西部地区，在中短期内的主要任务应当是按照市场机制建立和调整环保服务产业，并逐步开放一些能够发挥其旅游资源和劳动力优势的服务领域。对于暂时不能全面开放的敏感性环保服务领域，可选择一些有代表性的国内不同地区和不同的国外服务提供者进行试点，待条件成熟后再在全国范围内普遍实施。

4. 加快我国环保服务业的立法步伐，逐步建立与国际服务贸易相适应的法律体系

按照《服务贸易总协议》透明度的要求，我国必须以统一、透明的立法方式管理环保服务业的有关活动。因此，应当遵循 WTO 的有关协议和条款，根据我国在“入世”谈判中的承诺，将其对我有利的条款以国内法律、法规的形式予以确认；将其对我有不利影响的条款尽快予以规避和限制。为此，必须抓紧清理与“入世”不符的现行法律、法规和各项规章制度，建立灵活的市场准许入和市场保护机制，实行公开、公正、透明的法律制度，取消外资的超国民待遇和非国民待遇，力求避免在国内环保服务市场形成某个国家或某个跨国集团对我国环保服务某个领域或某个地区的垄断局面。

5. 抓好各类专业技术人才的培养教育，建立行之有效的人才培育激励制度

加入 WTO，促进我国环保服务业发展的关键，是要造就一大批既懂得管理又善经营和既懂技术又熟悉国际经济运营规则的专业技术人才。改革开放以

来，国外跨国公司为了实现在我国本土化经营的目标，不遗余力地以高薪从我国有关单位、部门挖走专业技术人才。“入世”以后，外资环保服务企业将突破地域和数量的限制在我国境内设立分支机构，因而对国内管理和专业技术人才的需求将更为旺盛。他们可以用高薪聘用、委以重任、出国培训等优惠条件，以及科学的人才管理方式，挖掘我国本来就已十分匮乏的各类骨干力量和行业精英。为此，我们必须早做思想准备，抓紧建立健全各类管理和专业技术人才的选拔任用机制，采取技术入股、管理入股等手段，大力提高他们的生活待遇和工作待遇，努力为他们提供更多的创业和发展机会，使我国的环保服务人才既能培养得出，又能保留得住，真正为我所用。

创新的体系：“五个创新”

当前我国环保企业面临着诸多挑战，同时也是难得的历史机遇。抓住时机，努力创新、锐意进取，促进环保企业取得更大发展已经是一个迫在眉睫的问题。经济全球化进程不断加快、科学技术迅猛发展、加入 WTO、社会主义市场经济体制初步建立、经济结构调整步伐不断加快等等，对于环保产业的发展提出了更高的要求。我国环保企业只有不断提高创新能力，不断进行开拓创新，才能跟上时代发展的步伐。

江泽民同志指出，创新是一个民族进步的灵魂，是一个国家兴旺发达的不竭动力。在新形势下，推进环保企业的改革发展要重点抓好“五个创新”，即思维创新、科技创新、结构调整创新、机制创新、环境创新。

1．思维创新：在指导思想和思维方式上进行创新，为企业发展注入精神动力

把解放思想作为一切改革创新的基础和前提。联系我国目前的环保工作实际，摸索出一条行之有效的环保企业发展的思维创新方法：以马克思主义为指导，坚定走有中国特色的社会主义道路，努力实现思想观念的实质性更新，思

维方式的科学化变革，在企业发展的实践过程中不断提出问题，解决问题。通过做好以下四个方面的工作，解决好思维创新问题：一是市场。了解当市场发生较大变化时，人的思想观念随之发生了哪些变化，为企业的发展做好深入细致的市场调查工作；二是目标。当企业依据变化的市场情况和环保形势调整或确定了新的发展目标后，企业经营者的思想观念和思维方式是否能跟得上实现目标的需要；三是成绩。在企业发展取得了一定成绩，在成绩面前，经营者中是否出现了懒惰、骄傲和满足于现状等不良现象，做到防患于未然；四是困难。企业经过一段时间发展后，在出现新情况，遇到新问题时，应适时检讨一下经营者的思想是否出现僵化，思维方式和思想方法是否有了偏差，为克服困难打下一个良好的思想基础。只有不断进行思维创新，才能为企业发展注入不竭的精神动力。

搞好国内环保企业，关键是要坚定信心，解放思想，勇于探索，不断创新，促进企业与市场经济的有效结合。把认真贯彻落实中央有关企业发展的方针政策与实际情况紧密结合起来，坚持以三个有利于为标准，尊重群众的首创精神，鼓励大胆尝试，大胆创新，积极探索企业与市场经济结合的有效的途径，坚持共同发展和促进的原则，国外环保企业的成功经验可以为我所用。市场经济不是私有制的专利，国内环保企业通过改革和挖潜完全可以适应市场经济体制，完全能够搞好。

2. 科技创新：大力进行科技创新，增强企业竞争实力

如果一个企业科技投入不足，人才力量薄弱，必然造成产品的科技含量低，在日益激烈的市场竞争中就会处于劣势，渐渐丧失市场。为此，环保企业应积极适应知识经济发展的潮流，逐步走上知识型企业发展道路。通过大力培育拳头产品，加大科技投入，积极推动科技创新，努力实现技术自动化。按照党和国家制定的科技创新战略，环保企业进行科技创新首先必须解决面向市场的问题：适应我国环境保护发展的要求，以成套设备技术创新和产品升级为手段，进一步开发和培育更多的拳头明星产品，加快科学化、现代化的步伐。

加快环保企业的科技创新，要按照全国科技创新大会的有关精神，以形成

有效的企业创新机制为核心，营造良好的创新创业环境，构建完善的技术创新体系，使环保企业真正成为技术创新的主体。鼓励企业重视和广泛采用现代管理技术和手段，加强对人才的培养和资金的投入，以提高经济效益为中心，加强质量管理、成本管理和财务管理，把企业管理提高到一个新水平。

科技创新的主体是环保企业。在当前经济发展的大形势下，只有加快环保企业技术体系的开发，提高企业的创新能力，才能为科技创新提供可靠支撑。通过设立企业科研开发基金，依照“打牢基础，抓住重点，力求突破”的指导思想，在推进一般企业技术开发体系建设的同时，重点扶持骨干重点企业和企业集团办好开发中心，带动整个环保产业增强开发能力。

科技创新的重要依托是科研院所和各大专院校。通过推动产学研进一步结合，促进环保企业与大专院校、科研院所建立长期的技术合作关系。以环保企业发展为基础，以企业技术、产品开发需要为纽带，开展富有成效的互动式技术合作，提高科研成果转为现实生产力的成功率。可以按照市场规则把科研机构和企业有机联系起来，通过让有条件的科研机构融入企业的技术开发体系，同时也鼓励有条件的企业参与科研机构的科技开发，实现科研机构的无形资产与企业的有形资产有效组合，以科技增量盘活企业存量，提高企业的科技开发能力。

科技创新的重要载体是以环保产品生产开发为主的试验区和环保工业园区。通过进一步加快试验区和工业园区的综合配套改革，完善招商引资的优惠政策，建立更加灵活的与国际接轨的引进人才和项目、孵化培植高新技术企业的机制，使环保工业园区真正成为环保高新技术的基地和孵化器。

科技创新的前提条件是科技投入不断加大。要树立科技投入是生产性、战略性投入的意识，引导企业不断提高科技开发费用在企业销售收入中所占的比例；通过股权出让、资产重组、吸引外资、股票上市等多种形式，吸引社会资本增加对科技开发的投入；吸引金融机构增加科技贷款和技改贷款，从而聚集和利用各方面资金扩大科技投入，加快环保产业的发展和产业结构的调整升级。

3. 结构调整创新：抓大放小，有进有退，扶优扶强，搞好结构创新

当前，在我国即将加入 WTO 迎接更大挑战的形势下，结构调整创新意义更为重大。为了实现环保企业结构调整的创新，应坚持以下四个原则：一是实现生产经营与资本经营有效结合。以生产经营为基础，适时开展资本经营，为生产经营扩张与发展创造必要的条件。一些环保企业运用改革创新形成的机制、市场、技术、资金、人才等优势，积极参与竞争，使资产配置得以优化，壮大了自己，取得了明显的成效；二是要具有很强的风险防范意识。坚持依法经营，同时建立相应的防范风险的机制，通过减少不必要的风险决策等，促进企业取得更大发展；三是发展主导产品与相关辅助产品有机结合。当代企业的发展是以积极发展主导产品为主，通过相关辅助产品的研制投产弥补不足的多元化扩张的模式，这样才能不断提高企业的整体竞争实力；四是实现企业发展方式的转变。通过不懈的努力，把企业发展方式从增加数量转到提高质量、从扩大规模转到优化结构、从注重速度转到提高效益上来，推进企业经济增长方式从粗放型向集约型转变。

环保产业结构调整是我国环保企业发展到现阶段的必然要求和进一步发展的迫切需要。结构调整创新是产业结构调整升级的核心和动力，也是环保企业提高经济实力，实现发展方式转变，增强整体竞争能力的根本途径。结构调整创新的主要任务是按照我国环保工作的实际和世界上环保产业发展的最新动向，努力推进环保产业这一新兴产业的发展，实现其由潜在支柱产业向现实支柱产业的转变，以此推动环保产业结构的战略性调整，为环保企业发展缔造新的产业基础和产业优势。在当前面临国际国内压力的新形势下，通过进行结构调整创新，坚持把改革与培育大企业、大集团结合起来，与培育主导企业结合起来，与改造传统工艺和淘汰落后生产能力结合起来，鼓励资金向高新技术环保企业和优势环保企业集中。

开发高新技术产品是结构调整创新的方向和龙头。我国环保企业要立足于现有科技基础，借鉴国外先进经验，重点抓好水处理、脱硫、大气监测设备等产品的生产，大力提高其在环保产品中的比重。把优先发展潜力大、市场前景好的高科技重点项目作为突破口和切入点，在研发力量、资金和政策上予以全力扶持，使之尽快成为具有规模优势的企业主导产品。

积极引进、消化国外高新技术，是迅速提高我国技术水平的一个重要途径。要抓住我国即将加入 WTO 这一机遇，进一步提高对外开放的层次和水平，把吸引外商投资与环保企业结构的调整优化结合起来。国外环保企业不断进入我国，他们将带来技术含量高，质量好的设备，对提高我国环保产业的整体水平具有积极的意义。但不可避免带来强烈的冲击，这就要求我国的环保企业必须在振兴民族环保产业上下功夫，如果消极避战，不积极参与国际竞争，只是墨守成规的机械发展，国内市场也最终要丧失。

国外环保企业的进入和发展，将为国内环保企业进行资产流动和重组提供经验，同时为富余人员下岗再就业创造一定的机会和条件。国外环保企业进入中国市场，加快了环保治理技术的大发展，同时也将推进形成一大批在市场中有产品、技术和市场优势的企业，为国内环保企业的租赁、兼并、拍卖和股份制改造提供经验借鉴和广阔的空间。特别是国外环保企业带来了技术、资金，推动了我国污染治理能力的提高，同时也能够为我国培养出一批具有高素质的管理和科学技术人员，并能够为国内企业的减员增效、下岗分流和下岗再就业作出贡献。

4．机制创新：建章立制，不断创新，激发企业前进的活力

在企业的各项改革创新中，机制创新具有其他创新无法相比的重要作用。没有机制的创新，企业就缺乏活力。机制创新的关键就是建立严格的责任制。适应现代企业管理要求，不断扩大管理人员的职权，按照责任到人就要权利到人的原则，通过建立法人代表负责制等一系列适应现代企业发展方向要求的责任制度。依据权责明确的要求，法人代表负责企业各项工作，拥有生产经营指挥权、财务管理权、收益分配权、机构设置权、人事调配权；独立承担确保企业高速、持续、健康发展，确保企业利税任务的完成，确保国有资产保值增值，确保企业依法经营，确保企业精神文明建设过硬等五个确保的责任。同时根据“为国家创造财富多，个人的收入就应该多一些”的原则，打破分配上的大锅饭，

逐步形成按劳分配、按责领薪、按效取酬的激励机制。

通过强化科学管理意识，实行企业管理创新。以产权制度改革为突破口，大胆进行企业制度的创新。对于一些国有环保企业，可以按照规范股份制的要求进行改组，有条件的建立以资本为纽带的企业集团；对于个体和私营企业，采取股份合作制等多种形式进行改组改造，积极发展多元投资主体的混合所有制经济。通过产权制度改革，进一步理顺产权关系，增强企业活力，提高市场竞争力，推动我国民族环保产业的进一步发展。

切实转换企业经营机制，使环保企业真正成为自主经营、自负盈亏、自我发展和自我约束的法人实体和市场竞争主体。促使企业在经营管理、技术创新、产品开发、市场开拓、用人分配等方面推出新举措，推动企业加快建立决策、执行、监督、互相制衡的管理机制，出台各种制度和规定，调动经营者和劳动者的积极性，促进企业经营机制的转变。

通过建立一套完善科学的决策机制，为环保企业发展提供切实保障。企业盛衰成败，领导决策正确与否是首要因素。在当前形势下，环保企业的发展更要慎重选择企业的领导决策人员。人员问题解决了，才有可能建立科学的决策机制：一是企业决策者要对党和国家的路线、方针、政策和环保形势，特别是即将加入 WTO 对我国环保产业冲击有清楚的把握和清醒的认识，并辅之以科学决策理论和方法培训学习，不断提高决策能力和水平。二是坚持及时、务实、创新、高效的决策指导思想。在实际工作中，发现问题、处理解决问题速度要快，不能有丝毫闪失，延误商机；作出的任何决策，必须做到指导理论与企业发展实际的紧密结合，并通过实践检验，使企业获得实实在在的发展。三是决策的职权范围规定明确。企业发展中的一般决策、常规决策和微观决策，法人代表可以作出最终决定，保证决策效率；重大决策、宏观决策和风险决策，必须要按科学决策程序办事。通过建立科学顾问制度，邀请有关专家作为企业决策者的外脑，进行决策咨询，使决策者拓宽视野，保证作出正确无误的重要决策。四是坚持追踪决策和动态决策相统一。决策者做出决策后，还应对决策的贯彻落实情况随时进行把握，发现不适应时及时调整。通过对决策的补充和完善，促进企业不断取得更大的发展。

5．环境创新：加快一系列配套改革，创造良好的发展环境

一个良好的企业发展环境对推动我国环保企业的发展有着不可或缺的关键作用。环境创新包括企业外部宏观环境的创新和企业内部微观环境的创新两个方面。

企业外部宏观环境的创新主要是指为企业发展营造良好的经济秩序，创造市场优势。通过加快社会主义市场经济体制建立，建成一个全国统一的、开放的市场，促进商品、资金、技术、人才、信息等要素的顺畅流动，营造良好的经济秩序和公平竞争的市场环境，为企业发展提供重要保障。采取一系列积极措施，推进各类专业市场、批发市场和要素市场的发展，构造多层次、多门类完善的社会主义市场体系，为加快商品流通和资源优化配置提供有利的载体和条件。加大法制建设力度，健全完善社会主义市场经济法律法规体系，大力维护市场秩序，增强企业履行合同合法经营的主体意识，并适应现代经济发展要求，推动信用观念的广泛建立，提高市场运行效率。

企业内部微观环境的创新主要是选人、用人机制的创新。环保企业要通过完善激励和约束机制，努力建设一支高素质的经营管理者队伍。积极探索建立与市场经济相适应的选人用人机制，进一步健全对经营者的业绩考评、离任审计、风险抵押等制度，推行厂务公开。在新形势下，努力培养一支懂经营、善管理的专业化管理人员队伍，把企业的管理水平提高到一个新层次，逐渐与国际上先进管理模式接轨，真正使环保产业成为我国 21 世纪经济发展的一个亮点。为此，最重要的是要健全人才机制，为企业发展打好人力资本基础。环保企业能不能在新的历史情况下摆脱困境并取得较大的发展，关键在于发现和拥有人才。人才在企业发展中扮演着越来越重要的角色。随着知识经济时代的日益临近，人才是知识经济“第一资源”的观念逐渐为环保企业的领导者所接受，促使他们在人才引进、培养和使用的有效机制创新上投入极大精力，做到吸引人才有新思路，使用人才有新机制。为使人才充分发挥才能，千方百计创造条件，为其提供能够一展所长的空间和环境，总起来讲包括“五提供”：一是提供机制。通过推行现代企业法人代表制度，逐步实现分层管理，各负其责，目标

约束，利益监督，以达到责、权、利的高度统一，使每位员工拥有与工作岗位对称的现实而可行的权利。二是提供舞台。为每一位将自己的荣辱与企业的兴衰联结起来的员工创造一个争作贡献光荣的环境，建立一套公平合理的竞争机制，形成“获得岗位靠竞争、晋升职务靠本事、提高收入靠贡献”的“三靠”企业理念。只要你有一技之长，愿意奉献，就能在企业中找到适合于自己的位置，满足实现自我价值的需要。三是提供优惠条件。只要你真正将自己的聪明才智奉献给企业，在实际工作中把自己的各项本领、技能发挥出来，踏实、真实地做好每一项工作，企业就要想方设法满足员工个人的一些条件较高的要求。四是提供待遇。“尊重人才，爱护人才”不是一句空话，必须在具体的荣誉和利益上有所体现。除给予他们应得的各种荣誉鼓励外，在经济利益上，要坚持基本上给足的原则。通过实行按劳分配、按责领薪、按效取酬的制度，使每位员工都能够获得与他们的付出和贡献成正比的劳动报酬，感到劳有所偿，心情顺畅地投入到工作当中。五是提供追求理想的机制。坚持搞好理想、道德教育，激发员工们的上进心和创造力。通过不断加强思想政治工作，凝聚人心，为企业的发展壮大提供重要的思想基础保障。

“五个创新”是一个相互联系、相互渗透、相互促进的有机整体。其中，思维创新是前提基础保证，科技创新是核心，结构调整创新是关键，机制创新是动力，环境创新是保障。思维创新是科技创新的思想源泉，科技创新是思维创新的充分印证；科技创新是结构调整创新的先导和支撑，结构调整创新是科技创新的载体和目的；机制创新直接影响科技创新、结构调整创新的进度和成效；环境创新是其他四个创新的必要条件和重要保证。“五个创新”统一于环保企业创新体系的建立、完善和创新能力的增强、提高这一基本要求，服务于加快企业适应形势要求迅速发展这个根本目标。全面推进“五个创新”，充分发挥其在推动企业发展中的重要作用，才能使环保企业在迎接新世纪的各种挑战中，抓住机遇，取得跨越性的发展。

第四篇

共同的行动
——有关国际及双边环境文献

一、约翰内斯堡政治声明

从我们的起源到未来

1. 我们，世界人民的代表们，于2002年9月2—4日相聚在南非约翰内斯堡召开了可持续发展世界首脑会议，再次确认我们对可持续发展的承诺。

2. 我们承诺建设一个人道的、公正的、负责任的、认可所有人都需要尊严的全球社会。

3. 在本次首脑会议开始时，世界的儿童用一种简单但明确的声音对我们讲，未来属于他们；因此他们给我们所有人都提出了这样一个挑战：如何确保通过我们的行动使他们继承的世界不再有因贫困、环境退化和不可持续的发展方式造成的有失人类尊严和体面的现象。

4. 这些儿童代表了我们共同的未来。作为对这些儿童的响应，来自世界各地具有不同生活经历的我们联合起来并被一种深深感觉到的情感所感动：我们迫切需要创造一个新的、更加灿烂的充满希望的世界。

5. 因此我们承担共同的责任，在地方、国家、区域和全球层次推进和加强可持续发展既相互依赖又相互加强的三个支柱——经济发展，社会发展和环境保护。

6. 在非洲大陆这个人类的摇篮，我们通过《执行计划》和本《声明》，宣告我们相互之间、对全社会和对我们儿童的责任。

7. 我们认识到人类处于十字路口，因此我们团结起来决心共同努力积极地制定一项现实的并且看得见的能够消除贫困并促进人类发展的计划。

从斯德哥尔摩到里约热内卢，到约翰内斯堡

8．30 年前，在斯德哥尔摩我们约定迫切需要对环境退化问题作出响应；10 年之前在里约热内卢召开的联合国环境与发展大会上，根据《里约宣言》，我们认识到环境保护、社会与经济发展是可持续发展的根本；为了实现这样的发展，我们通过了全球性的计划《21 世纪议程》以及《里约宣言》。里约首脑会议是一个重要的里程碑，它开拓了可持续发展的新纪元。我们再次确认我们对《21 世纪议程》和《里约宣言》的承诺。

9．里约首脑会议之后，世界各国在联合国指导下召开了几个重要的会议，包括蒙特雷发展筹资会议以及多哈部长级会议。这些会议为人类的未来确定了更加全面的前景。

10．在约翰内斯堡首脑会议上，我们取得很大成就，以一种建设性的寻求共同道路的方式使具有各种观点的各国人民相聚在一起，绘出了丰富的图画，迈向一个尊重和实施可持续发展前景的世界。约翰内斯堡也确认，我们星球上各民族在取得全球共识、形成伙伴关系方面取得巨大进展。

我们面临的挑战

11．我们认识到，消除贫困，改变消费和生产方式，保护和管理经济与社会发展所需的自然资源是可持续发展中心目标，这也是可持续发展的本质要求。

12．将人类社会划分成富人和穷人的深深的、错误的界限以及介于发达世界与发展中世界之间日益增大的鸿沟对全球繁荣、安全和稳定构成巨大威胁。

13．全球环境继续恶化。生物多样性继续损失，渔业种群持续耗竭；荒漠化侵占了越来越多的肥沃土地；气候变化已带来显著的负面影响，自然灾害更加频繁且更具破坏力，因此发展中国家变得更加脆弱；大气、水体和海洋污染继续剥夺千百万庄严的生命。

14．全球化已经使得应对这些挑战增添了变数。市场快速一体化、资本的流动以及世界范围内投资量的巨大增长已经给可持续发展事业带来了新的挑战和机遇。但全球化的惠益和代价并不是均衡分布的，发展中国家在应对这些挑

战时面临特殊困难。

15．我们面临这些全球不平等的壕沟所带来风险，除非我们的行动方式能从根本上改变穷人生活，否则世界上的穷人们可能会对其代表们（我们这些首脑们）以及我们仍然坚持的民主体系丧失信心，将这些代表们看做仅仅是会发声的铜管乐器或丁丁作响的钗钹。

我们对可持续发展的承诺

16．我们决心确保作为我们共同财富的丰富多样性用于构筑为改变现状而形成的伙伴关系，用于实现可持续发展的共同目标。

17．我们认识到人类团结的重要性，敦促世界不同文明和民族，不论其种族、大小、宗教、语言、文化和传统，加强对话与合作。

18．我们欢迎约翰内斯堡首脑会议关注人类尊严的不可分割性，并且通过一系列关于目标、时间表和伙伴关系方面的决定来解决问题，这些决定有助于人们快速增加获得清洁饮用水、卫生设施、适当的住房、能源、医疗保健和食物等基本生活资源和保护生物多样性。同时，我们将一起工作，互相帮助以获得资金、开放市场所带来的惠益，确保能力建设，利用现代技术促进发展，并且确保技术转让，人力资源开发，教育和培训以永远消除欠发达现象。

19．我们再次重申我们的誓言，对严重威胁我们可持续发展的世界范围的环境形势的斗争给予实际关注和优先考虑。这些环境形势包括：慢性饥饿，营养不良，外国占领，武装冲突，非法药物问题，有组织犯罪，腐败，自然灾害，非法器官贩卖，贩卖人口，恐怖主义，种族、宗教歧视和其他仇恨，排外主义，地方性、传染性和慢性疾病，尤其是艾滋病、疟疾和结核病。

20. 我们承诺确保妇女参与和解决，并且性别平等将结合在《21 世纪议程》、《千年发展目标》和《约翰内斯堡执行计划》所有的活动之中。

21．我们认识到这样一个事实，即全球社会具备面对摆在全人类面前的消除贫困和实现可持续发展所带来挑战的手段和资源。我们将一起采取额外的步骤确保这些现有的资源使全人类受益。

22．因此，为有助于实现我们的发展目标和指标，我们要求尚未做到的发达国家采取具体的措施实现国际上同意的官方发展援助水平。

23．我们欢迎和支持更强的地区性组织和联合的出现，例如非洲发展新伙伴倡议（NEPAD），以促进地区合作，改善国际合作，促进可持续发展。

24．我们将继续特别关注发展中小岛国和最不发达国家的发展需求。

25．我们再次确认土著民族在可持续发展中的关键作用。

26．我们认识到可持续发展需要长期的努力，并在各级政策制定、决策和实施过程中都需要广泛的参与。作为社会伙伴。我们将继续工作与主要群体形成稳定的伙伴关系，尊重彼此独立、重要的角色。

27．我们认为，私营行业、大公司和小公司在经营其合法活动过程中有责任对公正及可持续的社区和社会的进展作出贡献。

28．我们也同意提供协助，以增加能获得收入的就业机会，并考虑到国际劳工组织关于工作场所基本原则和权利的宣言。

29．我们同意私营行业公司需要承担公司的责任。这应该在一个透明的、稳定监管环境中进行。

30．我们将加强和改进各级的政府管理，以有效实施《21世纪议程》，《千年发展目标》以及《约翰内斯堡执行计划》。

多边主义是未来

31．为实现我们可持续发展的目标，我们需要更加有效、民主和负责任的国际和多边机制。

32．我们重申我们对联合国宪章和国际法基本原则和目的以及加强多边主义的承诺。我们支持作为世界上最普遍的、最具代表性机构的联合国在促进可持续发展方面发挥领导作用。

33．我们进一步承诺为实现我们可持续发展的目标和目的，将每隔一段时间监督所取得的进展。

行动吧！

34．我们同意这必须是一个包容性的进程，让所有参加了具有历史意义的约翰内斯堡首脑会议的所有主要群体和政府都参与这个进程。

35. 我们承诺通过一个共同的决心联合起来一起行动，以拯救我们的星球，促进人类发展，实现普遍的繁荣和和平。

36. 我们承诺执行《约翰内斯堡执行计划》，促进该计划中那些带有时限的社会与环境目标的实现。

37. 在非洲大陆这个人类的发源地，我们庄严地向世界人民和将要继承地球的后辈们宣誓，我们决心确保我们对可持续发展的共同愿望将会得到实现。

我们对南非人民和政府为可持续发展世界首脑会议所表现的热情好客和所作出杰出的安排表示深深的感谢。

二、可持续发展世界首脑会议执行计划

（摘要）

一、导言

1．1992 年在里约热内卢召开的联合国环境和发展会议（环发会议）为实现可持续发展提供了根本原则和行动纲领。我们强烈确认对里约原则、全面执行《21 世纪议程》和《进一步执行 21 世纪议程方案》的承诺。我们还承诺实现国际商定的发展目标，包括载于《联合国千年宣言》的目标和 1992 年以来联合国主要会议和国际协定的成果。

2. 本执行计划将在环发会议以来成就的基础上前进，加速实现其余的目标。为此目的，我们致力于在各级采取具体行动和措施并增进国际合作，同时考虑到里约原则，特别是如《里约环境与发展宣言》原则 7 所规定的“共同但有区别的责任”的原则。这些努力还将促进可持续发展的三个即各自独立又彼此强化的支柱组成部分：经济发展、社会发展和环境保护融为一体，消除贫穷和改变难以持续的增长和消费模式，以及保护和管理经济、社会发展的自然资源基础，是可持续发展的首要目标，也是根本要求。

3．我们认识到执行首脑会议的决定有利于所有人，特别是妇女、青少年、儿童和弱势群体。此外，执行中还应通过伙伴合作，尤其是北方和南方政府之间、各政府和主要集团之间的伙伴合作，吸收所有相关行动者来参与，实现普遍同意的可持续发展目标。从《蒙特雷共识》可见，此种伙伴合作是在日益全球化的世界中实现可持续发展的关键。

4. 各国内部和国际上的良政是可持续发展不可缺少的。在各国国内，健全的环境、社会和经济政策，听取人民需要的民主体制，法治，反腐败措施，性别平等和有利的投资环境，均为可持续发展的基础。由于全球化，外部因素已经成为决定发展中国家及其国民努力成败的至关重要因素。发达国家和发展中国家之间的差距表明，要维持并加快全球实现可持续发展的势头，需要继续建立具有活力和有利的国际经济环境，这种环境支持国际合作，尤其是在金融、技术转让、债务和贸易等领域，并支持发展中国家全面和有效参与全球决策过程。

5. 和平、安全、稳定和尊重人权、基本自由及发展权与文化多样性，是实现可持续发展和确保可持续发展使人人获益所必不可少的。

二、消除贫穷

6. 今日世界面临的最严重全球性挑战是消除贫穷，这是可持续发展，尤其是发展中国家的可持续发展，必不可少的条件。虽然各国对本国的可持续发展和消除贫穷负有首要责任，虽然各国的国家政策和发展战略绝对应当尽力强调，但是为发展中国家实现包括《21 世纪议程》、其他联合国会议的有关决定、联合国千年发展目标的国际商定的与贫穷相关的目标，仍然需要在各所有各级协调采取具体措施。各级行动包括：

（a）至迟在 2015 年使每天收入 1 美元以下的人口比例和挨饿的人以及无法得到安全饮用水的人口比例降低一半；

（b）设立一个世界团结基金，以消灭贫穷，促进发展中国家的社会发展和人类发展，方法将由大会确定，同时强调捐助的自愿性质，必须避免与现有联合国基金的重叠，并鼓励相对于政府的私营部门和个别公民在资助这项事业方面发挥作用；

（c）制订可持续发展和地方与社区发展的国家方案，并在本国减轻贫穷战略中认为适当时，促进对贫穷人民及其组织赋予权力。方案应反映他们的优先关注事项，并使他们能够更多地获得生产资源、公共服务和机构，特别是土地、水、就业机会、信贷、教育和卫生等；

（d）促进妇女在男女平等的基础上有机会知道并充分参与各级决策，将性别观点纳入所有政策和战略的主流，消除对妇女一切形式的暴力和歧视，并提高妇女和儿童的地位、保健和经济福祉；办法是通过全面和平等地获得经济机会、土地、信贷、教育和保健服务；

（e）制定政策和方法，增加土著人民和他们的社区获得经济活动的机会，酌情利用培训、技术援助和信贷机构等措施，增加他们的就业。认识到传统地依靠和直接依靠可再生资源和生态系统、包括可持续收获等，应仍然是土著人民和他们的社区在文化、经济、物质上的福祉所必要的；

（f）为人人提供基本保健服务并减少环境健康威胁，同时考虑到儿童的特殊需要和贫穷、健康和环境之间的联系；向发展中国家和经济转型期国家提供资金、技术援助和知识转让；

（g）确保世界各地的儿童，不论男女儿童，都能上完小学全部课程，并都有平等的机会接受所有各级教育；

（h）向贫穷人民，特别是妇女和土著人民，提供获得农业资源的机会，并酌情促进承认和保护土著和共有财产资源管理体系的土地保有权安排；

（i）建设基本的农村基础设施、使经济多样化、改善运输和为乡村贫穷者改善进入市场条件、提供市场信息、提供信贷，以支持可持续农业和乡村发展；

（j）通过多边利益相关者的途径和国营民营伙伴合作，向特别是发展中国家的中、小农户、渔民和乡村贫民转让自然资源管理等基本可持续农业的技术和知识，目的是增加农业生产和粮食安全；

（k）提倡例如社区性的伙伴关系，将城乡人民和企业联系，通过收获粮食技术与管理，及公平有效的分配体系，增加粮食供应和可负担性；

（l）通过对改进的气候和天气资料与预测，预警体系、土地和自然资源管理、土地管理、农业耕作方式和生态系统保护的利用，以防治荒漠化、减轻干旱和洪水灾害，扭转和尽量减少目前土地和水资源的退化趋势，包括提供充足和可预测的资金，执行《联合国关于在发生严重干旱和/或荒漠化的国家特别是在非洲防治荒漠化的公约》，作为消除贫困的首要工具之一；

（m）增加获得环境卫生服务的机会，以增进健康，减少婴儿和儿童的死亡率，在已制定国家可持续发展战略和减轻贫穷战略的国家，将水和环境卫生列为其中的优先事项。

8．采取行动为可持续发展充分增进人们获得可靠廉价能源服务的机会，以实现千年发展目标，包括在 2015 年之前使贫穷人口减少一半的目标，并作为一种手段来提供其他重要的减贫服务，铭记能源的提供有利于消除贫穷。这方面包括在各级采取以便：

（a）加强使用可靠、廉价、经济上可行、社会上可接受且无害环境的能源服务和资源，考虑到国家特点和处境，可用的方式很多，例如加强农村电气化和分散能源系统，增加使用可再生能源以及洁净的液态和气态燃料并提高能源效率，加强区域和国际合作，包括通过能力建设，财政和技术援助和革新金融机制，包括微型和中型各级，认识到向贫穷人口提供服务的特定因素；

（b）进一步使用现代生物质技术和薪材来源和供应，使生物质业务商业化，在农村地区和可持续进行这种作业的地区使用农作物残根；

（c）促进可持续使用生物质和适当的其他可再生能源，方式是改进目前的使用方法，例如管理资源、更有效使用薪材以及新的或改进的产品和技术；

（d）支持转用较洁净的液态和气态燃料，如果这种使用经视为更加无害环境、社会上可接受且成本效益较高；

（e）制定国家能源政策和管理架构，以帮助创造能源部门所需的经济、社会和体制条件，加强使用可靠、廉价、经济上可行、社会上可接受且无害环境的能源服务，促进农村、近郊和都市等地区的可持续发展和消除贫穷；

（f）加强国际和区域合作以便进一步使用可靠、廉价、经济上可行、社会上可接受且无害环境的能源服务，作为消除贫穷方案的一个组成部分，方式是创造有利的环境并满足能力建设的需要，酌情特别注意农村和偏远地区；

（g）在发达国家的财政和技术资助下，包括通过公私合伙关系，加紧协助和促使贫穷人口得以使用可靠、廉价、商业上可行、社会上可接受且无害环境的能源服务，考虑到制定关于能源促进可持续发展的国家政策可发挥的作用，铭记发展中国家为提高人民生活标准需要大量增加能源服务，而且能源服务对于消除贫穷和提高生活标准也有积极影响。

三、改变不可持续的消费和生产方式

13.根本改变社会的生产和消费方式是实现全球可持续发展所必不可少的。所有国家都应努力提倡可持续的消费和生产方式。由发达国家带头，而且所有国家都可从此进程中获益，同时考虑到里约原则，特别是如《里约环境与发展宣言》原则 7 所规定的“共同但有区别的责任”的原则。各国政府、有关国际组织、私营部门和所有主要群体都应该在努力改变不可持续的消费和生产方式方面发挥积极作用。这将包括按下文所述在各级采取的行动。

14. 鼓励和促进拟订 10 年工作方案，加速转向可持续消费和生产，在生态系统的承受能力范围内促进社会和经济发展，方法是提高资源利用和生产工艺的效率和可持续性，减少资源退化、污染和浪费，着手解决并酌情解除经济增长与环境退化的联系。所有国家均应考虑到发展中国家的发展需要和能力，由发展中国家带头，采取行动，通过从各来源调动财政和技术援助和协助发展中国家建设能力。这将需要在采取行动时，应：

（a）考虑到一些国家采用的标准可能不恰当，可能会对其他国家、特别是发展中国家带来不必要的经济社会代价，确定具体活动、工具、措施以及监测和评估机制，包括衡量进展的目录指标；

（b）采取和执行有关政策和措施，采用《里约环境与发展宣言》原则 16 所述污染者付清理费原则，提倡可持续生产形态和消费形态；

（c）拟订生产和消费政策，以改进所提供的产品和服务，同时减少对环境和健康的影响，酌情采用科学方法，如生命周期分析；

（d）拟订各项方案，考虑到当地、全国和区域的文化价值观，通过教育、公共和消费者资讯、广告和其他媒体，增进人们对可持续生产形态和消费形态重要性的认识，特别是在所有国家、尤其是发达国家提高年轻人和有关阶层的认识；

（e）自愿拟定并采用有效、具有透明度、可核查、不误导和非歧视的消费者资讯工具，提供关于可持续生产和消费的资料，包括人体健康和安全方面的资料。这些工具不应被用作伪装的贸易壁垒；

（f）凡彼此已有协议，均利用所有来源的财政资助，提高生态效率，同有关国际组织合作，为发展中国家和转型期经济国家培养能力、转让技术和交流技术。

四、保护和管理经济与社会发展的自然资源基础

36. 地球气候变化及其负面影响是人类共同关心的问题。我们深刻关注所有国家特别是发展中国家及最不发达国家和发展中的小岛屿国家，面临气候变化负面影响加大的风险，同时承认在这一方面，贫困问题、土地退化、水和食物的可得性与人类健康仍是全球关注的焦点。《联合国气候变化公约》是解决气候变化的关键文书，它是全球的关注点，而且我们重申要承担义务，按照“共同但有区别的责任”和各自的能力，实现将大气中温室气体浓度稳定在一定水平的最终目标，防止人类对气候系统的危险干预，确保食物生产不受到威胁，并使经济发展以可持续的方式进行。回顾《联合国千年宣言》，各国元首和政府首脑在宣言中决心竭尽全力确保《联合国气候变化框架公约》的《京都议定书》生效，最好在2002年联合国环境与发展会议10周年之前生效，而且开始按规定减少温室气体的排放，批准《京都议定书》的国家强烈敦促没有批准的国家及时批准，各级采取行动，以便：

（a）履行《联合国气候变化框架公约》下的所有义务与责任；

（b）合作实现《联合国气候变化框架公约》目标；

（c）按照《联合国气候变化框架公约》下承担的义务以及《马拉克什协定》，促进向发展中国家和经济转型国家提供技术和财政支持；

（d）建立和增强科技能力，尤其是通过继续支持国际间气候变化小组交换科学数据和资料，特别是在发展中国家；

（e）开发并转让技术性解决办法；

（f）按照各主要行业特别是能源行业的发展与包括通过私有部门的参与、以市场为导向的方法以及相互支持的公共政策和国际合作在这方面的投资，开发与传播创新技术；

（g）促进系统地观察地球的大气层、土地和海洋，办法是通过改善观测站，

增加对卫星的利用，并适当归纳这些观察结果，以产生传播各国、尤其是发展中国家使用的高质量数据；

（h）加强实施监测地球大气、土地和海洋的国家、区域和国际战略，尤其与国际组织、特别是与《联合国气候变化框架公约》合作的联合国专门机构酌情实施全球综合战略；

（i）支持关于评估气候变化后果的倡议，如北极理事会倡议，具体包括对当地和土著地区的环境、经济与社会影响。

37.铭记着各项原则，包括下列原则：鉴于各国在造成全球环境退化方面的作用不同，而负有共同但有区别的责任，加强在国际、区域和国家各级的合作，减少空气污染，包括越境空气污染、酸沉积作用和臭氧枯竭并在各级采取行动，以便：

（a）加强发展中国家和经济转型期国家测量、减少和评估空气污染影响的能力，包括对健康的影响，并为这些活动提供财政和技术支持与帮助；

（b）确保在2003年和2005年之前充分补充资金，促进执行《关于消耗臭氧层物质的蒙特利尔议定书》；

（c）进一步支持《保护臭氧层维也纳公约》和《蒙特利尔议定书》所设的有效机制，包括遵守机制；

（d）铭记臭氧枯竭和气候变化的科学和技术方面是相互有关的，在2010年之前，加强向发展中国家提供负担得起、容易得到、成本效益高、安全和无害环境的物质，以取代消耗臭氧层物质，协助这些国家遵守《蒙特利尔议定书》规定的分阶段淘汰计划；

（e）采取措施对付非法贩运消耗臭氧层的物质。

42. 生物多样性在整个可持续发展和消除贫穷中发挥着关键作用，它对地球、人类福祉、人民生计和文化完整性也是必不可少的。不过，由于人类的活动，生物多样性目前正以前所未有的速度消失；只有根据《生物多样性公约》第15条的规定，让当地人民，特别是遗传资源原产国从生物多样性的保护和可持续利用中受益，才能扭转这种趋势。该《公约》是生物多样性的保护和可持续利用以及公正、公平分享遗传资源的使用收益的重要文书。更加有效、连贯地实施该《公约》的3个目标并在2010年大幅度降低目前生物多样性损失的速率，需要向发展中国家提供新的、额外的财政和技术资源，并在各级采取行动，以便：

（a）把《公约》的目标纳入全球、区域和国家的部门和跨部门方案和政策，特别是纳入国家经济部门和国际金融机构的方案和政策；

（b）作为与不同生态系统、部门和主题领域相关的一个交叉问题，根据《公约》促进目前可持续利用生物多样性的工作，包括可持续的旅游业；

（c）除其他外，通过编写关于共同责任和关注问题的联合计划和方案，其中适当考虑各自的任务，促进该《公约》和其他多边环境协议之间发挥有效的作用；

（d）执行《公约》及其各项规定，包括通过国家、区域和全球的行动纲领，特别是国家生物多样性的战略和行动计划，对其工作方案和决定积极采取后续行动，并加强它们与可持续发展和消除贫穷等有关跨学科战略、方案和政策的结合，包括促进以社区为基础的可持续利用生物多样性的主动行动；

（e）正如《公约》的目前工作所述，促进生态系统方式的广泛实施和进一步发展；

（f）在生态多样性，包括生态系统和世界遗产旧址的保护和可持续利用以及濒临灭绝物种的保护方面，促进具体的国际资助和伙伴关系，特别是通过适当渠道向发展中国家和转型期经济国家提供财政资源和技术；

（g）有效保护和可持续利用生物多样性，促进和支持生物多样性必不可少的热点地区和其他地区的主动行动并促进国家和区域生态网络和走廊的发展；

（h）向发展中国家提供财政和技术支持与帮助，包括能力建设，以便加强以土著人和社区为基础的生物多样性保护工作；

（i）加强国家、区域和国际控制侵入性外来物种的工作，这是生物多样性损失的重要原因之一，并鼓励各级编写关于侵入性外来物种的有效工作方案；

（j）承认当地和土著社区拥有传统知识、革新和惯例的权利，但须经国家立法批准，征得这些知识、革新和惯例的拥有者同意并在他们的参与下，制定和实施经双方商定的利用这些知识、革新和惯例的收益分享机制；

（k）鼓励和让所有利益相关者协助实现《公约》的目标，特别是确认青年、妇女和土著及当地社区在可持续地保护和利用生物多样性中的特定作用；

（l）促进土著和当地社区有效参与关于利用其传统知识的决定和决策工作；

（m）鼓励各方向发展中国家和转型期经济国家提供技术和财政资助，帮助它们根据本国优先事项和立法，除其他外酌情编写和实施国家的特有制度和传统制度，以保护和可持续利用生物多样性；

（n）促进《关于取用遗传资源和公平及公正分享其利用资源的收益的波恩准则》的广泛执行并继续这方面的工作，作为一种投入，协助公约缔约国编写和起草关于取用资源和分享收益的立法、行政或政策的措施以及经双方商定的取用资源和分享收益的合同和其他安排；

（o）在《生物多样性公约》框架下，铭记波恩指南，谈判成立一个国际机制，以有效促进和保障生物多样性及其组成部分的使用收益得到公平及公正的分享；

（p）世界知识产权组织知识产权与遗产资源、传统知识和民俗政府间委员会和关于《公约》第 8 条（j）款和有关规定的不限成员名额特设工作组发起一些进程，鼓励各国圆满完成现有的进程；

（q）根据《公约》第 15 条和第 19 条，促进各国采取具体措施，包括交换专家、培训人力资源和发展面向研究的机构能力等加强关于生物技术和生物安全性的科学和技术合作，取用以遗传资源为基础的生物技术成果和收益；

（r）正如《多哈部长级宣言》和在这些协定框架内作出的决定所述，为了加强增效作用和相互支持，在不事先确定结果的情况下促进各国就该《公约》的义务和国际贸易与知识产权协定的义务间的关系进行讨论；

（s）促进全球生物分类学倡议工作方案的执行工作；

（t）申请还没有批准《生物多样性公约卡塔赫纳生物技术安全议定书和其他生物多样性协定》的国家尽快这样做，并申请已经批准这些协定的国家促进它们在国家、区域和国际三级的有效实施并从技术上和财政上在这方面支持发展中国家和转型期经济国家。

五、在日益全球化的世界上促进可持续发展

45．之二。实施 WTO 成员提出的《多哈部长级会议》成果，进一步加强与贸易相关的技术支持和能力建设，并将发展中国家的需要和利益作为 WTO 工作方案的中心，确保其有意义、有效和充足地参与多边贸易谈判。

45．之三。根据里约原则，积极促进公私责任和义务，包括通过充分制定和有效实施政府间协议和措施、国际倡议、公私合作伙伴关系和适当的国家规章，支持各国不断改善公司实践。

45．之四。加强发展中国家的能力，鼓励公共/私营倡议，促进市场准入、精确性、时效性和各国信息与金融市场的覆盖面。多边和区域金融体制能为这些目标进一步提供援助。

45．之五。按照多边贸易体系，加强发达国家与发展中国家、经济转型期国家之间以及发展中国家之间的区域贸易与合作协议，得到国际金融机构和区域发展银行的支持，并酌情考虑实现可持续发展目标。

45．之六。通过互认的条款转让技术和提供金融和技术支持，帮助发展中国家和经济转型期国家缩小数字鸿沟、创造数码机会并利用信息和通信技术的潜力促进发展，并在这方面支持即将召开的信息社会问题世界首脑会议。

八、之二。其他区域倡议

亚洲及太平洋的可持续发展

69．铭记《千年宣言》规定的在 2015 年之前将贫穷人口减少一半的目标，《亚洲及太平洋区域可持续发展金边纲要》确认该区域拥有世界一半以上的人口，也是世界贫困人口最多的区域。因此，该区域的可持续发展对于在全球一级实现可持续发展来说至关重要。

70.《区域纲要》根据《无害环境和可持续发展区域行动纲要》和《北九州干净环境倡议》确定了采取后续行动的七项倡议：为可持续发展进行能力建设，为可持续发展减贫、清洁生产和可持续能源、土地管理和生物多样性的保护、淡水资源、海洋以及沿海和海洋资源的保护、管理和使用、小岛屿国家的可持

续发展，以及就大气和气候变化采取行动。

九、执行手段

75. 要执行《21世纪议程》和实现国际商定的发展目标、包括载于《千年发展宣言》和本行动计划的目标，各国自身和国际社会都必须加倍努力，以承认各国主要责任是自身发展且国家政策与发展战略如何强调也不过分为基础，充分考虑到各项里约原则，特别是“共同但有区别的责任”的原则。这一原则声明：

“各国应本着全球伙伴关系的精神进行合作，以保存、保护和恢复地球生态系统的健康和完整。由于对全球环境退化的影响不同，因此各国有共同但有区别的责任。考虑到发达国家造成的全球环境压力和它们掌握的技术和资金，它们承认在实现国际可持续发展中的责任。”

国际社会商定的发展目标包括载于《千年宣言》和本行动计划中的目标，如《蒙特雷共识》所载需要提供、特别是向发展中国家大量增加提供财政资源包括新的、额外的财政资源，以便在实现这些目标和倡议所需的商定时限内在下列方面提供资助；落实其国家政策和方案；扩大贸易机会；按照彼此商定的减让和优惠条件获得或转让无害环境技术；改善教育，提高认识；加强能力建设、决策信息和科学能力。迄今取得的进展要求国际社会执行自1992年以来如联合国最不发达国家第三次大会采纳的行动方案和全球发展中的小岛国可持续发展大会等联合国主要会议的成果和相关国际协定，特别是发展筹资问题国际会议和世界贸易组织第四届部长级会议成果，包括在这些成果和协定的基础上再接再厉，将此作为实现可持续发展进程的组织部分。

76. 为确保21世纪成为普及可持续发展的世纪，我们将首先调动并加强有效利用财政资源，为实现国际商定的发展目标、包括载于《千年宣言》的目标创造必要的国家和国际经济条件，以消除贫穷、改进社会条件、提高生活水平和保护环境。

77. 在我们共同追求增长、消除贫困、实现可持续发展过程中一个严峻的挑战是要确保调动国内公共和私人储蓄、保持充足的生产性投资以及提高人类能力所必需的国内条件。关键的任务是提高宏观经济政策的效率、一致性和连贯性。要有利的国内环境对调动国内资源、提高生产力、减少资本流失、鼓励私营部门、吸引并有效利用国际投资和援助至关重要。创造这种环境的努力应得到国际社会的支持。

79. 确认，如果发展中国家要实现国际间商定的发展目标、包括《千年宣言》中包含的目标，将需要大力增加官方发展援助和其他资源。为支持官方发展援助，我们将在进一步完善国家和国际政策与发展战略上开展合作，以提高效率，具体行动包括：

（a）使几个发达国家在国际发展筹资大会上宣布的增加官方发展援助的义务得以履行。敦促还没有做出具体努力的发达国家实现向发展中国家提供官方援助达到国民生产总值 0.7%的目标，并有效履行 2001—2010 年最不发达国家行动方案第 83 段中包含的向最不发达国家提供官方发展援助的义务。我们也鼓励发展中国家根据国际筹资发展大会的成果，在确保官方发展援助有效地用于帮助实现发展目标方面取得进展。我们承认所有捐助国的努力，表扬官方发展援助超过、达到联合国指标或正在增加援助以达到目标的捐助国，同时强调审查实现目标的手段和时间限制的重要性。

（b）鼓励受援国和捐助国及国际机构使官方发展援助在消除贫困、经济可持续增长和可持续发展方面更加有效率和效果。在此方面，按照《蒙特雷共识》第 43 段，通过多边和双边资金和发展体制，加紧努力，特别是以最高标准协调业务程序，以根据接受国当家做主的原则考虑发展中国家的需要和目标减少交易成本并使官方发展援助的发放和支付更灵活、更好地对发展中国家的需要做出响应；同时根据要求，将发展中国家拥有和推动的、包含削减贫穷战略及削减贫穷文件的发展框架作为支付援助的手段。

80. 充分有效地利用现有金融机制和机构，包括通过在各级采取行动，以便：

（a）加强现有金融机构在改革方面的努力，培育一个透明、公平、包容的体系，使发展中国家能够有效地参加国际经济决策进程和体制，并有效、公平地参加金融标准和法规的制定；

（b）尤其促进捐助国和受援国增加资金流的透明度和信息对国际金融环境稳定做出贡献。减轻短期资本流过度变化无常具有重要意义而且必须加以考虑；

（c）确保在及时、更有保证和可预测的基础上为国际组织和机构提供资金，并酌情为其发展活动、方案和项目提供资金；

（d）鼓励包括跨国公司、私营基金会和民间社会机构在内的私营部门向发展中国家提供财政和技术援助；

（e）资助发展中国家和转型期经济国家新建立的和现有公共/私营部门筹资机制，特别是使中小型企业和社区企业受益并改进它们的基础设施，同时确保这些机制的透明度和问责制。

81．欢迎第三次成功与实质性地补充全球环境基金，这有利于满足新的和现有的焦点地区的资金需求，而且有利于继续对受援国、特别是发展中国家的需求和所关心的问题作出响应；同时进一步鼓励全球环境基金从公共和私营机构争取额外资金，通过更迅捷且最新的程序、简化项目周期来改善资金管理。

85．按照多哈宣言和在多哈所做的相关决定，我们决定采取具体行动解决发展中国家提出的关于实施 WTO 的一些协议和决定方面的问题，其中包括发展中国家在履行这些协议时面临的困难和资源限制。

86．敦促世贸组织成员履行其在《多哈部长宣言》中所作的承诺，特别是关于发展中国家尤其是最不发达国家出口商品的市场准入，办法是执行下列行动，同时考虑多哈部长宣言的第 45 段：

（a）按照《多哈宣言》第 44 段，审查所有特殊和区别待遇规定，以加强这些规定，使之更加准确、有效和更具操作性；

（b）旨在酌情减少和取消对非农业产品的关税，包括减少或取消特别针对发展中国家重要产品的关税高峰、高额关税和关税升级以及非关税壁垒。涉及的产品应该全面，并不设置优先排除。谈判工作应按照《多哈部长级宣言》考虑到发展中国家和最不发达国家的特殊需要和利益，包括在削减关税的承诺中不实施全面互惠措施；

（c）按照《多哈部长级宣言》第 13 段和 14 段的规定，不预先断定谈判结果，履行承诺，开展《农业协定》第 20 款发起的综合谈判，以大幅度提高市场准入，减少进而逐步取消各种出口补贴，大幅度减少扭曲贸易的国内支持措施，同时赞同向发展中国家提供特殊和区别待遇的规定应成为谈判的组成部分，并应体现在减让和承诺时间表中，或酌情体现在谈判的规则和纪律中，有利于有效运作且发展中国家能够有效地考虑其发展需求，包括食物安全和农村发展。按照《多哈部长宣言》，注意 WTO 成员提交的谈判建议中反映的非贸易问题并确认如《农业协议》中规定的非贸易关注将在谈判中加以考虑。

91．继续加强贸易、环境和发展的相互支持作用，包括通过在所有各级采取行动，以便：

（a）鼓励世贸组织贸易和环境委员会及贸易和发展委员会在其各自的任务范围内，按照《多哈部长宣言》的各项承诺，发挥论坛的作用，来识别和讨论谈判中和环境与发展问题，帮助取得有利于可持续发展的结果；

（b）支持完成《多哈部长宣言》关于补贴的工作方案，推动可持续发展，改善环境，鼓励对环境有相当负面影响且与可持续发展不协调的补贴进行改革；

（c）鼓励在世界贸易组织、联合国贸易与发展大会、联合国开发署、联合国环境署和其他相关的环境与发展国际组织及区域组织的秘书处之间，推动贸易、环境和发展的合作，包括在这一领域向发展中国家提供技术支持；

（d）鼓励自愿使用环境影响评估并以此为国家一级的重要工具，更清楚地鉴定贸易、环境和发展的关联。进一步鼓励有这方面经验的各国和国际组织为此目的向发展中国家提供技术援助。

十、可持续发展的体制框架

120．在各级有一个有效的可持续发展体制框架，是充分执行《21 世纪议程》、采取后续行动落实可持续发展问题世界首脑会议的成果和应付正在出现的可持续发展挑战的关键。应根据《里约环境与发展宣言》的各项原则，采取旨在加强这种框架的措施，并应促进实现国际商定的发展目标，包括《千年宣言》中所载目标，同时考虑《蒙特雷共识》以及自 1992 年以来其他联合国重大会议和国际协定的有关结果。这一框架应能满足所有国家的需要，考虑到发展中国家的具体需要包括执行手段。它应能增强那些处理可持续发展问题的国际机构和组织，同时尊重其现有的任务规定，并增强有关的区域、国家和地方的机构。

在国际一级加强可持续发展的体制框架：

122. 国际社会应：

（a）促进将《21 世纪议程》中所载可持续发展目标以及对《21 世纪议程》和首脑会议成果的实施的支持纳入联合国各有关机构、计划署和基金、全球环境基金以及国际金融和贸易机构在各自任务范围内的政策、工作方案和业务准则，同时确保它们的活动充分考虑到各国——特别是发展中国家，并酌情考虑到经济转型期国家，为实现可持续发展而制订的国家方案和优先项目；

（b）加强联合国系统内和与国际金融机构、全球环境基金和世贸组织之间的协调，利用联合国行政首长委员会、联合国发展集团、环境管理小组及其他机构间协调机关。应在所有有关方面加强机构间协作，特别着重业务一级，并在具体问题上作出伙伴关系安排，以支持特别是发展中国家努力实施《21 世纪议程》；

（c）加强社会层面将其更有效地纳入可持续发展政策和方案，推动将可持续发展目标完全纳入以社会问题为主要侧重点的机构的政策和方案。特别是可持续发展的社会构成部分要加强，尤其是通过强调按照社会发展首脑会议及其 5 年评价的成果，考虑其报告，以及支持社会保护制度；

（d）充分落实环境规划署理事会第七届会议通过的关于国际环境管理的决定这一成果，并请大会第五十七届会议审议理事会/全球部长级环境论坛实现普遍会籍这一重要而复杂的问题；

（e）积极而建设性地参与确保及时完成关于缔结一项打击腐化现象联合国全面公约的谈判，包括讨论将非法取得的资金归还原国的问题；

（f）在可持续发展方面促进公司责任和问责制以及交流最佳做法，包括酌情通过利益有关者对话，例如通过可持续发展委员会和其他倡议；

（g）采取具体行动在各级执行《蒙特雷共识》。

三、卡塔赫纳生物安全议定书

本议定书缔约方，

作为《生物多样性公约》（以下简称《公约》）的缔约方，

忆及《公约》第19条第3款和第4款、第8（g）条和第17条，

又忆及《公约》缔约方大会1995年11月17日第Ⅱ/5号决定要求订立一项生物安全议定书，其具体侧重点应为凭借现代生物技术获得的、可能对生物多样性的保护和可持续使用产生不利影响的任何改性活生物体的越境转移问题，特别是着手拟定适宜的提前知情同意程序，以供审议，

重申《里约环境与发展宣言》原则15中所规定的预先防范办法，

意识到现代生物技术扩展迅速，公众亦日益关注此种技术可能会对生物多样性产生不利影响，同时还需顾及对人类健康构成的风险，

认识到如能在开发和利用现代生物技术的同时亦采取旨在确保环境和人类健康的妥善安全措施，则此种技术可使人类受益无穷，

亦认识到起源中心和遗传多样性中心对于人类极为重要，

考虑到许多国家、特别是发展中国家此方面能力有限，难以应付改性活生物体所涉及的已知和潜在风险的性质和规模，

认识到贸易协定与环境协定应相辅相成，以期实现可持续发展，

强调不得将本议定书解释为缔约方根据任何现行国际协定所享有的权利和所承担的义务有任何改变，

认为上述陈述无意使本议定书附属于其他国际协定，

兹协议如下：

第1条
目　标

本议定书的目标是依循《里约环境与发展宣言》原则15所订立的预先防范办法，协助确保在安全转移、处理和使用凭借现代生物技术获得的、可能对生物多样性的保护和可持续使用产生不利影响的改性活生物体领域内采取充分的保护措施，同时顾及对人类健康所构成的风险并特别侧重越境转移问题。

第2条
一般规定

1.每一缔约方应为履行本议定书为之规定的各项义务采取必要和适当的法律、行政和其他措施。

2. 各缔约方应确保在从事任何改性活生物体的研制、处理、运输、使用、转移和释放时，防止或减少其对生物多样性构成的风险，同时亦应顾及对人类健康所构成的风险。

3.本议定书的任何规定不得以任何方式妨碍依照国际法所确立的各国对其领海所拥有的主权以及国际法所规定的各国对其专属经济区及其大陆架所拥有的主权和管辖权，亦不得妨碍所有国家的船只和航空器依照国际法和有关国际文书所享有的航行权和航行自由。

4.不得将本议定书中的任何条款解释为限制缔约方为确保对生物多样性的保护和可持续使用采取比本议定书所规定的更为有力的保护行动的权利，但条件是此种行动须符合本议定书的各项目标和条款并符合国际法为缔约方规定的各项其他义务。

5.鼓励各缔约方酌情考虑到具有在人类健康风险领域内开展活动权限的各国际机构所掌握的现有专门知识、所订立的文书和所开展的工作。

第3条
用　语

为本议定书的目的：

(a)“缔约方大会”是指《公约》的缔约方大会；

(b)“封闭使用”是指在一设施、装置或其他有形结构中进行的涉及改性活生物体的任何操作，且因对所涉改性活生物体采取了特定控制措施而有效地限制了其与外部环境的接触及其对外部环境所产生的影响；

(c)“出口”是指以从一缔约方向另一缔约方的有意越境转移；

(d)“出口者”是指属于出口缔约方管辖范围之内并安排出口改性活生物体的任何法人或自然人；

(e)“进口”是指从一缔约方进入另一缔约方的有意越境转移；

(f)“进口者”是指属于进口缔约方管辖范围之内并安排进口改性活生物体的任何法人或自然人；

(g)“改性活生物体”是指任何具有凭借现代生物技术获得的遗传材料新异组合的活生物体；

(h)“活生物体”是指任何能够转移或复制遗传材料的生物实体，其中包括不能繁殖的生物体、病毒和类病毒；

(i)“现代生物技术”是指下列技术的应用：

a.试管核酸技术，包括重新组合的脱氧核糖核酸（DNA）和把核酸直接注入细胞或细胞器，或

b.超出生物分类学科的细胞融合，

此类技术可克服自然生理繁殖或重新组合障碍，且并非传统育种和选种中所使用的技术；

(j)“区域经济一体化组织”是指由一个特定区域的主权国家所组成的组织，它已获得其成员国转让的处理本议定书所规定事项的权限、且已按照其内部程序获得正式授权可以签署、批准、接受、核准或加入本议定书；

(k)“越境转移”是指从一缔约方向另一缔约方转移改性活生物体，但就第

17 条和第 24 条的目的而言，越境转移所涉范围当予扩大到缔约方与非缔约方之间的转移。

第 4 条

范围

本议定书应适用于可能对生物多样性的保护和可持续使用产生不利影响的所有改性活生物体的越境转移、过境、处理和使用，同时亦顾及对人类健康构成的风险。

第 5 条

药物

尽管有第 4 条的规定，在不损害缔约方在其就进口问题作出决定之前对所有改性活生物体进行风险评估的权利的情况下，本议定书不应适用于由其他有关国际协定或组织予以处理的、用作供人类使用的药物的改性活生物体的越境转移。

第 6 条

过境和封闭使用

1. 尽管有第 4 条的规定，在不损害过境缔约方对作穿越其领土运输的改性活生物体实行管制，以及根据第 2 条第 3 款把该缔约方针对穿越其领土运输某种改性活生物体作出的任何决定，通知生物安全资料交换所的任何权利的情况下，本议定书中有关提前知情同意程序的规定不适用于过境的改性活生物体。

2. 尽管有第 4 条的规定，在不损害缔约方在其就进口问题作出决定之前对所有改性活生物体进行风险评估的任何权利，以及针对属其管辖范围之内的封闭使用订立标准的任何权利的情况下，本议定书中有关提前知情同意程序的规定不应适用于那些拟按照进口缔约方的标准用于封闭使用的改性活生物体的越境转移。

第7条
提前知情同意程序的适用

1. 在不违反第5条和第6条的情况下，第8至第10条和第12条中所列提前知情同意程序应在拟有意向进口缔约方的环境中引入改性活生物体的首次有意越境转移之前予以适用。

2. 以上第1款中所述"有意向环境中引入"并非指拟直接用作食物或饲料或用于加工的改性活生物体。

3. 第11条应在拟直接用作食物或饲料或用于加工的改性活生物体首次越境转移之前予以适用。

4. 提前知情同意程序不应适用于经作为本议定书缔约方会议的缔约方大会的一项决定，认定在亦顾及对人类健康构成的风险的情况下，不太可能对生物多样性的保护和可持续使用产生不利影响的改性活生物体的有意越境转移。

第8条
通　知

1. 出口缔约方应在首次有意越境转移属于第7条第1款范围内的改性活生物体之前，通知或要求出口者确保以书面形式通知进口缔约方的国家主管部门。通知中至少应列有附件一所列明的资料。

2. 出口缔约方应确保订有法律条文，规定出口者所提供的资料必须准确无误。

第 9 条
对收到通知的确认

1.进口缔约方应于收到通知后九十天内以书面形式向发出通知者确认已收到通知。

2. 应在此种确认中表明：

（a）收到通知的日期；

（b）通知中是否初步看来列有第 8 条所述资料；

（c）可否根据进口缔约方的国内规章制度或根据第 10 条中列明的程序采取下一步行动。

3. 以上第 2（c）款所述国内规章制度应与本议定书相一致。

4. 即使进口缔约方未能对通知作出确认，亦不应意味着其对越境转移表示同意。

第 10 条
决定程序

1. 进口缔约方所作决定应符合第 15 条的规定。

2.进口缔约方应在第 9 条所规定的时限内书面通知发出通知者可否在下述情况下进行有意越境转移；

（a）只可在得到进口缔约方的书面同意后；或

（b）以至少九十天后未收到后续书面同意。

3.进口缔约方应在收到通知后二百七十天内向发出通知者及生物安全资料交换所书面通报以上第 2（a）款中所述决定并表明：

（a）有条件或无条件地核准进口，其中包括说明此项决定将如何适用于同一改性活生物体的后续进口；

（b）禁止进口；

（c）根据其国内规章条例或根据附件一要求提供更多的有关资料；在计算

进口缔约方作出答复所需时间时，不应计入进口缔约方用于等候获得更多的有关资料所需的天数；或

（d）通知发出通知者已将本款所列明的期限适当延长。

4. 除非已予以无条件核准，否则根据以上第3款所作的决定应列出作出这一决定的理由。

5. 即使进口缔约方未能在收到通知后二百七十天内通报其决定，亦不应意味着该缔约方对有意越境转移表示同意。

6. 在亦顾及对人类健康构成的风险的情况下，即使由于在改性活生物体对进口缔约方的生物多样性的保护和可持续使用所产生的潜在不利影响的程度方面未掌握充分的相关科学资料和知识，因而缺乏科学定论，亦不应妨碍该缔约方酌情就以上第3款所指的改性活生物体的进口问题作出决定，以避免或尽最大限度地减少此类潜在的不利影响。

7. 作为本议定书缔约方会议的缔约方大会应在其第一次会议上就旨在便利进口缔约方决策的适当程序和机制作出决定。

第11条
关于拟直接作食物或饲料或加工之用的改性活生物体的程序

1. 缔约方如已针对为供直接作食物或饲料或加工之用而拟予以越境转移的改性活生物体的国内用途、包括投放市场作出最终决定，则应在作出决定后十五天之内通过生物安全资料交换所将之通报各缔约方。此种通知应至少列有附件二所规定的信息资料。该缔约方应将上述信息资料的书面副本提供给事先已通知秘书处它无法通过生物安全资料交换所交流信息资料的每一缔约方的国家联络点。此项规定不应适用于关于实地测试的决定。

2. 根据以上第1款作出决定的缔约方应确保订有法律条文，规定申请者所提供的资料必须准确无误。

3. 任何缔约方均可从附件二第（b）段中指明的主管部门索要其他资料。

4. 缔约方可根据符合本议定书目标的国内规章条例，就拟直接作食物或饲

料或加工之用的改性活生物体的进口作出决定。

5.每一缔约方如订有适用于拟直接作食物或饲料或加工之用的改性活生物体的进口的任何国家法律、规章条例和准则，应向生物安全资料交换所提供此种资料的副本。

6.发展中国家缔约方或经济转型国家缔约方如未订有以上第4款所述的国内规章条例，可在行使其国内司法管辖权时通过生物安全资料交换所宣布，它已根据以上第1款提供了相关资料的、并拟于意在直接作食物或饲料或加工之用的改性活生物体的首次进口之前作出的决定，将根据下列情况作出：

（a）根据附件三进行的风险评估；及

（b）在不超过二百七十天的可预测的时间范围内作出决定。

7.缔约方未能依照以上第6款发出通知不应意味着该缔约方同意或拒绝进口某种拟直接作食物或饲料或加工之用的改性活生物体，除非该缔约方另有明确说明。

8. 在亦顾及对人类健康构成的风险的情况下，即使由于在改性活生物体对进口缔约方生物多样性的保护和可持续使用产生的潜在不利影响的程度方面未掌握充分的相关科学资料和知识，因而缺乏科学定论，亦不应妨碍进口缔约方酌情就拟直接作食物、饲料或加工之用的该改性活生物体的进口作出决定，以避免或尽最大限度地减少此类潜在的不利影响。

9.缔约方可表明它在拟直接作食物或饲料或加工之用的改性活生物体方面需要得到的财务和技术援助及其在相关的能力建设方面的需要。缔约方应相互合作，以根据第22条和第28条满足这些需要。

第12条
对决定的复审

1.进口缔约方可随时根据对生物多样性的保护和可持续使用的潜在不利影响方面的新的科学资料，并顾及对人类健康构成的风险，审查并更改其已就改性活生物体的有意越境转移作出的决定。在此种情形中，该缔约方应于三十天之内就此通知先前曾向其通报此种决定中所述改性活生物体的转移活动的任何发出通知者以及生物安全资料交换所，并应说明作出这一决定的理由。

2. 出口缔约方或发出通知者如认为出现了下列情况，便可要求进口缔约方对其已依照第 10 条针对该次进口所作出的决定进行复审：

（a）发生了可能会影响到当时作出此项决定时所依据的风险评估结果的情况变化；或

（b）又获得了其他相关的科学或技术信息资料。

3. 进口缔约方应于九十天内对此种要求作出书面回复并说明其所作决定的依据。

4. 进口缔约方可自行斟酌决定是否要求对后续进口进行风险评估。

第 13 条
简化程序

1. 只要已依循本议定书的目标，为确保以安全方式从事改性活生物体的有意越境转移采取了适宜的措施，进口缔约方便可提前向生物安全资料交换所表明：

（a）向该缔约方的有意越境转移可在何种情况下于向进口缔约方发出转移通知的同时同步进行；以及

（b）拟免除对向该缔约方进口的改性活生物体采用提前知情同意程序。以上第（a）项中所述通知可适用于其后向同一缔约方进行的类似转移。

2. 应在以上第 1（a）款所述通知中予以提供的有意越境转移资料应为附件一中具体列明的资料。

第 14 条
双边、区域及多边协定和安排

1. 缔约方可在符合本议定书目标的前提下，与其他缔约方或非缔约方就有

意越境转移改性活生物体问题订立双边、区域及多边协定和安排，但条件是此种协定和安排所规定的保护程度不得低于本议定书所规定的保护程度。

2.各缔约方应通过生物安全资料交换所相互通报各自在本议定书生效日期之前或之后订立的任何此种双边、区域及多边协定和安排。

3.本议定书的各项条款不得妨碍此类协定或安排的缔约方之间根据此种协定和安排进行的有意越境转移。

4. 任何缔约方均可决定其国内的规章条例适用于对它的某些特定进口，并应向生物安全资料交换所通报其所作决定。

第 15 条
风险评估

1.依照本议定书进行的风险评估应按附件三的规定并以在科学上合理的方式做出，同时应考虑采用已得到公认的风险评估技术。此种风险评估应以根据第 8 条所提供的资料和其他现有科学证据作为评估所依据的最低限度资料，以其确定和评价改性活生物体可能对生物多样性的保护和可持续使用产生的不利影响，同时亦顾及对人类健康构成的风险。

2. 进口缔约方应确保为依照第 10 条作出决定而进行风险评估。它可要求出口者进行此种风险评估。

3. 如果进口缔约方要求由发出通知者承担进行风险评估的费用，则发出通知者应承担此种费用。

第 16 条
风险管理

1. 缔约方应参照《公约》第 8（g）条的规定，制定并保持适宜的机制、措施和战略，用以制约、管理和控制在本议定书风险评估条款中指明的、因改性活生物体的使用、处理和越境转移而构成的各种风险。

2. 应在必要范围内规定必须采取以风险评估结果为依据的措施，以防止改性活生物体在进口缔约方领土内对生物多样性的保护和可持续使用产生不利影响，同时亦顾及对人类健康构成的风险。

3. 每一缔约方均应采取适当措施，防止于无意之中造成改性活生物体的越境转移，其中包括要求于某一改性活生物体的首次释放之前进行风险评估等措施。

4. 在不妨碍以上第 2 款的情况下，每一缔约方均应做出努力，确保在把无论是进口的还是于当地研制的任何改性活生物体投入预定使用之前，对其进行与其生命周期或生殖期相当的一段时间的观察。

5. 缔约方应开展合作，以期：

（a）确定可能对生物多样性的保护和可持续使用产生不利影响的改性活生物体或改性活生物体的某些具体特性，同时亦顾及对人类健康构成的风险；和

（b）为处理此种改性活生物体或其具体特性采取适当措施。

第 17 条

无意中造成的越境转移和应急措施

1. 每一缔约方均应在获悉已发生下列情况时采取适当措施，向受到影响或可能会受到影响的国家、生物安全资料交换所并酌情向有关的国际组织发出通报：因在其管辖范围内发生的某一事件造成的释放导致了或可能会导致改性活生物体的无意越境转移，从而可能对上述国家内生物多样性的保护和可持续使用产生重大不利影响，同时亦可能对这些国家的人类健康构成风险。缔约方应在知悉上述情况时立即发出此种通知。

2. 每一缔约方应最迟在本议定书对其生效之日，向生物安全资料交换所提供有关其负责接收根据本条所发通知的联络点的详细情况。

3. 根据以上第 1 款发出的任何通知应包括下列内容：

（a）所涉改性活生物体的估计数量及其相关特性和/或特征的现有相关资料；

（b）说明发生释放的具体情形和估计的释放日期以及所涉及改性活生物体在起源缔约方内的使用情况；

（c）关于可能会对生物多样性的保护和可持续使用产生不利影响和对人类健康构成风险的任何现有资料，以及关于可能采取的风险管理措施的现有资料；

（d）任何其他有关资料；

（e）可供索取进一步资料的联络点。

4．为尽可能减少其对生物多样性的保护和可持续使用的任何重大不利影响，同时亦顾及对人类健康所构成的风险，每一缔约方，如已在其管辖范围内发生以上第 1 款所述改性活生物体的释放，应立即与受到影响或可能会受到影响的国家进行协商，使它们得以确定适当的应对办法并主动采取必要行动，包括采取各种应急措施。

第 18 条
处理、运输、包装和标志

1. 为了避免对生物多样性的保护和可持续使用产生不利影响，同时亦顾及对人类健康构成的风险，每一缔约方应采取必要措施，要求对凡拟作属于本议定书范围内的有意越境转移的改性活生物体，均参照有关的国际规则和标准，在安全条件下予以处理、包装和运输。

2．每一缔约方应采取措施，要求：

（a）拟直接作食物或饲料或加工之用的改性活生物体应附有单据，明确说明其中“可能含有”改性活生物体且不打算有意将其引入环境之中；并附上供进一步索取信息资料的联络点。作为本议定书缔约方会议的缔约方大会应在不迟于本议定书生效后两年就此方面的详细要求、包括对其名称和任何独特标识的具体说明作出决定；

（b）预定用于封闭性使用的改性活生物体应附有单据，明确将其标明为改性活生物体；并具体说明安全处理、储存、运输和使用的要求，以及供进一步索取信息资料的联络点，包括接收改性活生物体的个人和机构的名称和地址；

（c）拟有意引入进口缔约方环境的改性活生物体和本议定书范围内的任何其他改性活生物体应附有单据，明确将其标明为改性活生物体；具体说明其名称和特征及相关的特性和/或特点、关于安全处理、储存、运输和使用的任何要求，以及供进一步索取信息资料的联络点，并酌情提供进口者和出口者的详细名称和地址；以及列出关于所涉转移符合本议定书中适用于出口者的规定的声明。

3．作为本议定书缔约方会议的缔约方大会应与其他相关的国际机构协商，考虑是否有必要以及以何种方式针对标识、处理、包装和运输诸方面的习惯做法制定标准。

第19条
国家主管部门和国家联络点

1．每一缔约方应指定一个国家联络点，负责代表缔约方与秘书处进行联系。每一缔约方还应指定一个或数个国家主管部门，负责行使本议定书所规定的行政职能和按照授权代表缔约方行使此类职能。每一缔约方可指定一个单一的实体同时负责履行联络点和国家主管部门这两项职能。

2．每一缔约方最迟应于本议定书对其生效之日将其联络点和国家主管部门的名称和地址通报秘书处。缔约方如果指定了一个以上的国家主管部门，则应将有关这些主管部门各自职责的资料随通知一并送交秘书处。如果属于此种情况，则此种资料至少应明确说明由哪一主管部门负责何种类别的改性活生物体。如在其国家联络点的指定方面或在其国家主管部门的名称和地址或职责方面出现任何变更，缔约方应立即就此通知秘书处。

3．秘书处应立即向各缔约方通报其根据以上第2款收到的通知，并应通过生物安全资料交换所提供此类信息资料。

第20条
信息交流与生物安全资料交换所

1. 兹此建立生物安全资料交换所，作为《公约》第18条第3款所规定的资料交换所机制的一部分，以便：

（a）便于交流有关改性活生物体的科学、技术、环境和法律诸方面的信息资料和经验；

（b）协助缔约方履行本议定书，同时顾及各发展中国家缔约方、特别是其中最不发达国家和小岛屿发展中国家、经济转型国家，以及属于起源中心和遗传多样性中心国家的特殊需要。

2. 生物安全资料交换所应作为以上第1款的目的相互交流信息资料的一种手段。它应作为连接渠道，提供各缔约方所提交的有关本议定书履行情况的信息资料。它还应在可能情况下作为连接渠道，接通其他国际生物安全资料交流机制。

3. 在不妨碍对机密资料实行保密的情况下，每一缔约方应向生物安全资料交换所提供本议定书要求向生物安全资料交换所提供的任何信息以及下列方面的信息和资料：

（a）为履行本议定书而制定的任何现行法律、条例和准则，以及各缔约方为实施提前知情同意程序而要求提供的信息和资料；

（b）有关任何双边、区域及多边协定和安排的信息和资料；

（c）在其实行管制过程中根据第15条对改性活生物体进行风险评估或环境审查的结论摘要，其中应酌情包括有关其产品（即源于改性活生物体并经过加工的材料，其中含有凭借现代生物技术获得的可复制性遗传材料的可检测到的新异组合）的资料；

（d）其针对改性活生物体的进口或释放作出的最终决定；

（e）它依照第33条提交的报告，包括有关提前知情同意程序实施情况的报告。

4. 作为本议定书缔约方会议的缔约方大会应在其第一次会议上审议并决定

生物安全资料交换所的运作方式，包括关于其各项活动的报告，并于其后不断予以审查。

第21条
机密资料

1. 进口缔约方应准许发出通知者指明，在按照本议定书的程序所提交的或进口缔约方作为本议定书提前知情同意程序的一部分而要求提交的资料中，应将哪些资料视为机密性资料。在指明机密性资料时，应根据要求说明理由。

2. 进口缔约方如果决定，经发出通知者指明为机密性资料的资料不符合机密资料条件，则应就此与发出通知者进行协商，并应在公开有关资料之前将其决定通报发出通知者，同时根据要求说明理由，且在资料予以公开之前提供进行协商和对该决定进行内部审查的机会。

3. 缔约方应对其根据本议定书收到的机密性资料保密，包括对其在本议定书提前知情同意程序范畴内收到的任何机密资料保密。每一缔约方均应确保建立关于对此种资料实行保密的程序，而且对此种资料的保密程度不应低于其对国内制造的改性活生物体的有关机密资料的保密程度。

4. 除非发出通知者以书面形式表示同意，否则进口缔约方不得将此种资料用于商业目的。

5. 如果发出通知者撤回或已经撤回通知，进口缔约方仍应为商业和工业资料保密，其中包括关于研究和研制工作的资料以及该缔约方与发出通知者之间未能对其机密性取得一致看法的那些资料。

6. 在不损害以上第5款的情况下，下述资料不得视为机密性资料：

（a）发出通知者的名称和地址；

（b）关于改性活生物体的一般性说明；

（c）关于在顾及对人类健康构成的风险的情况下对生物多样性的保护和可持续使用的影响作出的风险评估结果摘要；以及

（d）任何应急方法和计划。

第22条
能力建设

1. 各缔约方应开展合作，以有效履行本议定书为目的，通过诸如现有的全球、区域、分区域和国家机构和组织和酌情通过促进私人部门的参与等方式，协助发展中国家和经济转型国家缔约方、特别是其中最不发达国家和小岛屿发展中国家逐步建立和/或加强生物安全方面的人力资源和体制能力，包括生物安全所需的生物技术。

2. 为执行以上第1款的规定，应依照《公约》中的相关条款，在生物安全的能力建设方面充分考虑到各发展中国家缔约方、特别是其中最不发达国家和小岛屿发展中国家对资金以及对获得和转让技术和专门知识的需求。在能力建设方面开展的合作应根据每一缔约方的不同情况、能力和需要进行，包括在对生物技术进行妥善、安全管理方面和为促进生物安全而进行风险评估和风险管理方面提供科学技术培训，并提高生物安全方面的技术和体制能力。在此种生物安全能力建设中还应充分考虑到经济转型国家缔约方的需要。

第23条
公众意识和参与

1. 缔约方应：

（a）促进和便利开展关于安全转移、处理和使用改性活生物体的公众意识及教育活动和参与，同时顾及对人类健康构成的风险，以利于生物多样性的保护和可持续使用。各缔约方在开展此方面工作时应酌情与其他国家和国际机构开展合作；

（b）力求确保公众意识和教育活动的内容包括使公众能够获得关于可能进口的、根据本议定书确定的改性活生物体的资料。

2. 各缔约方应按照其各自的法律和规章，在关于改性活生物体的决策过程中征求公众的意见，并在不违反关于机密资料的第21条的情况下，向公众通报此种决定的结果。

3.每一缔约方应力求使公众知悉可通过何种方式公开获得生物安全资料交换所的信息和资料。

第24条
非缔约方

1.缔约方与非缔约方之间进行的改性活生物体的越境转移应符合本议定书的目标。各缔约方可与非缔约方订立关于此种越境转移的双边、区域和多边协定及安排。

2.各缔约方应鼓励非缔约方遵守本议定书并向生物安全资料交换所提供改性活生物体在属其国家管辖的地区内释放及其出入情况的相关信息和资料。

第25条
非法越境转移

1. 每一缔约方应在其国内采取适当措施，防止和酌情惩处违反其履行本议定书的国内措施的改性活生物体越境转移。此种转移应视为非法越境转移。

2. 在发生非法越境转移事件时，受到影响的缔约方可要求起源缔约方酌情以运回本国或以销毁方式处置有关的改性活生物体，所涉费用自理。

3.每一缔约方应向生物安全资料交换所提供涉及本国的非法越境转移案件的信息和资料。

第26条
社会—经济因素

1.缔约方在按照本议定书或按照其履行本议定书的国内措施作出进口决定时，可根据其国际义务，考虑到因改性活生物体对生物多样性的保护和可持续使用的影响而产生的社会经济因素，特别是涉及生物多样性对土著和地方社区所具有的价值方面的社会经济因素。

2. 鼓励各缔约方开展合作，针对改性活生物体所产生的任何社会、经济影响，特别是对土著和当地社区的影响进行研究和交流信息。

第27条

赔偿责任和补救

作为本议定书缔约方会议的缔约方大会应在其第一次会议上发起一个旨在详细拟定适用于因改性活生物体的越境转移而造成损害的赔偿责任和补救方法的国际规则和程序的进程，同时分析和参照目前在国际法领域内就此类事项开展的工作，并争取在四年时间内完成这一进程。

第28条

财务机制和财政资源

1. 在考虑履行本议定书所需财政资源时，缔约方应考虑到《公约》第20条的规定。

2. 应由受委托负责按照《公约》第21条设立的财务机制的运作的机构充任本议定书的财务机制。

3. 对于本议定书第22条中所述及的能力建设，作为本议定书缔约方会议的缔约方大会在就以上第2款中提及的财务机制提出指导意见供缔约方大会审议时，应考虑到各发展中国家缔约方、特别是其中最不发达国家和小岛屿发展中国家的对财政资源的需求。

4. 在以上第1款所涉范畴内，各缔约方亦应考虑到各发展中国家缔约方和经济转型国家缔约方、特别是其中最不发达国家和小岛屿发展中国家在为履行本议定书而努力确定和开展能力建设活动方面的各种需要。

5. 缔约方大会在其各项相关决定、包括在本议定书获得通过之前作出的决定中向《公约》财务机制提供的指导，应在细节上作必要修改后适用于本条的规定。

6．为履行本议定书的条款，发达国家缔约方亦可通过双边、区域和多边渠道提供财政和技术资源，而发展中国家缔约方和经济转型国家缔约方则可利用这些渠道获得财政和技术资源。

第29条
作为本议定书缔约方会议的缔约方大会

1．缔约方大会应作为本议定书的缔约方会议。

2．非本议定书缔约方的《公约》缔约方可作为观察员出席作为本议定书缔约方会议的缔约方大会的任何一次会议，在缔约方大会作为本议定书的缔约方会议时，涉及本议定书的决定仅应由本议定书各缔约方作出。

3．在缔约方大会作为本议定书缔约方会议时，主席团中代表届时尚不是本议定书缔约方的《公约》缔约方的任何成员应由本议定书缔约方从议定书各缔约方中另行选举出一名成员予以替代。

4．作为本议定书缔约方会议的缔约方大会应定期审查本议定书的履行情况，并应在其任务范围内作出促进其有效履行的必要决定，它应履行本议定书为其指派的任务并应：

（a）就履行本议定书的任何必要事项提出建议；

（b）设立它认为属履行本议定书所必需的任何附属机构；

（c）酌情争取和利用有关国际组织及政府间和非政府机构提供的服务、合作和信息；

（d）确定应根据本议定书第33条提交资料的形式及间隔时间，并审议由任何附属机构提交的资料和报告；

（e）视需要审议并通过它认为属履行本议定书所必需的、对本议定书及其附件提出的修正和本议定书的任何其他增列附件；

（f）行使履行本议定书所需的其他职能。

5. 除非作为本议定书缔约方会议的缔约方大会以协商一致方式另外作出决定，缔约方大会的议事规则和《公约》的财务细则应在细节上作必要修改后适用于本议定书。

6. 作为本议定书缔约方会议的缔约方大会第一次会议应由秘书处结合缔约方大会预定于本议定书生效之日后召开的第一次会议召集举行。作为本议定书缔约方会议的缔约方大会的其后各次常会应每年结合缔约方大会的常会举行，除非作为本议定书缔约方会议的缔约方大会另有决定。

7. 作为本议定书缔约方会议的缔约方大会的非常会议应于作为本议定书缔约方会议的缔约方大会认为必要的其他时间举行，或根据任何缔约方的书面请求举行，但这一请求须在秘书处向各缔约方作出通报后六个月内获得至少三分之一缔约方的支持。

8. 联合国、其各专门机构和国际原子能机构以及它们的非《公约》缔约方的任何会员国、成员国或观察员皆可作为观察员出席作为本议定书缔约方会议的缔约方大会。任何组织或机构，无论是国家或国际、政府或非政府性质的组织或机构，只要在本议定书所涉事项方面具有资格、且已通知秘书处它愿意作为观察员出席作为本议定书缔约方会议的缔约方大会，均可被接纳参加会议，除非至少有三分之一的出席缔约方表示反对。除非本条中另有规定，观察员的接纳和参加应遵守以上第 5 款中述及的议事规则。

第 30 条
附属机构

1. 根据《公约》或在《公约》下设立的任何附属机构可依照作为本议定书缔约方会议的缔约方大会作出的决定为本议定书提供服务。在此种情形中，缔约方会议应明确规定该机构应行使哪些职能。

2. 非本议定书缔约方的《公约》缔约方可作为观察员出席议定书附属机构的任何会议。当《公约》的附属机构作为本议定书的附属机构时，涉及本议定书的决定仅应由本议定书的缔约方作出。

3．当《公约》的附属机构就涉及本议定书的事项行使其职能时，该附属机构主席团中代表届时尚不是本议定书缔约方的《公约》缔约方的任何成员应由本议定书缔约方从议定书各缔约方中另行选举出一名成员予以替代。

第31条
秘书处

1．依照《公约》第24条设立的秘书处应作为本议定书的秘书处。

2.《公约》中有关秘书处职能的第24条第1款应在细节上作必要修改后适用于本议定书。

3. 为本议定书提供的秘书处服务所涉费用可分开支付时，此种费用应由本议定书各缔约方予以支付。作为本议定书缔约方会议的缔约方大会应为此目的在其第一次会议上做出必要的预算安排。

第32条
与《公约》的关系

除非本议定书另有规定,《公约》中有关其议定书的规定应适用于本议定书。

第33条
监测与汇报

每一缔约方应对本议定书为之规定的各项义务的履行情况进行监测，并应按作为本议定书缔约方会议的缔约方大会所确定的时间间隔，就其为履行本议定书所采取的措施向作为本议定书缔约方会议的缔约方大会作出汇报。

第34条

遵守

作为本议定书缔约方会议的缔约方大会应在其第一次会议上审议并核准旨在促进对本议定书各项规定的遵守并对不遵守情事进行处理的合作程序和体制机制。这些程序和机制应列有酌情提供咨询意见或协助的规定。它们应独立于、且不妨碍根据《公约》第27条订立的争端解决程序和机制。

第35条

评估和审查

作为本议定书缔约方会议的缔约方大会应于本议定书生效五年后、且其后至少应每隔五年对其有效性进行评价，其中包括对其程序和附件作出评估。

第36条

签署

本议定书应自2000年5月15日至26日在联合国内罗毕办事处、并自2000年6月5日至2001年6月4日在纽约联合国总部开放供各国和各区域经济一体化组织签署。

第37条

生效

1. 本议定书应自业已成为《公约》缔约方的国家或区域经济一体化组织交存了第五十份批准、接受、核准或加入文书之日后第九十天起生效。

2. 对于在本议定书依照以上第1款生效之后批准、接受或核准或加入本议定书的国家或区域经济一体化组织，本议定书应自该国或该区域经济一体化组织交存其批准、接受、核准或加入文书之日后第九十天起生效，或自《公约》对该国或该区域经济一体化组织生效之日起生效，以两者中较迟者为准。

3. 为以上第 1 款和第 2 款的目的，区域经济一体化组织所交存的任何文书不应视为该组织的成员国所交存文书之外的额外文书。

第 38 条
保留

不得对本议定书作任何保留。

第 39 条
退出

1. 自本议定书对一缔约方生效之日起两年后，该缔约方可随时向保存人发出书面通知，退出本议定书。

2. 任何此种退出均应在保存人收到退出通知之日起一年后生效，或在退出通知中可能指明的一个更晚日期生效。

第 40 条
作准文本

本议定书的正本应交存于联合国秘书长，其阿拉伯文、中文、英文、法文、俄文和西班牙文文本均同为作准文本。

下列签署人，经正式授权，在本议定书上签字，以昭信守。

2000 年 1 月 29 日订于蒙特利尔。

附件一

根据第 8 条、第 10 条和第 13 条发出通知

所需提供的资料

（a）出口者的名称、地址和详细联络方式。

（b）进口者的名称、地址和详细联络方式。

（c）改性活生物体的名称和标识；如果出口国订有国内改性活生物体生物安全程度分类制度，列出其所属类别。

（d）如已知越境转移的拟定日期，列出这一日期。

（e）与生物安全相关的受体生物体或亲本生物体的生物分类状况、通用名称、收集点或获取点及其特性。

（f）如已知受体生物体和/或亲本生物体的起源中心和遗传多样性中心，列出此种中心，并说明有关生物体可赖以存活或增生的各种生境。

（g）与生物安全相关的供体生物体的生物分类状况、通用名称、收集点或获取点及其特性。

（h）介绍说明引入改性活生物体的核酸或改变、所使用的技术及其由此而产生的特性。

（i）改性活生物体或其产品（即源于改性活生物体并经过加工的材料，其中含有凭借现代生物技术获得的可复制性遗传材料的可检测到的新异组合）的预定用途。

（j）拟予转移的改性活生物体的数量或体积。

（k）先前和目前根据附件三进行风险评估的报告。

（l）建议酌情用于安全处理、储存、运输和使用的方法，其中包括包装、标志、单据、处置和应急程序。

（m）在出口国内对此种改性活生物体实行管制的现状（例如它是否已在出口国被禁止，是否对它实行了其他限制，或是否已核准其作一般性释放）；如果此种改性活生物体已在出口国被禁止，说明予以禁止的理由。

（n）出口者就拟予转移的改性活生物体向其他国家发出通知的结果和目的。

（o）有关上述资料内容属实的声明。

附件二

按照第 11 条需提供的关于拟直接作食物或饲料或加工之用的改性活生物体的资料。

（a）要求就其国内使用事项作出决定的申请者的名称和详细联络方式。

（b）负责作出此种决定的主管部门的名称和详细联络方式。

（c）改性活生物体的名称和标识。

（d）关于改性活生物体的基因改变、所采用的技术及其由此而产生的特性的说明。

（e）改性活生物体的任何独特鉴别方式。

（f）与生物安全相关的受体生物体或亲本生物体的生物分类状况、通用名称、收集点或获取点及其特性。

（g）如已知受体生物体和/或亲本生物体的起源中心和遗传多样性中心，列出此种中心，并说明有关生物体可赖以存活或增生的各种生境。

（h）与生物安全相关的供体生物体的生物分类状况、通用名称、收集点或获取点及其特性。

（i）改性活生物体已获核准的用途。

（j）根据附件三编制的风险评估报告。

（k）建议酌情用于安全处理、储存、运输和使用的方法，其中包括包装、标志、单据、处置和应急程序。

附件三

风险评估

目标

1. 本议定书所规定的风险评估的目标是确定和评价改性活生物体在可能的潜在接收环境中对生物多样性的保护和可持续使用产生的不利影响，同时亦顾及对人类健康构成的风险。

风险评估的用途

2. 风险评估的结果，除其他外，系供主管部门就改性活生物体作出知情决定。

一般原则

3. 应以科学上合理和透明的方式进行风险评估，并可计及相关的国际组织的专家意见及其所订立的准则。

4. 缺少科学知识或科学共识不应必然地被解释为表明有一定程度的风险、没有风险，或者可以接受的风险。

5. 应结合存在于可能的潜在接收环境中的未经改变的受体或亲本生物体所构成的风险来考虑改性活生物体或其产品（即源于改性活生物体并经过加工的材料，其中含有凭借现代生物技术获得的可复制性遗传材料的可检测到的新异组合）所涉及的风险。

6. 风险评估应以具体情况具体处理的方式进行。所需资料可能会因所涉及改性活生物体、其预定用途和可能的潜在接收环境的不同而在性质和详细程度方面彼此迥异。

方法

7. 在风险评估进程中一方面可能会需要提供可在评估进程中予以确定和要求提供的关于具体对象的进一步资料；另一方面关于其他对象的资料在某些情况下则可能不相关。

8. 为实现其目标，有必要在风险评估工作中酌情采取下列步骤：

（a）鉴别与在可能的潜在接收环境中可能会对生物多样性产生不利影响的改性活生物体相关的任何新异基因型和表型性状，同时亦顾及对人类健康构成的风险；

（b）在顾及到所涉改性活生物体暴露于可能的潜在接收环境的程度和暴露类型的情况下，评价产生这些不利影响的可能性；

（c）评价一旦产生此种不利影响而可能会导致的后果；

（d）根据对所认明的产生不利影响的可能性及其后果进行的评价，估计改性活生物体所构成的总体风险；

（e）就所涉风险是否可以接受或可设法加以管理的问题提出建议，包括视需要订立此类风险的管理战略；

（f）在风险程度无法确定的情况下，可要求针对令人关注的具体问题提供进一步资料，或采用适宜的风险管理战略和/或在接收环境中对所涉改性活生物体进行监测。

供考虑的要点

9. 风险评估应视具体情况计及与以下诸项的特性相关的详细的科学技术资料：

（a）受体生物体或亲本生物体。受体生物体或亲本生物体的生物特性，如有关生物分类状况、通用名称、起源、起源中心和遗传多样性中心诸方面的资料，应提供此种资料，并附上有关所涉生物体可赖以存活或增生的各种生境的说明；

（b）供体生物体。供体生物体的生物分类状况和通用名称、来源及有关的生物特性；

（c）媒体。媒体的特性，包括其可能的标识及其来源或起源，以及其宿主范围；

（d）植入和/或改变的特点。所植入的核酸的遗传特性及其特定功能，和/或所引入的改变的特点；

（e）改性活生物体。改性活生物体的标识，以及有关改性活生物体的生物特性与受体生物体或亲本生物体的生物特性之间的差别；

（f）改性活生物体的发现和鉴别。建议采用的发现和鉴别方法及其特殊性、敏感性和可靠性；

（g）与预定用途相关的资料。与改性活生物体的预定用途相关的资料，其中包括与受体生物体或亲本生物体相比属于新的或经改变的用途；

（h）接收环境。关于所处位置、地理、气候和生态诸方面特点的资料，其中包括有关可能的潜在接收环境的生物多样性和起源中心的相关资料。

四、关于持久性有机污染物的斯德哥尔摩公约

本公约缔约方，

认识到持久性有机污染物具有毒性、难以降解、可产生生物蓄积以及往往通过空气、水和迁徙物种作跨越国际边界的迁移并沉积在远离其排放地点的地区，随后在那里的陆地生态系统和水域生态系统中蓄积起来，

意识到特别是在发展中国家中，人们对因在当地接触持久性有机污染物而产生的健康问题感到关注，尤其是对因此而使妇女以及通过妇女使子孙后代受到的不利影响感到关注，

确认持久性有机污染物的生物放大作用致使北极生态系统、特别是该地区的土著社区受到尤为严重的威胁，并确认土著人的传统食物受到污染是土著社区面对的一个公共卫生问题，

意识到必须在全球范围内对持久性有机污染物采取行动，

铭记联合国环境规划署理事会 1997 年 2 月 7 日通过的第 19/13C 号决定，为保护人类健康和环境采取包括旨在减少和/或消除持久性有机污染物排放和释放的措施在内的国际行动，

回顾有关的国际环境公约，特别是《关于在国际贸易中对某些危险化学品和农药采用事先知情同意程序的鹿特丹公约》、《控制危险废物越境转移及其处置巴塞尔公约》以及在该公约第 11 条框架内缔结的各项区域性协定的相关条款，

并回顾《里约环境与发展宣言》和《21 世纪议程》中的有关规定，

确认预防原则受到所有缔约方的关注，并体现于本公约之中，

认识到本公约与贸易和环境领域内的其他国际协定彼此相辅相成，

重申依照《联合国宪章》和国际法原则，各国拥有依照其本国环境与发展政策开发其自有资源的主权，并有责任确保其管辖范围内的或其控制下的活动不对其他国家的环境或其国家管辖范围以外地区的环境造成损害，

考虑到发展中国家、特别是其中的最不发达国家以及经济转型国家的具体国情和特殊需要，特别是有必要通过转让技术、提供财政和技术援助以及推动缔约方之间的合作等手段，加强这些国家对化学品实行管理的国家能力，

充分考虑到于 1994 年 5 月 6 日在巴巴多斯通过的《关于小岛屿发展中国家可持续发展的行动纲领》，

注意到发达国家和发展中国家各自的能力以及《里约环境与发展宣言》之原则 7 中确立的各国所负有的“共同但有区别的责任”，认识到私营部门和非政府组织可在减少和/或消除持久性有机污染物的排放和释放方面做出重要贡献，

强调持久性有机污染物的生产者在减少其产品所产生的有害影响并向用户、政府和公众提供这些化学品危险特性信息方面负有责任的重要性，

意识到需要采取措施，防止持久性有机污染物在其生命周期的所有阶段产生的不利影响，

重申《里约环境与发展宣言》之原则 16，各国主管当局应考虑到原则上应由污染者承担治理污染费用的方针，同时适当顾及公众利益和避免使国际贸易和投资发生扭曲，努力促进环境成本内部化和各种经济手段的应用，

鼓励那些尚未制订农药和工业化学品管制与评估方案的缔约方着手制订此种方案，

认识到开发和利用环境无害化的替代工艺和化学品的重要性，

决心保护人类健康和环境免受持久性有机污染物的危害。

兹协议如下：

第 1 条　目标

本公约的目标是，铭记《里约环境与发展宣言》之原则 15 确立的预防原则，保护人类健康和环境免受持久性有机污染物的危害。

第 2 条　定义

本公约的目的：

（a）“缔约方”是指已同意受本公约约束、且本公约已对其生效的国家或区域经济一体化组织；

（b）“区域经济一体化组织”

是指由一个特定区域的主权国家所组成的组织，它已由其成员国让渡处理本公约所规定事项的权限、且已按照其内部程序获得正式授权可以签署、批准、接受、核准或加入本公约；

（c）“出席并参加表决的缔约方”是指出席会议并投赞成票或反对票的缔约方。

第 3 条　旨在减少或消除源自有意生产和使用的排放的措施

1．每一缔约方应：

（a）禁止和/或采取必要的法律和行政措施，以消除：

（i）附件 A 所列化学品的生产和使用，但受限于该附件的规定；和

（ii）附件 A 所列化学品的进口和出口，但应与第 2 款的规定相一致；和

（b）依照附件 B 的规定限制该附件所列化学品的生产和使用。

2．每一缔约方应采取措施确保：

（a）对于附件 A 或 B 所列化学品，只有在下列情况下才予进口：

（i）按第 6 条第 1 款（d）项规定为环境无害化处置进行的进口；或

（ii）附件 A 或 B 规定准许该缔约方为某一用途或目的而进口。

（b）对于目前在任何生产或使用方面享有特定豁免的附件 A 所列化学品，或目前在任何生产或使用方面享有特定豁免或符合可予接受用途的附件 B 所列化学品，在计及现行国际事先知情同意程序各条约所有相关规定的同时，只有在下列情况下才予出口：

（i）按第 6 条第 1 款（d）项规定为环境无害化处置进行的出口；

（ii）出口到按附件 A 或 B 规定获准使用该化学品的某一缔约方；或

（iii）向并非本公约缔约方、但已向出口缔约方提供了一份年度证书的国家出口。此种证书应具体列明所涉化学品的拟议用途，并表明该进口国家针对所进口的此种化学品承诺：

a．采取必要措施减少或防止排放，从而保护人类健康和环境；

b．遵守第 6 条第 1 款的规定；

c．酌情遵守附件 B 第二部分第 2 款的规定。

此种证书中还应包括任何适当的辅助性文件，诸如立法、规章、行政或政策指南等。出口缔约方应自收到该证书之日起六十天内将之转交秘书处。

（c）如附件 A 所列某一化学品生产和使用之特定豁免对于某一缔约方已不再有效，则不得从该缔约方出口此种化学品，除非其目的是按第 6 条第 1 款（d）项规定进行环境无害化处置。

（d）为本款的目的，"非本公约缔约方国家"一语，就某一特定化学品而言，应包括那些尚未同意就该化学品受本公约约束的国家或区域经济一体化组织。

3. 业已针对新型农药或新型工业化学品制订了一种或一种以上管制和评估方案的每一缔约方应采取措施，以预防为目的，对那些参照附件 D 第 1 款所列标准显示出持久性有机污染物特性的新型农药或新型工业化学品的生产和使用实行管制。

4. 业已制订了关于农药和工业化学品的一种或一种以上管制和评估方案的每一缔约方应在对目前正在使用之中的农药和工业化学品进行评估时，酌情在这些方案中考虑到附件 D 第 1 款中所列标准。

5. 除非本公约另有规定，第 1 款和第 2 款不应适用于拟用于实验室规模的研究或用作参照标准的化学品。

6. 按照附件 A 享有某一特定豁免或按照附件 B 享有特定豁免或某一可接受用途的任何缔约方应采取适当措施，确保此种豁免或用途下的任何生产或使用都以防止或最大限度地减少人类接触和向环境中排放的方式进行。对于涉及在正常使用条件下有意向环境中排放的任何豁免使用或可接受用途，应考虑到任何适用的标准和准则，把此种排放控制在最低程度。

第 4 条　特定豁免登记

1. 兹建立一个登记簿，用以列明享有附件 A 或 B 所列特定豁免的缔约方。登记簿不应用于列明那些对所有缔约方都适用的附件 A 或 B 规定的缔约方。登记簿应由秘书处负责保存并向公众开放。

2. 登记簿应包括：

（a）从附件 A 和 B 中复制的特定豁免类型的清单；

（b）享有附件 A 或 B 所列特定豁免的缔约方名单；和

（c）每一登记在册的特定豁免的终止日期清单。

3. 任何国家均可在成为缔约方时，以向秘书处发出书面通知的形式，登记附件 A 或 B 所列一种或多种的特定豁免。

4. 除非一缔约方在登记簿中另立一更早终止日期，或依照下述第 7 款被准予续展，否则，就某一特定化学品而言，所有特定豁免登记的有效期均应自本公约生效之日起五年后终止。

5. 缔约方大会第一次会议应就登记簿中条目的审查程序作出决定。

6. 在对登记簿中的条目进行审查之前，有关缔约方应向秘书处提交一份报告，说明其有必要继续得到该项豁免的理由。该报告应由秘书处分发给所有缔约方。应根据所得到的所有信息对所登记的各项豁免进行审查。缔约方大会可就此向所涉缔约方提出适当建议。

7. 缔约方大会可应所涉缔约方的请求，决定续展某一项特定豁免的终止日期，但最长不超过五年。缔约方大会在作出决定时，应适当地考虑到发展中国家缔约方和经济转型国家缔约方的特殊情况。

8. 缔约方可随时在向秘书处提交书面通知，从登记簿中撤销某一特定豁免条目。此种撤销应自该书面通知中所具体指定的日期开始生效。

9. 若某一特定类别的特定豁免已无任何登记在册的缔约方，则不得就该项豁免进行新的登记。

第 5 条　减少或消除源自无意生产的排放的措施

每一缔约方应至少采取下列措施以减少附件 C 中所列的每一类化学物质的人为来源的排放总量，其目的是持续减少并在可行的情况下最终消除此类化学品：

（a）自本公约对该缔约方生效之日起两年内，作为第 7 条中所列明的实施计划的一个组成部分，制订并实施一项旨在查明附件 C 中所列化学物质的排放并说明其特点和予以处理，以及便利实施以下第（b）至（e）项所规定的行动计划，或酌情制订和实施一项区域或分区域行动计划。此种行动计划应包括下列内容：

（i）考虑到附件 C 所确定的来源类别，对目前和预计的排放进行的评估，包括编制和保持排放来源清册和对排放量进行估算；

（ii）评估该缔约方对此种排放实行管理的有关法律和政策的成效；

（iii）考虑到本项第（i）和（ii）目所规定的评估，制定旨在履行本款所规定的义务的战略；

（iv）旨在促进这些战略的教育、培训和提高认识的措施；

（v）每五年对这些战略及其在履行本款所规定义务方面的成效进行审查，并将审查情况列入依照第 15 条提交的报告之中；

（vi）实施这一行动计划，包括其中列明的各种战略和措施的时间表。

（b）促进实行可尽快实现切实有效的方式切实减少排放量或消除排放源的可行和切合实际的措施。

（c）考虑到附件 C 中关于防止和减少排放措施的一般性指南和拟由缔约方大会决定通过的准则，促进开发和酌情规定使用替代或改良的材料、产品和工艺，以防止附件 C 中所列化学品的生成和排放。

（d）按照行动计划的实施时间表，促进并要求针对来源类别中缔约方认定有必要在其行动计划内对之采取此种行动的新来源采用最佳可行技术，同时在初期尤应注重附件 C 第二部分所确定的来源类别。对于该附件第二部分所列类别中的新来源的最佳可行技术的使用，应尽快、并在不迟于本公约对该缔约方生效之日起四年内分阶段实施。就所确定的类别而言，各缔约方应促进采用最佳环境实践。在采用最佳可行技术和最佳环境实践时，各缔约方应考虑到附件C关于防止和减少排放措施的一般性指南和拟由缔约方大会决定予以通过的关于最佳可行技术和最佳环境实践的指南。

（e）依据其行动计划，针对以下来源，促进采用最佳可行技术和最佳环境实践：

（i）附件C第二部分所列来源类别范围内以及诸如附件C第三部分所列来源类别范围内的各种现有来源；

（ii）诸如附件C第三部分中所列来源类别中任一缔约方尚未依据本款（d）项予以处理的各种新来源。

在采用最佳可行技术和最佳环境实践时，缔约方应考虑到附件C中所列关于防止和减少排放措施的一般性指南和拟由缔约方大会决定予以通过的关于最佳可行技术和最佳环境实践的指南。

（f）为了本款和附件C之目的：

（i）“最佳可行技术”是指所开展的活动及其运作方式已达到最有效和最先进的阶段，从而表明该特定技术原则上具有切实适宜性，可为旨在防止和在难以切实可行地防止时，从总体上减少附件C第一部分中所列化学品的排放及其对整个环境的影响的限制排放奠定基础。在此方面：

ⓐ“技术”包括所采用的技术以及所涉装置的设计、建造、维护、运行和淘汰的方式；

ⓑ“可行”技术是指应用者能够获得的、在一定规模上开发出来的、并基于其成本和效益的考虑、在可靠的经济和技术条件下可在相关工业部门中采用的技术；和

ⓒ“最佳”是指对整个环境实行高水平全面保护的最有效性。

（ii）“最佳环境实践”是指环境控制措施和战略的最适当组合方式的应用。

（iii）“新的来源”是指至少自下列日期起一年之后建造或发生实质性改变的任何来源：

ⓐ本公约对所涉缔约方生效之日；或

ⓑ 附件C的修正对所涉缔约方生效之日、且所涉来源仅因该项修正而受本公约规定的约束。

（g）缔约方可使用排放限值或运行标准来履行其依照本款在最佳可行技术方面所作出的承诺。

第6条　减少或消除源自库存和废物的排放的措施

1. 为确保以保护人类健康和环境的方式对由附件A或B所列化学品构成或含有此类化学品的库存和由附件A、B或C所列某化学品构成、含有此化学品或受其污染的废物，包括即将变成废物的产品和物品实施管理，每一缔约方应：

（a）制订适当战略以便查明：

（i）由附件A或B所列化学品构成或含有此类化学品的库存；和

（ii）由附件A、B或C所列某化学品构成、含有此化学品或受其污染的正在使用中的产品和物品以及废物；

（b）根据（a）项所提及的战略，尽可能切实可行地查明由附件A或B所列化学品构成或含有此类化学品的库存；

（c）酌情以安全、有效和环境无害化的方式管理库存。除根据第3条第2款允许出口的库存之外，附件A或B所列化学品的库存，在按照附件A所列任何特定豁免或附件B所列特定豁免或可接受的用途已不再允许其使用之后，应被视为废物并应按照以下（d）项加以管理；

（d）采取适当措施，以确保此类废物、包括即将成为废物的产品和物品：

（i）以环境无害化的方式予以处置、收集、运输和储存；

（ii）以销毁其持久性有机污染物成分或使之发生永久质变的方式予以处置，从而使之不再显示出持久性有机污染物的特性；或在永久质变并非可取的环境备选方法或在其持久性有机污染物含量低的情况下，考虑到国际规则、标准和指南、包括那些将依照第2款制定的标准和方法，以及涉及危险废物管理的有关全球和区域机制，以环境无害化的其他方式予以处置；

（iii）不得从事可能导致持久性有机污染物回收、再循环、再生、直接再利用或替代使用的处置行为；

（iv）不得违反相关国际规则、标准和指南进行跨越国界的运输；

（e）努力制订用以查明受到附件 A、B 或 C 所列化学品污染的场址的适宜战略；如对这些场所进行补救，则应以环境无害化的方式进行。

2. 缔约方大会应与《控制危险废物越境转移及其处置巴塞尔公约》的有关机构密切合作，尤其要：

（a）制定进行销毁和永久质变的必要标准，以确保附件 D 第 1 款中所确定的持久性有机污染物特性不被显示；

（b）确定它们认可的上述对环境无害化的处置方法；

（c）酌情制定附件 A、B 和 C 中所列化学物质的含量标准，以界定第 1 款（d）（ii）项中所述及的持久性有机污染物的低含量。

第 7 条　实施计划

1. 每一缔约方应：

（a）制定并努力执行旨在履行本公约所规定的各项义务的计划；

（b）自本公约对其生效之日起，两年内将其实施计划送交缔约方大会；

（c）酌情按照缔约方大会决定所具体规定的方式定期审查和更新其实施计划。

2. 为便于制定、执行和更新其实施计划，各缔约方应酌情直接或通过全球、区域和分区域组织开展合作，并征求其国内的利益相关者、包括妇女团体和儿童保健团体的意见。

3. 各缔约方应尽力利用、并于必要时酌情将有关持久性有机污染物的国家实施计划纳入其可持续发展战略。

第 8 条 向附件 A、B 和 C 增列化学品

1. 任一缔约方均可向秘书处提交旨在将某一化学品列入本公约附件 A、B 和/或 C 的提案。提案中应包括附件 D 所规定的资料。缔约方在编制提案时可得到其他缔约方和/或秘书处的协助。

2. 秘书处应核实提案中是否包括附件 D 所规定的资料。如果秘书处认定提案中包括所规定的资料，则应将之转交持久性有机污染物审查委员会。

3. 审查委员会应以灵活而透明的方式审查提案和适用附件 D 所规定的筛选标准，同时综合兼顾和平衡地考虑到所提供的所有资料。

4. 如果审查委员会决定：

（a）它认定提案符合筛选标准，则应通过秘书处向所有缔约方和观察员通报该提案和委员会的评价，并请它们提供附件 E 所规定的资料；或

（b）它认定提案不符合筛选标准，则应通过秘书处就此通知所有缔约方和观察员，并向所有缔约方通报该提案和委员会的评价，并将该提案搁置。

5. 任一缔约方可再次向审查委员会提交曾被其根据上述第 4 款搁置的提案。再次提交的提案可包括该缔约方所关注的任何问题以及提请该委员会对之作进一步考虑的理由。如果经过这一程序后，审查委员会再次搁置该提案，该缔约方可对审查委员会的决定提出质疑，而缔约方大会应在下一届会议上考虑该事项。缔约方大会可根据附件 D 所列筛选标准并考虑到审查委员会的评价以及任一缔约方或观察员提交的补充资料，决定继续审议该提案。

6. 如果审查委员会认定提案符合筛选标准，或缔约方大会决定应继续审议该提案，则委员会应计及所收到的相关附加资料，对提案进行进一步的审查，并应根据附件 E 拟订风险简介草案。委员会应通过秘书处将风险简介草案提交所有缔约方和观察员，收集它们的技术性评议意见，并在计及这些意见后，完成风险简介的编写。

7. 如果审查委员会基于根据附件 E 所做的风险简介，决定：

（a）该化学品由于其远距离的环境迁移而可能导致对人类健康和/或环境的不利影响因而有理由对之采取全球行动，则应继续审议该提案。即使缺乏充分

的科学确定性，亦不应妨碍继续对该提案进行审议。委员会应通过秘书处请所有缔约方和观察员提出与附件F所列各种考虑因素有关的资料。委员会继而应拟订一项风险管理评价报告，其中包括按照附件F对该化学品可能实行的管制措施进行的分析；或

（b）不应继续审议该项提案，则它应通过秘书处将风险简介提供给所有缔约方和观察员，并搁置该项提案。

8．对根据上述第7款（b）项款搁置的任何提案，缔约方均可要求缔约方大会考虑审查委员会请提案缔约方和其他缔约方在不超过一年的期限内提供补充资料。在该期限之后，委员会应在所收到的任何资料的基础上，按缔约方大会决定的优先次序，根据上述第6款重新考虑该提案。如果经过这一程序之后，审查委员会再次搁置该提案，则所涉缔约方可对审查委员会的决定提出质疑，并应由缔约方大会在其下一届会议上考虑该事项。缔约方大会可根据按照附件E所编写的风险简介，并考虑到审查委员会的评价及任何缔约方和观察员提交的补充资料，决定继续审议该提案。如果缔约方大会决定应继续审议该提案，审查委员会则应编写风险管理评价报告。

9．审查委员会应根据上述第6款所述风险简介和上述第7款（a）项或第8款所述风险管理评价，提出建议是否应由缔约方大会审议该化学品以便将其列入附件A、B和/或C。缔约方大会在适当考虑到该委员会的建议、包括任何科学上的不确定性之后，根据预防原则，决定是否将该化学品列入附件A、B和/或C，并为此规定相应的管制措施。

第9条　信息交流

1．每一缔约方应促进或进行关于下列事项的信息交流：

（a）减少或消除持久性有机污染物的生产、使用和排放；和

（b）持久性有机污染物的替代品，包括有关其风险和经济与社会成本的信息。

2．各缔约方应直接地或通过秘书处相互交流上述第1款所述信息。

3．每一缔约方应指定一个负责交流此类信息的国家联络点。

4．秘书处应成为一个有关持久性有机污染物的信息交换所，所交换的信息应包括由缔约方、政府间组织和非政府组织提供的信息。

5．为本公约的目的，有关人类健康与安全和环境的信息不得视为机密性信息。依照本公约进行其他信息交流的缔约方应按相互约定，对有关信息保密。

第10条　公众宣传、认识和教育

1．每一缔约方应根据其自身能力促进和协助：

（a）提高其政策制定者和决策者对持久性有机污染物问题的认识；

（b）向公众提供有关持久性有机污染物的一切现有信息，为此应考虑到第9条第5款的规定；

（c）制定和实施特别是针对妇女、儿童和文化程度低的人的教育和公众宣传方案，宣传关于持久性有机污染物及其对健康和环境所产生的影响和替代品方面的知识；

（d）公众参与处理持久性有机污染物及其对健康和环境所产生的影响、并参与制定妥善的应对措施，包括使之有机会在国家一级对本公约的实施提供投入；

（e）对工人、科学家、教育人员以及技术和管理人员进行培训；

（f）在国家和国际层面编制并交流教育材料和宣传材料；和

（g）在国家和国际层面制定并实施教育和培训方案。

2．每一缔约方应根据其自身能力，确保公众有机会得到上述第1款所述的公共信息，并确保随时对此种信息进行更新。

3．每一缔约方应根据其自身能力，鼓励工业部门和专门用户促进和协助在国家层面以及适当时在次区域、区域和全球各层面提供上述第1款所述的信息。

4．在提供关于持久性有机污染物及其替代品的信息时，缔约方可使用安全数据单、报告、大众媒体和其他通信手段，并可在国家和区域层面建立信息中心。

5. 每一缔约方应积极考虑建立一些机制，例如建立污染物排放和转移的登记册等，用以收集和分发关于附件 A、B 或 C 所列化学品排放或处置年估算量方面的信息。

第 11 条　研究、开发和监测

1. 各缔约方应根据其自身能力，在国家和国际层面，就持久性有机污染物和其相关替代品，以及潜在的持久性有机污染物，鼓励和/或进行适当的研究、开发、监测与合作，包括：

（a）来源和向环境中排放的情况；

（b）在人体和环境中的存在、含量和发展趋势；

（c）环境迁移、转归和转化情况；

（d）对人类健康和环境的影响；

（e）社会经济和文化影响；

（f）排放量的减少和/或消除；和

（g）制定其生成来源清单的统一方法学和测算其排放量的分析技术。

2. 在按照上述第 1 款采取行动时，各缔约方应根据其自身能力：

（a）支持并酌情进一步发展旨在界定、从事、评估和资助研究、数据收集和监测工作的国际方案、网络和组织，并注意尽可能避免重复工作；

（b）支持旨在增强国家科学和技术研究能力、特别是增强发展中国家和经济转型国家的此种能力的努力，并促进数据及分析结果的获取和交流；

（c）考虑发展中国家和经济转型国家各方面的关注和需要，特别是在资金和技术资源方面的关注和需要，并为提高它们参与以上（a）和（b）项所述活动的能力开展合作；

（d）开展研究工作，努力减轻持久性有机污染物对生育健康的影响；

（e）使公众得以及时和经常地获知本款所述的研究、开发和监测活动的结果；和

（f）针对在研究、开发和监测工作中所获的信息的储存和保持方面，鼓励

和/或开展合作。

第 12 条　技术援助

1. 缔约方认识到，应发展中国家缔约方和经济转型国家缔约方的要求，向它们提供及时和适当的技术援助对于本公约的成功实施极为重要。

2. 缔约方应开展合作，向发展中国家缔约方和经济转型国家缔约方提供及时和适当的技术援助，考虑到它们的特殊需要，协助它们开发和增强履行本公约规定的各项义务的能力。

3. 在此方面，拟由发达国家缔约方以及由其他国家缔约方根据其能力提供的技术援助，应包括适当的和共同约定的与履行本公约所规定的各项义务有关的能力建设方面的技术援助。缔约方大会应在此方面提供进一步的指导。

4. 缔约方应酌情向发展中国家缔约方和经济转型国家缔约方提供与履行本公约有关的技术援助和促进相关的技术转让做出安排。这些安排应包括区域和次区域层面的能力建设和技术转让中心，以协助发展中国家缔约方和经济转型国家缔约方履行本公约规定的各项义务。缔约方大会应在此方面提供进一步的指导。

5. 缔约方应在本条的范畴内，在其为提供技术援助而采取的行动中充分顾及最不发达国家和小岛屿发展中国家的具体需要和特殊国情。

第 13 条　资金资源和机制

1. 每一缔约方承诺根据其自身的能力，并依照其国家计划、优先目标和方案，为那些旨在实现本公约目标的国家活动提供资金支持和激励。

2. 发达国家缔约方应提供新的和额外的资金资源，以便使发展中国家缔约方和经济转型国家缔约方得以偿付受援缔约方与参与第 6 款中所阐明的机制的实体之间共同商定的、为履行本公约为之规定的各项义务而采取的实施措施所涉全部增量成本。其他缔约方亦可在自愿基础上并根据其自身能力提供此种财政资源。同时亦应鼓励来自其他来源的捐助。在履行这些义务时，应考虑需要确保资金的充足性、可预测性和及时支付性，并考虑各捐助缔约方共同负担的重要性。

3. 发达国家缔约方以及其他缔约方亦可根据其自身能力，并按照其国家计划、优先事项和方案，通过其他双边、区域和多边来源或渠道向发展中国家缔约方和经济转型国家缔约方提供资金援助；发展中国家缔约方和经济转型国家缔约方可利用此种资金资源，以协助它们实施本公约。

4. 发展中国家缔约方在何种程度上有效地履行其在本公约下的各项承诺，将取决于发达国家缔约方有效地履行其在资金资源、技术援助和技术转让诸方面于本公约下所作出的承诺。在适当地考虑保护人类健康和环境的需要的同时，应充分考虑到可持续的经济和社会发展以及根除贫困是发展中国家缔约方的首要的和压倒一切的优先目标。

5. 缔约方在其供资行动中应充分顾及最不发达国家和小岛屿发展中国家的具体需要和特殊国情。

6. 兹确立一套以赠款或减让方式为协助发展中国家缔约方和经济转型国家缔约方实施本公约而向它们提供充足和可持续的资金资源的机制。为了本公约的目的，这一资金机制应酌情在缔约方大会的权力和指导之下行使职能，并向缔约方大会负责。这一资金机制的运作应委托给可由缔约方大会予以决定的一个或多个实体包括既有的国际实体进行。这一机制还可包括提供多边、区域和双边资金和技术援助的其他实体。对这一机制的捐助应属于依照第 2 款规定向发展中国家缔约方和经济转型国家缔约方提供的其他资金转让之外的额外捐助。

7. 依照本公约各项目标以及本条第 6 款的规定，缔约方大会应在第一次会议上通过拟向这一机制提供的适当指导，并应与参与资金机制的实体共同商定使此种指导发生效力的安排。此种指导尤其要涉及以下事宜：

（a）确定有关获得和使用资金资源的资格的政策、战略、方案优先次序以及明确和详细的标准和指南，包括对此种资源的使用进行的监督和定期评价；

（b）由参与实体定期向缔约方大会提交报告，汇报为实施与本公约的有关活动提供充分和可持续的资金的情况；

（c）促进从多种来源获得资金的办法、机制和安排；

（d）以可预测的和可确认的方式，且铭记逐步消除持久性有机污染物的可能需要持久的供资，确定实施本公约所必要的和可获得的供资额度的方法，以及应定期对这一额度进行审查的条件；和

（e）向有兴趣的缔约方提供需求评估帮助、现有资金来源以及供资形式方面信息的方法，以便于它们彼此相互协调。

8. 缔约方大会最迟应在第二次会议上，并嗣后定期审查依照本条确立的资金机制的成效、满足发展中国家缔约方和经济转型国家缔约方不断变化的需要的能力、上述第 7 款述及的标准和指南、供资额度，以及受委托负责这一资金机制运作的实体的工作成效。缔约方大会应在此种审查的基础上，视需要为提高这一机制的成效采取适宜的行动，包括就为确保满足缔约方的需要而提供充分和可持续的资金的措施提出建议和指导。

第 14 条　临时资金安排

依照《关于建立经结构改组的全球环境基金的导则》运作的全球环境基金的组织结构，应自本公约开始生效之日起直至缔约方大会第一次会议这一时期内，或直至缔约方大会决定将依照第 13 条决定指定哪一组织结构来负责资金机制的运作时为止的这一时期内，临时充当受委托负责第 13 条所述资金机制运作的主要实体。全球环境基金的组织结构应考虑到可能需要为这一领域的工作做出新的安排，通过采取专门涉及持久性有机污染物的业务措施来履行这一职能。

第 15 条　报告

1. 每一缔约方应向缔约方大会报告其已为履行本公约规定所采取的措施和这些措施在实现本公约各项目标方面的成效。

2. 每一缔约方应向秘书处提供：

（a）关于其生产、进口和出口附件 A 和 B 所列每一种化学品的总量的统计数据，或对此种数据的合理估算；

（b）在切实可行的范围内，提供向它出口每一种此类物质的国家名单和接受它出口每一种此类物质的国家名单。

3．此种报告应按拟由缔约方大会第一次会议确定的时间间隔和格式进行。

第 16 条　成效评估

1．缔约方大会应自本公约生效之日起四年内，并嗣后按照缔约方大会所决定的时间间隔定期对本公约的成效进行评估。

2．为便于此种评估的进行，缔约方大会应在其第一次会议上着手做出旨在使它获得关于附件 A、B 和 C 所列化学品的存在、及在区域和全球环境中迁移情况的可比监测数据的安排。这些安排：

（a）应由缔约方酌情在区域基础上并视其技术和资金能力予以实施，同时尽可能地利用既有的监测方案和机制，并促进各种方法的一致性；

（b）考虑到各区域的具体情况及其开展监测活动的能力方面存在的差别，视需要予以补充；和

（c）应包括按照拟由缔约方大会具体规定的时间间隔向缔约方大会汇报在区域和全球层面开展监测活动的成果。

3．上述第 1 款所述评估应根据现有的科学、环境、技术和经济信息进行，其中包括：

（a）根据第 2 款提供的报告和其他监测结果信息；

（b）依照第 15 条提交的国家报告；和

（c）依据第 17 条所订立的程序提供的不遵守情事方面的信息。

第 17 条　不遵守情事

缔约方大会应视实际情况尽快制定并批准用以确定不遵守本公约规定的情

事和处理被查明不遵守本公约规定的缔约方的程序和组织机制。

第18条　争端解决

1. 缔约方应通过谈判或其自行选择的其他和平方式解决它们之间因本公约的解释或适用而产生的任何争端。

2. 非区域经济一体化组织的缔约方在批准、接受、核准或加入本公约时，或于其后任何时候，可在交给保存人的一份书面文书中声明，对于本公约的解释或适用方面的任何争端，承认在涉及接受同样义务的任何其他缔约方时，下列一种或两种争端解决方式具有强制性：

（a）按照拟由缔约方大会视实际情况尽早通过的、载于某一附件中的程序进行仲裁；

（b）将争端提交国际法院审理。

3. 若缔约方系区域经济一体化组织，则它可对按照第2款（a）项所述程序作出的裁决，发表类似的声明。

4. 根据第2款或第3款所作的声明，在其中所规定的有效期内或自其撤销声明的书面通知交存于保存人之后三个月内，应一直有效。

5. 除非争端各方另有协议，声明的失效、撤销声明的通知或作出新的声明不得在任何方面影响仲裁庭或国际法院正在进行的审理。

6. 如果争端各方尚未根据第2款接受同样的程序或任何程序，且它们未能在一方通知另一方它们之间存在争端后的十二个月内解决其争端，则应根据该争端任何一方的要求将之提交调解委员会。调解委员会应提出附有建议的报告。调解委员会的增补程序应列入最迟将在缔约方大会第二次会议上予以通过的一项附件之中。

第19条　缔约方大会

1. 兹设立缔约方大会。

2. 缔约方大会第一次会议应在本公约生效后一年内由联合国环境规划署执行主任召集。此后，缔约方大会的例会应按缔约方大会所确定的时间间隔定期举行。

3. 缔约方大会的特别会议可在缔约方大会认为必要的其他时间举行，或应任何缔约方的书面请求并得到至少三分之一缔约方的支持而举行。

4. 缔约方大会应在其第一次会议上以协商一致方式议定、并通过缔约方大会及其任何附属机构的议事规则和财务细则以及有关秘书处运作的财务规定。

5. 缔约方大会应不断审查和评价本公约的实施情况。它应履行本公约为其指定的各项职责，并应为此目的：

(a) 除第 6 款中所作规定之外，设立它认为实施本公约所必需的附属机构；

(b) 酌情与具有资格的国际组织以及政府间组织和非政府组织开展合作；和

(c) 定期审查根据第 15 条向缔约方提供的所有资料，包括审查第 3 条第 2 款 (b) (iii) 项的成效；

(d) 考虑并采取为实现本公约各项目标可能需要的任何其他行动。

6. 缔约方大会应在其第一次会议上设立一个名为持久性有机污染物审查委员会的附属机构，以行使本公约为其指定的职能。在此方面：

(a) 持久性有机污染物审查委员会的成员应由缔约方大会予以任命。委员会应由政府指定的化学品评估或管理方面的专家组成。委员会成员应在公平地域分配的基础上予以任命；

(b) 缔约方大会应就该委员会的职责范围、组织和运作方式作出决定；且

(c) 该委员会应尽一切努力以协商一致方式通过其建议。如果为谋求协商一致已尽了一切努力而仍未达成一致，则作为最后手段，应以出席并参加表决的成员的三分之二多数票通过此类建议。

7. 缔约方大会应在其第三次会议上评价是否继续需要实施第 3 条第 2 款 (b) 项规定的程序及其成效。

8. 联合国及其专门机构、国际原子能机构以及任何非本公约缔约方的国家均可作为观察员出席缔约方大会的会议。任何其他组织或机构，无论是国家或

国际性质、政府或非政府性质，只要在本公约所涉事项方面具有资格，并已通知秘书处愿意以观察员身份出席缔约方大会的会议，均可被接纳参加会议，除非有至少三分之一的出席缔约方对此表示反对。观察员的接纳和参加会议应遵守缔约方大会所通过的议事规则。

第20条　秘书处

1．兹设立秘书处。

2．秘书处的职能应为：

（a）为缔约方大会及其附属机构的会议作出安排并为之提供所需的服务；

（b）根据要求，为协助缔约方，特别是发展中国家缔约方和经济转型国家缔约方实施本公约提供便利；

（c）确保与其他有关国际组织的秘书处进行必要的协调；

（d）基于按照第15条收到的信息以及其他可用信息，定期编制和向缔约方提供报告；

（e）在缔约方大会的全面指导下，作出为有效履行其职能所需的行政和合同安排；以及

（f）履行本公约所规定的其他秘书处职能以及缔约方大会可能为之确定的其他职能。

3．本公约的秘书处职能应由联合国环境规划署执行主任履行，除非缔约方大会以出席会议并参加表决的缔约方的四分之三多数决定委托另一个或几个国际组织来履行此种职能。

第21条　公约的修正

1．任何缔约方均可对本公约提出修正案。

2．本公约的修正案应在缔约方大会的会议上通过。对本公约提出的任何修正案案文均应由秘书处至少在拟议通过该项修正案的会议举行之前六个月送交

各缔约方。秘书处还应将该项提议的修正案送交本公约所有签署方，并呈交保存人阅存。

3.缔约方应尽一切努力以协商一致的方式就对本公约提出的任何修正案达成协议。如为谋求协商一致已尽了一切努力而仍未达成协议，则作为最后手段，应以出席会议并参加表决的缔约方的四分之三多数票通过该修正案。

4．该修正案应由保存人送交所有缔约方，供其批准、接受或核准。

5．对修正案的批准、接受或核准应以书面形式通知保存人。依照上述第3款通过的修正案，应自至少四分之三的缔约方交存批准、接受或核准文书之日后的第九十天起对接受该修正案的各缔约方生效。其后任何其他缔约方自交存批准、接受或核准修正案的文书后的第九十天起，该修正案即开始对其生效。

第22条　附件的通过和修正

1.本公约的各项附件构成本公约不可分割的组成部分，除非另有明文规定，凡提及本公约时，亦包括其所有附件在内。

2．任何增补附件应仅限于程序、科学、技术或行政事项。

3．下列程序应适用于本公约任何增补附件的提出、通过和生效：

（a）增补附件应根据第21条第1、2和3款规定的程序提出和通过；

（b）任何缔约方如不能接受某一增补附件，则应在保存人就通过该增补附件发出通知之日起一年内将此种情况书面通知保存人。保存人应在接获任何此类通知后立即通知所有缔约方。缔约方可随时撤销先前对某一增补附件提出的不予接受的通知，据此该附件即应根据（c）项的规定对该缔约方生效；和

（c）在保存人就通过一项增补附件发出通知之日起一年后，该附件便应对未曾依（b）项规定提交通知的本公约所有缔约方生效。

4．对附件A、B或C的修正案的提出、通过和生效均应遵守本公约增补附件的提出、通过和生效所采用的相同程序，但如果任何缔约方已按照第25条第4款针对关于附件A、B或C的修正案作出了声明，则这些修正案便不得对该缔约方生效，在此种情况下，任何此种修正案应自此种缔约方向保存人交

存了其批准、接受、核准或加入此种修正案的文书后第九十天起开始对之生效。

5．下列程序应适用于对附件 D、E 或 F 的修正案的提出、通过和生效：

（a）修正案应按照第 21 条第 1 款和 2 款所列程序提出；

（b）缔约方应以协商一致方式就附件 D、E 或 F 的修正案作出决定；和

（c）保存人应迅速将修正附件 D、E 或 F 的决定通知各缔约方。该修正案应在该项决定所确定的日期对所有缔约方生效。

6. 如果一项增补附件或对某一附件的修正案与对本公约的一项修正案相关联，则该增补附件或修正案不得在本公约的该项修正案之前生效。

第 23 条　表决权

1．除第 2 款规定外，本公约每一缔约方均应拥有一票表决权。

2. 区域经济一体化组织对属于其权限范围内的事项行使表决权时，其票数应与其作为本公约缔约方的成员国数目相同。如果此类组织的任何成员国行使表决权，则该组织便不得行使表决权，反之亦然。

第 24 条　签署

本公约应于 2001 年 5 月 23 日在斯德哥尔摩，并自 2001 年 5 月 24 日至 2002 年 5 月 22 日在纽约联合国总部开放供所有国家和区域经济一体化组织签署。

第 25 条　批准、接受、核准或加入

1. 本公约须经各国和各区域经济一体化组织批准、接受或核准。本公约应从签署截至之日后开放供各国和各区域经济一体化组织加入。批准、接受、核准或加入书应交存于保存人。

2. 任何已成为本公约缔约方，但其成员国却均未成为缔约方的区域性经济一体化组织应受本公约下一切义务的约束。如果此类组织的一个或多个成员国

为本公约的缔约方，则该组织及其成员国便应决定其各自在履行公约义务方面的责任。在此种情况下，该组织及其成员国无权同时行使本公约所规定的权利。

3．区域经济一体化组织应在其批准、接受、核准或加入书中声明其在本公约所规定事项上的权限。任何此类组织还应将其权限范围的任何有关变更通知保存人，再由保存人通知各缔约方。

4．任何缔约方均可在其批准、接受、核准或加入文书中作出如下声明：就该缔约方而言，对附件 A、B 或 C 的任何修正案，只有在其针对该项修正案交存了其批准、接受、核准或加入文书之后才能对其生效。

第 26 条　生效

1．本公约应自第五十份批准、接受、核准或加入文书交存之日后第九十天起生效。

2．对于在第五十份批准、接受、核准或加入的文书交存之后批准、接受、核准或加入本公约的每一个国家或区域经济一体化组织，本公约应自该国或该区域经济一体化组织交存其批准、接受、核准或加入文书之日后第九十天起生效。

3．为第 1 款和第 2 款的目的，区域经济一体化组织所交存的任何文书不应视为该组织成员国所交存文书之外的额外文书。

第 27 条　保留

不得对本公约作任何保留。

第 28 条　退出

1．自本公约对一缔约方生效之日起三年后，该缔约方可随时向保存人发出书面通知，退出本公约。

2. 任何此种退出应在保存人收到退出通知之日起一年后生效，或在退出通知中可能指定的一个更晚日期生效。

第29条　保存人

联合国秘书长应为本公约保存人。

第30条　作准文本

本公约正本应交存于联合国秘书长，其阿拉伯文、中文、英文、法文、俄文和西班牙文文本同等作准。

下列签字人，经正式授权，在本公约上签字，以昭信守。

五、亚欧环境部长会议主席声明

1．亚欧环境部长会议于 2002 年 1 月 17 日在中国北京举行。来自 10 个亚洲国家和 15 个欧洲国家的环境部长或其代表与欧盟委员会环境专员代表出席了会议（欧盟委员会轮值主席国西班牙环境部长马塔阁下作为欧盟轮值主席代表与会）。中国国家环境保护总局局长解振华主持了会议。

2．这次会议是中国和德国共同倡议召开的，该倡议在 2000 年汉城召开的第三届亚欧会议上得到了与会首脑的一致赞同。随后，泰国也附议成为倡议国之一。

3．中国国务院总理朱镕基向亚欧环境部长会议发来了贺词，强调了亚洲和欧洲在全球经济发展和环境保护中的重要地位，希望各国携起手来，加强合作，共创世界美好未来。

4．中国国务院副总理温家宝出席开幕式并做发言。他强调，在公平、公正、合理的基础上开展合作是解决全球环境问题的重要途径，两大区域存在着共同的经济和环境利益，合作前景十分光明。他希望亚欧环境部长会议成为落实亚欧会议精神和宗旨的表率。

5．会议期间，部长们就发展亚欧环境合作的伙伴关系、国际环境问题、可持续发展世界首脑会议、亚欧会议成员间环境问题未来对话选择以及其他共同感兴趣的问题，进行了深入和富有建设性的交流。

6．部长们认识到自然资源和环境状况的恶化对亚欧会议所有成员构成挑战，强调全球环境问题不可能单独或在局部范围内得到很好的解决，必须加强国际环境合作。

7．部长们认为，亚欧各国在环境与发展问题上面临着诸多共同挑战，双方

合作有利于解决全球性环境问题。尽管亚欧双方做出了共同的承诺，但是双方在能力方面各有千秋，在环境保护方面存在着合作的巨大机遇和深厚潜力。

8. 部长们一致认为，当前亚欧两大区域都在进行经济结构调整，努力振兴区域经济。通过环境合作，可以促进有益于环境的产业，推动包括环保产业在内的新兴产业发展，带动经济复兴。

9. 部长们强调，亚欧环境合作应该建立在平等和全面的伙伴关系基础之上。各国应平等相待，开展长期对话、交流和合作。各国企业界之间、民间社团之间也可以建立多层次的合作伙伴关系。

10. 部长们认为，亚欧环境合作应该突出重点，可以着重在根除贫困、能源与环境、水环境、荒漠化防治、包括陆地、森林火灾及非法砍伐在内的森林退化、排放到环境中的化学品、城市环境、生物安全、沿海和海洋保护、清洁生产技术、生态保护、气候变化、环境政策法规以及促进可持续生活等领域开展合作。

11. 部长们呼吁《卡塔赫纳生物安全议定书》和《POPs 公约》早日得到批准并生效。

12. 部长们忆及气候变化是当今世界面临的最严重的问题之一。《联合国气候变化框架公约》和《京都议定书》为该问题上的国际合作提供了框架，重要的是所有国家都有效地参与这一框架。部长们欢迎波恩和马拉喀什协定的成功达成，这为批准《京都议定书》铺平了道路。部长们强调了早日批准该议定书、争取使其在 2002 年生效，以及加强各国国内解决气候变化问题工作的重要性。

13. 部长们赞赏地注意到过去 3 年中亚欧环境技术中心在促进亚欧环境领域合作及解决相关问题方面所做的工作，并期盼在对示范阶段进行评估的基础上通过一项关于该中心的决定。

14. 部长们对将于 2002 年在南非召开的可持续发展世界首脑会议表现出强烈的兴趣，认为这是 1992 年联合国环境与发展大会以来，在全球可持续发展伙伴关系的框架下，进行政治对话、达成共识、构筑新的伙伴关系并做出最高政治承诺的重大机遇。因此，可持续发展世界首脑会议是一次极为重要的会议。

欧盟建议可以考虑创建全球协议或协定的意见。部长们强调需要加快筹备可持续发展世界首脑会议，尤其需要加快制定会议议程。部长们还欢迎亚欧两大区域历次筹备会议成果中共有的成分。

15．部长们认为，可持续发展世界首脑会议应在全面评审《21世纪议程》实施进展的基础上，重申政治意愿，重振伙伴关系，就进一步实施《21世纪议程》的政策和措施达成共识，同时，可持续发展世界首脑会议还应该讨论新的具有代表性的事务以及可持续发展领域里的新兴问题。部长们将在可持续发展世界首脑会议筹备程序的框架下讨论联合国秘书长关于“执行21世纪议程”的报告，尤其是秘书长提出的优先领域的建议。

16．部长们认为，联合国环境与发展大会为推动全球可持续发展制定了一系列基本原则，这些原则应在2002年的可持续发展世界首脑会议上予以重申，并使它们在各种实施计划中得到体现。此外，各国应该充分利用各种创新体系、政府措施和包括信息交流技术在内的各种技术，从而通过透明和参与的方式实现可持续发展。

17．部长们相信，在地方、国家和区域的层面上以及全球范围内实施可持续发展中，特别是在实施和履行国际法律文件、促进国际合作等方面，各国政府应具有关键和主导的作用。此外，部长们将支持各种力求在环境和可持续发展领域内加强国际管理上达成共识的努力。可持续发展世界首脑会议应动员各国政府的政治意愿、强化已经取得的共识、并促进各国在全球可持续发展方面的合作关系。

18．部长们认为，企业界、民众社会、大众媒体和各主要团体等，都是推动全球可持续发展、加速实施《21世纪议程》的重要力量。可持续发展世界首脑会议应该对他们给予更多关注和支持，鼓励他们承诺并参与环境保护，以实现可持续发展。在这方面，部长们同意应促进公众参与成功经验的交流。

19．部长们期待继续进行这种对话、深入交换意见、增进相互理解，以促进各国对伙伴关系的承诺并加强未来的合作。

六、第四届部长级（多哈）会议

部长宣言

1. 在过去的 50 年中，世界贸易组织（以下称 WTO）所包含的多边贸易体制对促进经济增长、发展和就业做出了重要的贡献。特别是在考虑到全球经济减缓的情况下，我们决定继续贸易政策改革和自由化的进程，以保证该体制在促进恢复、增长和发展方面发挥充分的作用。因此，我们坚定地重申《马拉喀什建立世界贸易组织协定》所列原则和目标，并保证不使用保护主义。

2. 国际贸易在促进经济发展和解除贫困方面发挥了重要作用。我们认识到，需要使我们所有人都可以从多边贸易体制所带来的更多的机会和福利收益中获益。WTO 的大多数成员是发展中国家。我们力求将他们的利益和需要放在通过此宣言而采纳的工作计划的中心位置。忆及《马拉喀什建立世界贸易组织协定》的序言，我们应继续进行积极的努力，力图确保发展中国家特别是他们中的最不发达国家获得与他们经济发展需要相称的世界贸易增长份额。在这样的背景下，市场准入的增加，平衡的规则和具有良好目标、足够经费支持的技术援助以及能力建设计划都能发挥重要作用。

3. 我们认识到最不发达国家特别容易受到伤害，并且他们在国际经济中面对特殊的体制性困难。我们承诺解决在国际贸易中最不发达国家的边缘化和提高他们对多边贸易体制的有效参与。我们忆及在马拉喀什会议、新加坡会议和日内瓦会议上部长们做出的承诺，以及国际社会在联合国布鲁塞尔第三届最不发达国家大会上承诺，帮助最不发达国家确保有利地和实质性地融入多边贸易体制和全球经济。我们决心 WTO 将以这些承诺为基础在正在制订的工作方案下有效发挥作用。

4．我们强调我们作出的关于 WTO 是唯一的全球贸易法规制定、贸易自由化论坛的承诺，同时也认识到区域贸易协定可以在促进贸易自由化、扩大贸易以及促进发展方面发挥重要作用。

5．我们知道，各成员在迅速变化的国际环境下所面临的挑战不能只依靠在贸易领域采取措施加以解决。为了全球经济决策有更大一致性，我们应继续与布雷顿森林体系机构一起工作。

6．如在《马拉喀什建立世界贸易组织协议》的序言中所阐述的，我们强烈重申对可持续发展目标的承诺。我们相信，坚持和维护一个开放的、非歧视的多边贸易体制的目标与为保护环境和促进可持续发展而采取的行动是能够而且必须是相互支持的。我们注意到成员在自愿基础上对贸易政策实施国家环境评估的努力。我们承认，WTO 规则允许任何国家采取措施保护人类、动物或植物的生命与健康，或在其认为适当的程度上保护环境，只要这些措施不会构成仲裁手段，不会在情况相同的国家间造成不公平的歧视后果，不会在国际贸易中形成隐形限制，以及违反 WTO 协议的条款。我们欢迎 WTO 继续与联合国环境与发展署（UNEP）和其他政府间环境组织合作。我们支持促进 WTO 和相关的国际环境和发展组织的合作，特别是在 2002 年 9 月将在南非约翰内斯堡举行的可持续发展首脑峰会之前。

7．我们重申在《服务贸易总协定》下，成员有权对服务的提供进行管理和引入新的规定。

8．我们重申我们在新加坡部长级会议上关于国际公认的核心劳工标准问题的宣言。我们注意到国际劳工组织正在进行的关于全球化社会问题的工作。国际劳工组织为对此问题的不同方面的实质性对话提供了一个适当的论坛。

9．我们感到特别满意的是，本届会议完成了中国和中国台北的加入程序。我们还欢迎自上届会议以来成为新成员的阿尔巴尼亚、克罗地亚、格鲁吉亚、约旦、立陶宛、摩尔多瓦和阿曼，并注意到这些国家在加入时已经作出了全面的市场准入承诺。这些已经加入的以及 28 个正在进行加入谈判的国家将大大加强多边贸易体制。因此，我们对尽快结束这些加入进程，特别是最不发达国家的加入进程给予高度重视。我们特别承诺加速最不发达国家的加入进程。

10．认识到 WTO 成员资格不断扩大所带来的挑战，我们确认有共同责任确保所有成员的国内透明度和有效参与。在强调这一组织政府间特点的同时，我们承诺将通过更有效和迅捷的信息传播，以及改善与公众的对话使 WTO 的运作更加透明。因此，我们将在国别和多边的层面上继续促进公众对 WTO 的了解，并宣传一个自由的建立在规则基础上的多边贸易系统能带来的利益。

11．出于这些考虑，我们特此同意承诺以下广泛且平衡的工作计划。这一计划既包括扩大的谈判议程，也包括应对多边贸易体制所面临挑战的重要决定和活动。

工作方案与实施有关的问题和关注

12．我们高度重视各成员提出的实施问题和相关关注，并决心找到这些问题和关注的适当解决办法。就此，根据总理事会 2000 年 12 月 15 日及 2001 年 5 月 3 日的决定，我们进一步通过了《与实施有关的问题和关注的决定》Job（01）/139/R.1），以处理成员面对的许多实施问题。我们同意对尚未解决的实施问题的谈判应该是我们正在制订的工作方案不可分割的一部分，而在谈判初期达成的协议应按下文第 47 段的规定处理。在这方面，我们应按以下计划进行：（1）如我们在宣言中规定了一个特别谈判授权，相关的实施问题应该在授权下解决；（2）其他尚未解决的实施问题应由 WTO 的有关机构作为优先事务加以解决，并报告给贸易谈判委员会，这个委员会将在 2002 年年底通过适当的行动在以下第 46 段的基础上建立。

农业

13．我们注意到在《农产品协定》第 20 条下自 2000 年早期启动的谈判已经做的工作，包括由总共 121 个成员提交的大量谈判建议。为了改正和防止世界农产品市场上的限制与扭曲现象，我们忆及此协定中提及的通过一个包含强化规则和有关支持和保护的具体承诺的基本改革计划，建立一个公平和以市场为导向的贸易体制的长期目标。我们再次确认对此计划的承诺。在目前所做工作的基础上，我们承诺进行全面的谈判，旨在达成：在市场准入方面的实质性改进、削减，并以期排除所有形式的出口补贴；和实质性削减扭曲贸易的国内支持。我们同意对发展中国家的特殊与差别待遇应为所有谈判要素的组成部分，并应纳入减让表和承诺，并酌情纳入即将谈判讨论的规则和纪律，以使其具有有效的可操作性，并使发展中国家能够有效考虑他们的发展需求，包括粮食安全和农村发展。我们注意到各成员提交的谈判建议中反映出来的非贸易关切，并确认非贸易关切将在《农产品协定》规定的谈判中得到考虑。

14. 包括提供特殊和差别待遇在内的进一步承诺的模式应不迟于2003年3月31日建立。参加方应不迟于第五届部长会议递交他们基于这些模式的全面的减让表草案。包括有关规则和纪律以及相关法律文本在内的谈判应作为总体谈判日程的一部分，并在总体谈判议程结束时完成。

服务

15. 服务贸易谈判应旨在促进所有贸易伙伴的经济增长和发展中国家和最不发达国家的发展。我们认识到自2000年1月以来在《服务贸易总协定》第19条下开始的这些谈判已经取得的进展，及成员们提交的关于内容广泛的部门、若干水平问题以及自然人流动的建议。我们重申服务贸易理事会2001年3月28日通过的《谈判的指导原则和程序》作为继续谈判的基础，以期实现《服务贸易总协定》序言、第4条及第19条中规定的目标。参加方应不迟于2002年6月30日提交具体承诺的最初要价，不迟于2003年3月31日提交最初出价。

非农产品的市场准入

16. 我们同意谈判应通过有待议定的模式，削减或酌情取消关税，包括削减或取消关税高峰、高关税和关税升级以及非关税壁垒，特别是对于发展中国家具有出口利益的产品。产品范围应是全面的，没有预先的例外。谈判应按照1994年《关贸总协定》第28条的有关规定和以下第50段所引的规定，包括通过在减少承诺上的非完全互惠，而充分考虑参加谈判的发展中国家和最不发达国家的特殊利益和需要。最后，这些有待议定的模式将包括适当的研究和能力建设措施以帮助最不发达国家有效地参与谈判。

与贸易有关的知识产权协定

17. 我们强调以支持公共健康的方式，通过促进对现有药品与研究的准入和对新药的开发，赋予执行与解释《与贸易有关的知识产权协定》的重要性。就此，我们已通过了一个单独的宣言。

18．为完成知识产权理事会启动的有关执行第 23 条第 4 款的工作，我们同意在第五届部长级会议召开前对建立一个葡萄酒和烈酒地理标识通知和注册多边制度的问题进行谈判。我们注意到与第 23 条规定将对地理标识的保护扩大到葡萄酒与烈酒以外产品有关的问题会在 TRIPS 理事会依本宣言第 12 段加以解决。

19．我们指示与贸易有关的知识产权理事会，在实施其工作计划时，包括在第 27 条 3 款 b 项下的审议，在第 71 条 1 款下对执行 TRIPS 协定的审议，和按照本宣言第 12 段对未来开展工作的审议，尤其是审查《与贸易有关的知识产权协定》与《生物多样性公约》之间的关系、审查对传统知识和民俗的保护和成员国按照第 71 条 1 款提出的其他有关新的发展建议。在进行这一工作时，TRIPS 理事会应以《与贸易有关的知识产权协定》第 7、8 条设立的目标和原则为指导，并应充分考虑发展问题。

贸易与投资的关系

20．认识到需要有一个多边框架以保证为长期投资，特别是有助于贸易扩大的外国直接投资提供透明、稳定和可预见的条件，以及认识到对不断加强的技术援助和该领域能力建设的需求，如第 21 段中所提及的那样，我们同意，在谈判方式的会议议程中，各方采取完全一致决定的基础上，在第 5 次部长级会议后举行谈判。

21．我们认识到发展中国家和最不发达国家在该领域的需要：加强对其技术援助的支持和自身能力建设。这包括政策分析和发展，以便更好地评估更紧密的多边合作的含义。这种多边合作有利于他们的发展策略和目标以及人文和机构的发展。为此，我们应与其他有关政府间组织，包括联合国贸发会议（UNCTAD）合作，通过适当的区域性和双边渠道，提供有力的、资源丰富的援助，以满足这些需求。

22．从现在至第 5 届部长级会议间，贸易和投资间关系工作组将致力于以下内容：规模和定义、透明度、非歧视、GATS 类型的、主动列出的方式预先设定承诺的模式；有关发展的规定；例外与保护；各成员间的磋商和争端解决。任何框架都应平衡地体现本国和东道国二者的利益，并适当考虑东道国政府的发展政策和目标以及其对公共利益的管理权。发展中国家和最不发达国家特殊的发展、贸易和财政需要应作为任何框架不可分割的一部分被加以考虑，使得各成员履行与其各自的需要和条件相符的义务和承诺。对其他相关 WTO 规定应给予应有的注意。现有双边和区域性投资措施也应酌情予以考虑。

贸易与竞争政策的相互作用

23. 认识到需要一个多边框架以加强竞争政策在国际贸易和发展中的作用，以及在 24 段中所提及的，在该领域加强技术援助和能力建设的需求，我们同意，在谈判方式的会议议程中，各方采取完全一致决定的基础上，在第 5 次部长级会议后举行谈判。

24. 我们认识到发展中国家和最不发达国家在该领域的需要：加强对其技术援助的支持和自身能力建设。这包括政策分析和发展，以便更好地评估更紧密的多边合作的含义。这种多边合作有利于他们的发展策略和目标，以及人文和机构的发展。为此，我们应与其他有关政府间组织，包括联合国贸发会议（UNCTAD）合作，通过适当的区域性和双边渠道，提供有力的、资源丰富的援助，以满足这些需求。

25. 从现在至第五届部长级会议之间，贸易和竞争政策工作组将致力于以下内容：核心原则，包括透明度、非歧视和程序公平性，以及核心联盟条款；自愿合作模式；支持发展中国家通过能力建设逐步加强竞争机构。应对发展中国家和最不发达国家参加方给予充分的关切，并在就解决其需要方面表现出适当的灵活性。

政府采购透明度

26. 认识到需要一个政府采购透明度多边协议以加强在该领域的技术援助和能力建设，我们同意，在谈判方式的会议议程中，各方采取完全一致决定的基础上，在第 5 次部长级会议后举行谈判。若政府采购透明度工作组于第 5 次部长级会议上取得进展，则谈判应在此进展之上进行，并应考虑各参加方，特别是最不发达国家的优先发展领域。谈判应仅限于透明度方面，因此不应控制各国着重于国内供应和供应商的讨论。我们承诺在谈判期间和决议后保证足够的技术援助和对能力建设的支持。

贸易便利化

27．为进一步加速包括过境货物在内的货物的流动、放行和结关，以及认识到提高此领域技术援助和能力建设的需要，我们同意在第五届部长级会议之后进行谈判。谈判以第五届部长级会议上协商一致通过的决定为基础。在第五届部长级会议召开之前这段时间，货物贸易理事会应该审议并适当澄清和改进1994年关贸总协定的第5条、第8条和第10条的相关规定；同时确定各成员，尤其是发展中国家和最不发达国家成员的贸易便利需要和优先考虑事项。我们承诺保证在此领域的适当技术援助和能力建设支持。

WTO规则

28．鉴于成员的经验有限和对这些文件的使用不断增加，我们同意进行谈判，旨在澄清和改进《关于实施1994年关税与贸易总协定第6条的协定》和《关于补贴与反补贴措施协定》下的原则，同时保留这些协定的基本概念、原则、效力以及这些协定的文本和宗旨，并考虑发展中国家和最不发达国家参加方的需要。在谈判的初始阶段，参加方应指明他们希望澄清和改进哪些规定，其中包括对贸易扭曲做法的规定。在这些谈判的背景下，参加方还应在以后阶段力图澄清和改进WTO有关渔业补贴的原则，同时考虑这一行业对发展中国家的重要性。我们注意到在第31段也提到了渔业补贴的问题。

29．我们还同意进行谈判，旨在澄清和改进适用于区域贸易协定的现行WTO规定下的原则和程序。谈判应考虑区域贸易协定的发展方面。

《争端解决谅解》

30．我们同意进行谈判，旨在改进和澄清《争端解决谅解》。谈判应基于迄今为止所做的工作和各成员所提任何附加建议，并应在不迟于2003年5月就改进和澄清达成一致，届时我们将采取措施以保证谈判结果在其后尽快生效。

贸易与环境

31．为提高贸易与环境之间的相互支持，我们同意在不对其结果妄加评论的基础上就下列问题进行谈判：

（i）WTO现行规则与多边环境协定中制定的具体贸易义务之间的关系。谈判应仅限于这种现行WTO规则在有争议的多边环境协定缔约方中的适用。谈判不得损害不隶属于有争议的多边贸易环境协定的WTO成员的权利；

（ii）多边贸易环境协定秘书处和相关WTO委员会之间定期交流信息的程序以及授予观察员地位的标准；

（iii）减少或在适当时取消与环境有关的货物和服务的关税和非关税壁垒；

我们注意到第28段提到渔业补贴构成谈判的一部分。

32．我们指示贸易与环境委员会在其职权范围内，就其议事日程上的所有内容开展工作，其中特别包括：

·环境措施对市场准入的影响，尤其是对发展中国家和最不发达国家市场准入的影响。以及减少及消除贸易限制和扭曲使贸易、环境和发展受益的情况；

·《与贸易有关的知识产权协定》的相关条款；

为环保目的提出的贴标签要求。

有关这些问题的工作应明确指出WTO哪些相关规则需要澄清。贸易与环境委员会应就这些问题向第五届部长级会议提交报告，并在合适的时候就包括谈判的可取性在内的未来行动提出建议。这项工作的结果以及进行第31段（i）和（ii）下所述的谈判应当与多边贸易体制的开放和非歧视本质相一致，而且不得增加或减少现行WTO协定下，尤其是《卫生和健康措施实施协定》下的成员的权利和义务，不得改变这些权利和义务的平衡，同时要考虑到发展中国家和最不发达国家的需要。

33．我们承认在环境与贸易领域对发展中国家，尤其是对最不发达国家技术援助和能力建设的重要性。我们也鼓励那些希望在国家层面上进行环境审议的成员交流和共享专业知识和经验。应为第五届会议准备一份有关这些活动的报告。

电子商务

34．我们注意到自我们1998年5月20日部长宣言发表以来，总理事会和其他相关机构所做的工作，并同意继续开展关于电子商务的工作计划。目前的工作表明电子商务为处在不同发展阶段的成员的贸易创造了新的机遇和挑战。我们承认创造和维护一个有益于电子商务未来发展的环境是十分重要的。我们指示总理事会考虑执行该工作计划的最适当的机构安排，并向第五届部长级会

议报告进一步进展情况。我们宣布直到第五届会议为止，维持我们目前对电子传输免税的做法。

小经济体

35．我们同意一个关于在总理事会主持下审查与小经济体贸易有关问题的工作计划。这项工作的目标是形成对与贸易有关的问题的应对框架，从而使脆弱的小经济体全面融入多边贸易体制，而不是将他们打入另册。总理事会应审议该工作计划，并向第五届部长级会议提出行动建议。

贸易、债务和财政

36．我们同意在总理事会主持下审查贸易、债务和财政之间的关系，并审查关于在 WTO 授权和能力范围内可采取措施的任何可能的建议。这些措施包括加强多边贸易体制针对发展中国家和最不发达国家外债问题的持久解决办法所做贡献的能力，以及加强国际贸易、财政和货币政策的一致性，以期防止多边贸易体制受财政和货币不稳定性的影响。总理事会应当向第五届部长级会议报告审查的进展情况。

贸易和技术转让

37．我们同意在总理事会主持下，审查贸易与技术转让之间的关系，并审查关于在 WTO 授权范围内为向发展中国家增加技术流动可采取措施的任何可能的建议。总理事会应当向第五届部长级会议报告审查的进展情况。

技术合作和能力建设

38．我们确认技术合作与能力建设是多边贸易体制发展空间的核心要素。同时，我们欢迎和支持 WTO 能力建设、增长、一体化技术合作新策略。我们指示秘书处协同其他相关机构支持各成员在将贸易纳入国家经济发展计划和减少贫困战略中所做出的努力。WTO 技术援助的实施应旨在帮助发展中国家，最不发达国家以及低收入的转型经济国家适应 WTO 规则和纪律，履行成员的义务，行使成员的权利，其中包括从开放和以规则为基础的多边贸易体系中获得益处。在实施与贸易有关的技术援助时，还应优先考虑到发展中经济体、最不发达经济体、脆弱的小经济体及转型经济体，以及在日内瓦没有代表团的成员和观察员的利益。我们重申支持和进一步推动世界贸易中心有意义的工作。

39．我们强调经济与合作发展组织发展援助委员会成员、相关国际和区域性政府间机构亟须在一个一致的政府框架和时间表内有效协调双边技术援助的实施。在协调技术援助实施方面，我们指示总干事与相关的机构、双边捐赠人和收益人协商，以期促进《对最不发达国家与贸易有关的技术援助》和《共同一体化的技术援助计划》统一框架的发展并明确使其合理化的方法。

40．我们同意，需要使这一援助得到稳定的和可预见的资金。我们因此指示预算、财务与行政委员会制订计划，供总理事会在2001年12月通过，以保证WTO技术援助的长期资金不低于本年度的水平并与以上列举的活动相称。

41．我们已在本部长宣言的诸多段落中就技术合作与能力建设做出了坚定的承诺。我们重申在第16、22、25～27、33、38～40、42和43段中做出的具体承诺，同时重申就第2段持续为技术援助和能力建设提供资金方案的重要作用达成的谅解。我们指示总理事向第五届部长级会议报告，并于2002年12月递交给总理事会一份关于在指明段落中做出的承诺的执行和适当程度的中期报告。

最不发达国家

42. 我们承认最不发达国家部长们在2001年7月通过的桑给巴尔岛宣言所提出的关切的严肃性。我们认识到，最不发达国家进一步融入贸易体制需要实质性的市场准入，支持他们产品和出口基地的多样化，以及需要与贸易有关的技术援助和能力建设。我们同意最不发达国家实质性融入贸易体制和全球经济离不开WTO全体成员的努力。我们承诺对来自最不发达国家的产品实现取消关税、取消配额限制的市场准入目标。在这方面，我们欢迎WTO成员在2001年5月联合国第三次最不发达国家布鲁塞尔会议之前在市场准入方面取得的显著进步。我们进一步承诺考虑采取附加措施实现最不发达国家市场准入的不断改善。优先考虑最不发达国家成为世贸组织成员。我们同意加快进行最不发达国家入世的谈判。我们指示秘书处在技术援助年度计划书中反映出我们对最不发达国家加入的优先考虑。我们重申最不发达国家第三次大会上做出的承诺，并同意WTO在设计其关于最不发达国家的工作计划时，应考虑与WTO授权相一致的、在最不发达国家第三次大会上通过的《布鲁塞尔宣言和行动计划》中与贸易有关的要素。我们指示最不发达国家小组分委员会制订此种工作计划并于 2002 年就达成的工作计划向总理事会第一次会议报告。

43．我们支持《对最不发达国家的与贸易有关的技术援助》综合框架，并将其视为最不发达国家贸易发展的一种有效模式。我们呼吁发展伙伴大量增加有益于最不发达国家的综合框架信托基金和 WTO 额外预算信托基金的捐款。我们敦促核心机构与发展伙伴进行合作，在对综合框架进行审核和对入选的最不发达国家中进行的实验性计划评估之后，探讨综合框架的加强和模式的扩大。我们要求总干事，在与所有核心机构的首脑进行协调后，于 2002 年 12 月向总理事会提供一份临时性报告，并向第五届部长级会议就有关最不发达国家的所有问题提供一份完整的报告。

特殊和差别待遇

44．我们重申特殊和差别待遇条款是 WTO 协定不可分割的一部分。我们注意到对解决发展中国家，尤其是最不发达国家面临的具体问题表示的关切。在这方面，我们还注意到一些成员已经提出了一个特殊和差别待遇框架协定（WT/GC/W/42）。因此，我们同意应该审核所有的特殊和差别待遇条款，以便加强这些条款，并使这些条款更精确、有效和具有可操作性。在这个问题上，我们支持《与执行有关的问题和关切的决定》中制订的特殊和差别待遇工作计划。

工作计划的组织和管理

45．按照本宣言的条件进行的谈判应不迟于 2005 年 1 月 1 日结束。第五届部长级会议将回顾谈判取得的进展，提供任何必要的政治指导，并作出任何必要的决定。待所有领域的谈判结果达成后，将举行一次部长级特别会议，就通过和实施这些结果作出决定。

46．全部谈判的进行将由总理事会授权下的一个贸易谈判委员会负责监督。贸易谈判委员会应不迟于 2002 年 1 月 31 日召开第一次会议。它应按要求设立适当的谈判机制并监督谈判的进展情况。

47．谈判的进行、结束以及谈判结果的生效，除与《争端解决谅解》有关的修正内容外，应被视为一项单一承诺的组成部分。但是，早期达成的协定可在临时或最终基础上实施。在评估谈判的整体平衡时应考虑到早期协议。

48．谈判应对下列对象开放：

（i）所有 WTO 成员；

（ii）目前在加入进程中的国家、单独关税区和那些在总理事会例会上，将他们关于成员资格条件进行谈判的意愿通知给 WTO 其他成员，且总理事会已经为他们设立了加入工作组的申请者们。

关于谈判结果的决定由 WTO 成员作出

49．谈判应在参加方之间以透明的方式进行，以便利所有参加方的有效参与。谈判的进行应旨在保证所有参加方的利益，并实现谈判结果的总体平衡。

50．谈判和工作计划的其他方面应充分考虑到对发展中国家和最不发达国家所采取的特殊和差别待遇原则。这项原则体现在 1994 年《服务贸易总协定》的第四部分；1979 年 11 月 28 日关于差别、最惠待遇和发展中国家互惠、充分参与的决定；乌拉圭回合有利于最不发达国家的措施决定和其他所有相关的 WTO 条款。

51．贸易与发展委员会和贸易与环境委员会在各自授权内，将作为确定和讨论可列入谈判的发展和环境问题的场所，以便有助于实现已在谈判中适当反映出来的可持续发展的目标。

52．工作计划中那些不涉及谈判的要素也应给予较高的优先权，它们应在总理事会的总体监督下得到考虑，总理事会应向第五届部长级会议报告进展情况。

七、发展筹资问题国际会议的《蒙特雷共识》

一、迎接发展筹资的挑战：全球反应

1. 2002 年 3 月 21 日和 22 日在墨西哥蒙特雷聚会一堂的国家元首或政府首脑，已携手一道迎接在全世界各地，尤其是发展中国家的发展筹资挑战。我们的目标是随着我们迈向各方充分参与的、公平的全球经济制度的同时亦设法消除贫穷、实现持续增长以及促进可持续发展。

2. 我们关切地注意到，根据目前估计，达到国际商定的发展目标，包括《千年宣言》中所载的目标，所需资源出现大量缺额。

3. 为实现国际间商定的发展目标——包括《联合国千年宣言》中内所载的旨在消除贫穷、改善社会情况、提高生活水平和保护我们的环境的各项目标而筹集资金和实现所需要的国内与国际经济条件，将是我们为确保 21 世纪成为所有人实现发展的世纪而迈出的第一步。

4. 达到国际商定的发展目标，包括那些载于《千年宣言》中的目标，需要发达国家与发展中国家建立新的伙伴关系。我们决心执行妥当的政策、实施良好的管理和法治。我们还决心动员国内的资源、吸收外国投资、促进国际贸易、以国际贸易为发展的动力，增加在发展方面的国际金融和技术合作。可持续的债务处理和放宽外债与减轻债务负担，提高国际货币、金融和贸易制度包容性和一致性。

5. 2001 年 9 月 11 日的恐怖主义攻击事件使全球经济停滞不前问题更为深化，进一步降低了增长率。现在更为急迫的是必须促进一切利益有关者间的协作，以启动可持续复原并且迎接发展筹资的长期挑战。我们一道奋斗的决心比以前更为坚定。

6. 每一个国家都应对其本国经济和社会发展承担主要责任，其国内政策与发展战略极为重要。然而，国内经济现在已同全球经济体系密不可分，有效利用贸易与投资机会是对抗贫穷的一个助力。国家发展工作必须获得有利的国际环境的支助。我们鼓励并支持区域一级发起的发展倡议，如非洲发展的新经济伙伴和其他区域的类似安排。

7. 全球化既带来机会也带来挑战。面对这些机会和挑战，发展中国家和经济转型国家出现特别困难。全球化应当具有包容性和平等性，这需要在国家和国际两级，在发展中国家和经济转型国家充分参与下，制定政策和执行措施，以帮助这些国家回应这些机会和挑战。

8. 在越来越相互依存和全球化的世界经济中，需要采取全方位的方法来迎接发展筹资方面交织的国家、国际和体系上的挑战——此项发展指的是全球所有各地可持续的、性别敏感的、以人为中心的发展。这种做法必须为所有人提供机会，协助确保能够创造和有效利用资源，并且在每个层次都建立坚强而肯负责的机构。为此目的，我们必须在议程上每一相关领域内采取集体和统一的行动，并须由一切利益有关者提供积极合作。

9. 认识到和平与发展之间存在着相辅相成的关系，我们决心通过个别的努力加上积极的多边合作，追求共同向往的未来。坚守《联合国宪章》和《千年宣言》的价值，而且承诺必将奉行公平、平等、民主、参与、自主权、透明度和问责制原则以及包容，以期巩固各国和全球的经济体系。

二、主要行动

A．筹资国内金融资源促进发展

10. 为了进行增长消灭贫穷及可持续发展，我们大家都必须迎接的关键挑战是应力求确保国内条件须能调集国内足够的公私储蓄以支持可将足够的款额投资于生产能力及人的能力。关键性的任务是加强宏观经济和结构政策的效率、统一和一贯。对筹集国内资源、减少资本外流、鼓励私营部门和吸引及妥善运用国际投资和援助而言，都必须具备有利的国内环境。创造这种环境的努力应当得到国际社会的支持。

11．善政对可持续发展是必不可少的。健全的经济政策和坚实的民主机构和改善的基础建设是可持续经济增长、创造就业和消除贫穷的基础。先决条件还包括自由、和平与安全、内部稳定、尊重人权包括发展权利和法治、性别平等、注重市场的政策以及对公正和民主社会的总体承诺。

12．我们将会在国家一级并且以合法的方式追求适当的政策与管理框架以鼓励公营和私营部门的倡议（包括地方一级）并且促进运作良好的有力的商业部门，同时亦努力改善收入的增加和分配、赋予妇女权力及保护劳工权利和环境。我们承认，在市场经济制度中，政府的适当作用各国不同。

13．在各个层次打击腐败是属优先事项。腐败是有效动员和分配资源的一大障碍，且将资源从重要的消除贫穷和经济可持续发展活动中盗走。

14．我们承认必须实施合理的宏观经济政策，以期大幅度增强经济增长、全面就业、消除贫穷、稳定物价和可持续的财政平衡与国际收支平衡，以确保增长的好处能够由大家分享，特别是穷人。各国政府应优先设法避免会损及收入分配和资源分享情况的通货膨胀所引起的反常与突发的经济动荡。在采取明智的财政和金融政策的同时，必须采用适当的外汇汇率制度。

15．各国政府必须从根本上采用高效率、会产生实效的问责制，以期能调集公共资源并且管理其用途。我们承认必须确保财政上的可持续性，还要有公平、有效的税收制度和税政管理，以及改善政府支出，使其不致排除生产所需的私人投资。我们还承认中期财政框架可以在这方面作出的贡献。

16．必须投资于基本经济和社会基础设施及社会服务，包括教育、卫生、营养、庇护所和社会保障方案——此类方案特别顾及儿童与老年人并且是性别上敏感的，而且充分包含农村部门和一切弱势群体，这使人们比较能够适应和利用不断变化的经济环境和机会。积极的劳工市场政策，包括培训，可以有助于就业和改善工作条件。最近的经济危机还突显了有效的社会安全网的重要。

17．我们承认必须加强和发展国内财政部门，鼓励资本市场的有秩序的发展，其办法为建立健全的银行制度和其他体制安排，旨在解决发展的筹资需求，包括保险部门，债券和股票市场，以此动用储蓄存款并促进生产性投资。这需要一个健全的金融中介设施、透明的规章制度和有效的监测机制，它们后面还有一个稳固的中央银行。应发展担保机制和商务发展服务，减轻中小企业在本地取得资金的困难。

18．为了加强金融部门的社会和经济影响，必须在包括农村在内的地方和针对妇女实行微额信贷和向中小企业的贷款，还需要诸如全国性的储蓄机构。管理妥善的开发银行，商业银行和其他的金融机构，不论是单独的还是合作的，可以成为一种有效的工具以保证能向这些企业提供融资，并可协助充分供应中期和长期贷款。此外，促进私营金融机构的创新和公私合作的伙伴关系也可以加深国内金融市场和进一步推动国内金融部门的发展。养恤金计划的主要目的是社会保障，但是这些计划也可以成为储蓄的来源。必须铭记，基于经济和社会考虑，应尽量把非正规经济部门纳入正规经济之中。还必须设法减少移民工人汇款的转账费用，并应探讨如何将此类投资于与发展有关的项目，包括房屋建筑。

19．加强发展中国家和经济转型国家本身的在下列方面的能力建设努力是极为重要的：基本体制、人力资源发展、公共财政、抵押贷款、财务规则和管理、基本教育、公共行政、社会和性别方面的预算政策、预警和危机预防、与债务管理。在此一进程中，我们尤其应当关注非洲、最不发达国家、小岛屿发展中国家和内陆发展中国家的特殊需要。我们重申对《2001—2010十年最不发达国家行动纲领》（2001年5月14日至20日在布鲁塞尔举行的第三届联合国最不发达国家会议上通过）和《小岛屿发展中国家可持续发展行动纲领》的承诺。对这些努力的国际支助，包括技术援助，和通过联合国的发展业务活动提供的支助，是必需的。我们鼓励南南合作，包括三边合作，以促进关于成功战略、做法、经验以及项目模仿的意见交流。

B．筹集国际资源促进发展：外国直接投资和其他私人资本流动

20．为了促进国家和国际发展，必须设法获得国际私人资本的流动，特别是外国直接投资以及国际金融稳定。外国直接投资有助于长期为持续经济增长提供资金。外国直接投资的重大潜力特别表现在它有助于转让知识和技术、创造工作机会、提高总体生产力、增强竞争力与企业精神并且透过经济增长和发展，最终减少贫穷。因此，主要的挑战是创建必要的本国和国际条件，便利直接外国投资流向发展中国家，特别是非洲、最不发达国家、小岛屿发展中国家、内陆发展中国家以及转型期经济国家，以实现国家发展优先项目。

21．为了吸引和增加生产性资本的流入，各国必须继续努力设法实现透明的、稳定的和可预测的投资环境，同时还须适当强制执行合同和尊重产权，实施有助于国内与国际商业有效经营和获利而且能对发展产生尽可能大的影响的优质宏观经济政策和机制。必须在下列各项优先领域内作出特别的努力：旨在促进和保护投资的经济政策和管理框架，包括人力资源开发领域；避免双重课税；公司管理；会计标准以及提倡竞争环境。其他机制，例如公营部门/私营部门伙伴关系和投资协定，也很重要。我们强调必须向提出请求的受援国提供增强的有充分资源的技术援助和生产能力建立方案。

22．为了补充国家的努力，有关国际和区域机构以及来源国的适当机构必须增加其对私人外国投资的支持，协助发展中国家和转型期经济国家发展基础结构及其他优先领域，包括弥合数码鸿沟的项目。为此，必须提供出口信贷、联合供资、风险资本和其他贷款手段、风险保障、杠杆作用的援助资源、关于投资机会的信息、商业发展服务、旨在促进发达国家和发展中国家的企业进行商业接触和合作的论坛以及为可行性研究提供资金。企业间伙伴关系是转让和传播技术的强有力手段。在这方面，需要加强多边和区域金融与发展机构。来源国还应制定其他措施来鼓励和促进对发展中国家的投资。

23．虽然政府为商业经营提供了架构，但是，商号却有责任以可靠的、一贯的伙伴的身份参与发展进程。我们吁请各商号不仅应当顾及其企业经营活动的经济与财政影响，而且还应当顾及其对发展、社会、两性与环境的影响。本着这种精神，我们请发展中国家和发达国家的银行和其他金融机构采取创新的发展融资方针。我们欢迎各种旨在鼓励良好法人精神的努力，并注意到联合国在促进全球伙伴关系方面主动作出的努力。

24．我们将支持为发展中国家和转型期经济国家建立新的公营部门/私营部门筹资机制，既通过举债也通过股本参与，以便使尤其是小企业家以及其小型企业和基础设施受益。这些公营部门/私营部门倡议可包括在国际和区域金融组织及国家政府与来源国和受援国的私营部门之间建立协商机制，作为创建有利商业发展的环境。

25．我们强调必须一直有数量充足的各类私人资金稳定地流入发展中国家和转型期经济国家。在这方面，来源国和受援国必须采取一些措施，以增加资金流动的透明度和信息。旨在防止短期资本流动波动幅度过大的影响的措施也很重要，必须加以考虑。鉴于每个国家的能力有大有小，因此重要的是要管理国家外债情况，仔细注意货币和周转风险，加强对所有金融机构包括杠杆作用很大的机构的谨慎管理和监督，在符合发展目标下有秩序地按部就班实现资本流动自由化，以及在逐步渐进和自愿基础上执行国际商定的守则和标准。我们鼓励有助于方便获取关于国家和金融市场的信息以及提高这些信息准确性与及时性和扩大信息覆盖范围的公营部门/私营部门倡议，改进国家风险评估。多边金融机构不妨为此而提供更多的援助。

C．国际贸易作为发展的动力

26．一个普遍的、按章办事的、开放的、非歧视的和公平的多边贸易体系以及有实际意义的贸易自由化将可大幅度增进全世界的发展，这对处于各个发展阶段的国家都有利。在这方面，我们重申承诺支持贸易自由化并确保贸易在促进人人享受到的经济增长、就业和发展方面充分发挥其作用。因此，我们欢迎世界贸易组织的各项决定，即打算把发展中国家的需要和利益放在其工作方案的核心。我们承诺确保这些决定获得实施。

27．发展中国家和转型期经济国家必须建立适当的机构与政策，以便充分从贸易中获得好处，因为贸易对许多国家而言，是唯一最重要的发展资金来源。有实际意义的贸易自由化是一国可持续发展战略的基本要素。增加贸易和外国直接投资可促进经济增长，也是就业的重要来源。

28．我们认识到发展中国家和转型期经济国家在国际贸易方面特别关心的问题，即如何加强为其发展筹资的能力。这些问题包括：贸易壁垒、使贸易反常的津贴和其他使贸易反常的措施，尤其是在发展中国家具有特殊出口利益的部门，包括农业；滥用反倾销措施；技术壁垒以及卫生和植物检疫措施；劳力密集制造业贸易自由化；农业产品贸易自由化；服务贸易；关税高峰、高关税和关税升级以及非关税壁垒；自然人的流动；不承认知识产权，从而无法保护传统知识和民间传统工艺；知识和技术的转让；以支持公众健康的方式执行和解释《与贸易有关的知识产权协定》以及贸易协定中关于发展中国家的特别条款和区别待遇条款必须更加确切、有效和切实可行。

29．为了确保世界贸易能支持发展以造福所有国家，我们鼓励世界贸易组织成员执行其于2001年11月9日至14日在卡塔尔多哈举行的第四次部长级会议的结果。

30．我们还承诺促使所有申请成为世贸组织成员的发展中国家，特别是最不发达国家，以及转型期经济国家加入世贸组织。

31．我们将执行在多哈为解决最不发达国家在国际贸易中的边缘化问题而作出的各项承诺，以及为审查与小经济体贸易有关的问题而通过的工作方案。

32．我们还承诺以符合多边贸易体系的方式加强区域和分区域协定和自由贸易区在建立一个更完善的全球贸易体系中的作用。我们吁请国际金融机构，包括区域开发银行，继续支持旨在促进发展中国家和转型期经济国家间分区域和区域一体化的项目。

33．我们承认必须确保发展中国家，包括小岛屿国家、内陆发展中国家、发展中过境国、非洲国家以及转型期经济国家的出口产品更多而且可预测地进入所有市场。

34．我们呼吁所有尚未这样做的发达国家，如在布鲁塞尔通过的《最不发达国家行动纲领》所设想的，努力实现使所有最不发达国家的出口品免税和无定额限制进入市场的目标。审议关于发展中国家协助提高最不发达国家进入市场的机会的提议也是有益的。

35．我们进一步认识到发展中国家以及转型期经济国家考虑减少它们之间的壁垒的重要性。

36．与有关的政府及其金融机构合作并为了进一步支持国家作出的努力，以便从贸易机会中获得好处和有效地融入多边贸易体系，我们请多边和双边金融机构和发展机构扩大和协调其努力，提供更多的资源，逐渐消除供应经济学派的制约因素；改善贸易基础设施；使出口能力多样化并支持增加出口品的技术含量；加强机构发展和提高总体生产力和竞争力；为此，我们还请双边捐助者和国际及区域金融机构，同联合国有关机构、基金和方案一起，加强支持与贸易有关的培训、能力和机构建设以及支持贸易的服务。应特别注意最不发达国家、内陆发展中国家、小岛屿发展中国家、非洲发展、发展中过境国和转型期经济国家，包括通过关于向最不发达国家提供贸易方面的技术援助和综合框架及其后续行动、综合技术援助联合方案、世界贸易组织多哈发展纲领全球信托基金以及国际贸易中心的活动。

37.为了减缓仍然主要取决于商品出口的国家的出口收入减少引起的后果，还需要获得多边援助。因此，我们承认最近对国际货币基金组织的补偿性融资贷款的审查，并将继续评价其效益。还必须赋予发展中国家商品生产者权力，以确保他们本身能应付风险，包括应付自然灾害。我们还请多边捐助者和多边援助机构加强其对这些国家的出口多样化方案的支持。

38．为了支持多哈会议所展开的进程，应立即注意加强和确保发展中国家特别是最不发达国家有意义地和充分地参与多边贸易谈判。发展中国家尤其需要获得援助，以期能有效地参与世界贸易组织的工作方案和谈判进程，并且为此而增强包括联合国贸易和发展会议、世界贸易组织和世界银行在内的利益有关者的合作。为了这些目的，我们强调必须以更加有效、稳定、更可预测的方式向与贸易有关的技术援助与能力建设的项目提供资金。

D．加强国际金融和技术合作以促进发展

39．对吸引私人直接投资的能力最小的国家来说，官方发展援助（官援）尤其是对其他发展资金来源的一个重要补充。官方发展援助可协助一国在适当的时间—空间内实现筹集国内资源的适当水平，同时亦可提高人力资本、生产和出口能力。官方发展援助对于帮助改善私营部门活动的环境至关重要，从而可导致有活力的增长。官方发展援助又是一项重要的手段，用以支持教育、卫生、公共基本设施的发展、农业和农村发展以及加强粮食安全。对于很多非洲国家、最不发达国家、小岛屿发展中国家和内陆发展中国家而言，官方发展援助仍然是最大的外来资金供应来源，而且对于实现《千年宣言》中的发展目标和指标及其他国际商定的发展指标至关重要。

40．捐助国和受援国之间有效的伙伴关系依据的是承认国家发展计划的领导权和自主权，在此一框架内，必须在各级制定健全的政策和善政，以确保官方发展援助的功效。主要的优先事项是建立这些发展伙伴关系，尤其是支助赤贫者，并尽量扩大官方发展援助的扶贫作用。《千年宣言》中的目标、指标和承诺以及其他国际商定的发展指标可协助各国制定短期和中期国家优先事项，以此作为建立外部支助伙伴关系的基础。在这方面，我们强调联合国基金、计划署和专门机构的重要性，并坚决予以支持。

41．我们确认，如发展中国家要达到国际商定的发展目标，包括《千年宣言》中的目标，就需要大量增加官方发展援助和其他资源。为了争取对官方发展援助的支助，我们将在国家和国际一级合作，进一步改进政策和发展战略，提高援助功效。

42．在这方面，我们敦促尚未这样做的发达国家作出具体努力，如第三次联合国最不发达国家问题会议所确认，争取达到把发达国家国内总产值（国产总值）的 0.7%作为官方发展援助给予发展中国家、0.15%至 0.20%给予最不发达国家，并鼓励发展中国家在已有的成绩上继续发展，确保有效地利用官方发展援助帮助实现发展目标和指标。我们认可所有捐助国作出的努力，赞赏其官方发展援助捐款已达到或超过了这些指标或为实现指标正在增加捐款的捐助国，强调必须承诺审查为实现指标和目标采取的手段和定下的时限。

43．受援国、捐助国和国际机构均应致力于促使官方发展援助更为有效，多边和双边金融及发展机构尤应加紧致力于：

· 按最高的标准协调统一业务程序，以降低交易费用，并且更为灵活地使用和交付官方发展援助款项，同时考虑到受援国自主的国民发展需要和目标；

· 支持和加强最近作出的努力和倡议，如取消附带条件的援助，包括依照 2001 年 5 月经济合作与发展组织的协议，执行经济合作与发展组织/发展援助委员会关于免除对最不发达国家援助的附带条件的建议。应进一步努力解决造成负担的各种限制问题；

· 加强受援国的吸收能力和财务管理，以利用援助，促进使用适合发展中国家的需要和对于可预测资源的需要的最适当的援助交付手段，包括酌情建立预算支出机制，统统以协商方式进行；

• 使用发展中国家拥有和带动的包括减贫战略文件在内的减贫战略的发展框架作为应邀交付援助的工具；

• 增加受援国对于技术援助方案的设计，包括采购的投入和自主权，并更加有效地使用当地技术援助资源；

• 提倡使用官方发展援助换取外来投资、贸易和国内资源等更多的发展资金；

• 加强三方合作，包括经济转型国家间合作和南南合作，以此作为援助的交付工具；

• 改进官方发展援助对穷国的导向目标、援助协调和成果的计量。

我们请捐助国采取步骤执行上述措施支助所有发展中国家，包括立即支助非洲发展新伙伴关系内的综合战略和其他区域的类似努力，以及支助最不发达国家、小岛屿发展中国家和内陆发展中国家。我们认可和赞赏正在其他论坛进行的讨论，以制定建议增加发展资金的优惠条件，包括更多地使用赠款。

44. 我们认为有必要探讨新的筹资来源，但这些来源不得对发展中国家造成过多的负担。在这方面，我们同意在适当论坛研究秘书长所要求的关于投资的可能的新来源的分析结果，同时注意到关于使用特别提款权拨款作发展用途的建议。我们认为有关特别提款权拨款的任何评估必须遵守国际货币基金组织的协定条款和基金组织既定的规则和程序，这样就需要在国际一级考虑到全球对流动资金的需要。

45. 多边和区域开发银行在满足发展中国家以及经济转型国家的发展需要方面继续发挥不可缺少的作用。它们必须向受到贫穷挑战的、采取健全的经济政策，但可能缺少充分进入资本市场机会的国家提供适当的资金供应。它们又应减轻金融市场波动过度产生的影响。加强区域开发银行和分区域金融机构对国家和区域发展努力可增加灵活的财政支援，同时增进自主权和通盘效率。它们又可以充当其发展中成员国经济增长和发展知识和专长的一个主要来源。

46. 我们应确保国际金融系统、包括区域和分区域机构及基金可以动用的长期资源，使它们能够适当支助持续的经济和社会发展、能力建设技术援助、社会和环境保护计划。我们还将继续提高它们的总体贷款效能，方法是增加国家自主权、进行能够提高生产力并在减贫方面产生可计量成果的业务，以及与捐助国和私营部门更密切地协调。

E.外债

47．可承受的债务资金筹措是另一种可调集资源以用于政府投资和私人投资的重要成分。可承受的外债的国内先决条件所包含的、监测和管理外债的国家全面战略，包括健全的宏观经济政策和公共资源管理，是减少国力弱点的一项关键因素。管理外债和追查债务的技术援助可以发挥重要作用，因此应予以加强。

48．减免外债能够发挥一项关键作用，可以将腾出的资源转用于符合实现可持续增长及发展目标的活动，因此，应酌情在巴黎和伦敦俱乐部以及其他有关论坛内，大力和迅速地推行债务减免措施。我们注意到面临不可承受的债务负担的发展中国家必须重新建立财务上的生存能力，欢迎为削减尚未清偿债务采取的倡议，我们进一步邀请在这方面采取国家和国际措施，包括酌情注销债务和其他安排。

49．扩充的重债穷国倡议提供一个机会以加强其受惠国的经济前景和减贫努力。应利用额外的资源充分资助重债穷国倡议，迅速、切实和全面实施这项扩充的倡议是至关重要的。重债穷国应采取必要的政策措施以符合该项倡议的资格。未来的债务承受力审查也要考虑到债务减免对于实现《千年宣言》中的发展目标的进展产生的影响。我们强调必须继续对及格标准采取灵活的做法。需要持续努力将重债穷国的债务负担降低至可承受的水平。必须不断审查关于债务承受能力分析的基本计算程序和假设。债务承受能力分析作出结论时必须考虑到的全球增长前景日益暗淡和贸易条件日益恶化的情况。债务减免安排应设法避免对其他发展中国家造成任何不公平的负担。

50．我们强调国际货币基金组织和世界银行在作出政策建议，包括适当的债务减免建议时，应考虑到自然灾害、严重的贸易条件冲击或冲突对国家的债务承受能力引起的任何根本变化。

51．我们虽然承认需要采取一套灵活的综合手段适当地回应各国不同的经济情况和能力，可是我们强调必须制定一套明确的原则来管理和解决金融危机，使公营部门和私营部门、债权国和债务国及投资者之间公平分担负担。我们鼓励捐助国采取步骤确保用于债务减免的资源不会从计划给予发展中国家的官方发展援助资源中扣除。我们又鼓励探讨新颖的机制全面解决发展中国家，包括中等收入国家和经济转型国家的债务问题。

F．解决系统性问题：加强国际货币、金融和贸易系统的统一和一致性地促进发展

52．为了补充国内的发展工作，我们确认迫切需要加强国际货币、金融和贸易系统的统一、管理和一致性。为此，我们强调指出，必须继续改进全球经济管理，加强联合国在促进发展方面的主导作用。为了同一目的，应在国家一级加强努力，加强所有相关部委和机构之间的协调。同样的，我们应当鼓励国际机构协调政策和方案，在业务和国际方面实现统一，以实现《千年宣言》有关持续经济增长、消除贫穷和可持续发展的目标。

53．国际社会正作出重大努力，对国际金融结构进行改革。需要继续进行这些努力，增加透明度，让发展中国家和经济转型国家切实参与。改革的一个重要目标是加强有关发展和消除贫穷的筹资工作。我们还强调，我们决心建立健全的国内金融部门，因为它非常有助于国家发展工作，并将其作为支持发展的国际金融结构的一部分。

54．主要工业化国家有力地协调宏观经济政策对于加强全球稳定和减弱汇率波动至关重要，因为这是经济发展以及为发展中国家和经济转型国家提供更多的可以预测的资金所必需的。

55．各多边金融机构，特别是国际货币基金组织，需要继续优先查明和预防潜在危机，加强促成国际金融稳定的基础。在这方面，我们强调国际货币基金组织需要加强对各经济体活动的监测，特别注意短期资金流动情况及其影响。我们鼓励国际货币基金组织通过完善的监测和预警系统，及时发现易受外界影响的薄弱环节，并与有关区域机构或组织、其中包括联合国各区域委员会，密切进行协调。

56．我们强调，多边金融机构在提供政策咨询和财务资助时，必须在各国自己进行的、顾及贫穷人口需求和扶贫工作的合理改革的基础上进行，并适当注意发展中国家和经济转型国家的特殊需求和实施能力，以促成经济增长和可持续发展。咨询意见应考虑到调整方案造成的社会费用，这些方案应尽量减少对社会易受伤害群体的不利影响。

57．必须确保发展中国家切实公平参与财务标准和守则的制定。还必须确保在自愿和逐步的基础上加以执行，以协助减少易发生金融危机和金融疫病的可能性。

58．私营部门进行国家风险评估应尽可能采用严格、客观和透明的参数。高质量的数据和分析对此有帮助。

59．我们注意到金融危机在发展中国家和经济转型国家——不管国家大小——产生的影响或这些国家发生金融疫病的可能性，因此强调指出，必须确保国际金融机构，其中包括国际货币基金组织，有适当的财务机制和资源，以便根据其政策及时作出适当反应。国际货币基金组织有各种手段，它目前的财务状况很好。应急信贷额度是表明各国政策实力的重要尺度，并可以防止金融市场上的疫病。应不断审查有关分配特别提款权的需求。在这方面，我们还强调指出，必须加强区域和分区域储备金、互换安排以及类似机制的稳定作用，补充国际金融机构的努力。

60．为促进公平地分担负担和尽量减少道德败坏，我们欢迎所有利益相关者在一个适当的论坛上考虑建立一个解决国际债务的机制，由债务人和债权人参与，共同及时有效地调整债务结构。采用这一机制不应排除在发生危机时提供应急资金。

61．在各级实现善政也是在全球实现持续经济增长、消除贫穷和可持续发展的必要条件。为了更好地体现相互依存性的增加和加强合法性，需要在两个方面进行经济管理：扩大发展事项的决策基地，填补组织方面的空白。为补充和巩固这两个方面取得的进展，我们必须加强联合国系统和其他多边机构。我们鼓励所有国际组织不断寻求改进它们的业务和相互作用。

62．我们强调，必须扩大和加强发展中国家和经济转型国家参与制定国际经济决策和准则的程度。为此，我们还欢迎进一步采取行动，帮助发展中国家和经济转型国家建立自己的能力，有效参加多边论坛。

63．第一个优先事项是找到实际可行的新途径，进一步加强发展中国家和经济转型国家在国际对话和决策进程中的有效参与，我们鼓励在有关机构和论坛的任务和权限范围内采取以下行动：

国际货币基金组织和世界银行：继续加强所有发展中国家和经济转型国家在其决策过程中的参与，以此加强旨在满足这些国家的发展需求和关注的国际对话及这些机构为此开展工作。

• 世界贸易组织：确保所有协商都代表了世贸组织的全体成员，且依循明确、简单和客观的标准参加协商。

• 国际清算银行、各巴塞尔委员会和金融市场稳定论坛：继续加强它们在区域一级同发展中国家和经济转型国家的联系和协商，并酌情审查其成员组成，以便让这些国家充分参与。

•提出具有国际影响的政策建议的特设小组：继续同非成员国家建立联系，加强与那些有明确广泛的政府间授权的多边机构的合作。

64．为加强全球经济系统支持发展的效力，我们鼓励采取以下行动：

• 改进联合国与世界贸易组织之间的关系以促进发展，加强它们为所有需要援助的国家提供技术援助的能力。

• 支持国际劳工组织并鼓励它目前就全球化的社会影响开展的工作。

• 加强联合国系统与其他所有多边金融、贸易和发展机构的协调，在全世界支持经济增长、消除贫穷和可持续发展。

• 在各级和各个行业将性别观点纳入发展政策。

• 通过加强各国税务当局之间的对话和加强有关多边机构和有关区域组织的工作协调，加强国际税务合作，同时特别注意发展中国家和经济转型国家的需求。

• 促进联合国各区域委员会和各区域开发银行发挥作用，支持各国在区域一级就宏观经济、金融、贸易和发展问题开展政策对话。

65．我们决心尽快谈判并最后商定一个联合国反对一切形式腐败公约，其中包括将非法获取的资金交还本国的问题，并推动进一步合作以根除洗钱。我们鼓励那些尚未签署和批准《联合国打击跨国有组织犯罪公约》的国家考虑这样做。

66．我们敦促那些尚未加入《制止向恐怖主义提供资助的国际公约》的国家优先考虑加入这一公约，并呼吁为同一目标加强合作。

67．我们优先重视联合国系统的振兴，因为这对于开展国际合作以促进发展和建立一个为所有人谋福利的全球经济系统至关重要。我们重申，我们决心使大会能够有效地发挥它作为联合国的首要审议、决策和代表机构的中心作用，进一步加强经济及社会理事会，使它能够发挥《联合国宪章》为它规定的作用。

三、保持接触

68．要建立一个全球发展筹资联盟，就要作出不懈的努力。因此，我们决心在国家、区域和全球一级不断保持全面接触，以确保适当贯彻落实本次会议达成的协议和作出的承诺，并继续在会议总体议程的框架内，在发展、金融和贸易组织和有关行动之间建立桥梁。现有各机构需要在明确了解和尊重各自的任务和管理体制的基础上加强合作。

69．我们应借鉴会议和会前筹备工作的成功经验，加强和充分利用大会、经济及社会理事会以及其他有关利益相关机构的政府间/理事机构，以便通过从下至上有联系地大力开展以下各项工作，来贯彻落实会议精神和进行协调：

（a）经济及社会理事会代表同世界银行与国际货币基金组织董事会的董事之间可以相互进行接触，就贯彻落实会议精神和筹备这些机构间春季年度会议的事项初步交换意见。还可以同世界贸易组织的有关政府间机构的代表进行类似的接触；

（b）我们鼓励联合国、世界银行和货币基金组织与世界贸易组织一起，在经济及社会理事会与布雷顿森林机构之间的春季会议上，审议统一、协调和合作等问题。会议应包括一个政府间部分，以讨论由参加会议的组织商定的议程，并同民间社会和私营部门开展对话；

（c）目前由大会每两年举行的关于通过建立伙伴关系加强国际合作以促进发展的高级别对话将审议由经济及社会理事会和其他机构提交的有关发展筹资

的报告以及其他有关发展筹资的问题。将对这一对话进行调整，使其成为会议和有关问题的一般后续工作的政府间协调中心。高级别对话将包括一个由有关利益相关者参加的关于落实会议成果的政策对话，其中包括国际货币、金融和贸易体制实现统一与一致以促进发展的主题；

（d）将审议适当方式，让所有有关利益相关者根据需要参加经调整的高级别对话。

70．为在国家、区域和国际一级支持上述工作，我们决心：

• 通过让我们的发展部、财政部、贸易部和外交部以及我们的中央银行继续参与，继续加强我们国内政策的统一；

• 争取获得联合国各区域委员会和区域开发银行的积极支助；

• 继续将发展筹资工作列在所有主要利益相关者的政府间机构的议程上，其中包括联合国贸易和发展会议在内的所有联合国基金、计划署和机构。

71．我们认识到，发展筹资与实现国际商定的发展目标和指标有关，其中包括《千年宣言》中有关评估发展方面的进展和帮助确定发展优先事项的目标和指标。在这方面，我们欣见联合国打算每年编制一份报告。我们鼓励联合国、世界银行、国际货币基金组织和世界贸易组织在编写这一报告时密切合作。我们应支持联合国开展一个全球新闻运动，宣传国际社会商定的发展目标和指标，其中包括《千年宣言》中的目标和指标。在这方面，我们鼓励所有有关利益相关者、其中包括民间社会组织和私营部门积极参加。

72．为支持这些努力，我们请联合国秘书长同有关主要利益相关机构的秘书处合作，充分利用联合国系统行政主管协调委员会，在联合国系统内持久贯彻落实本次会议达成的协议和作出的承诺，并确保秘书处切实提供支助。将依循新的参与性做法和会议筹备过程中采用的有关协调安排来提供这一支助。还请联合国秘书长每年就这些后续工作提交一份报告。

73．我们要求召开一次后续国际会议，以便审查蒙特雷共识的执行情况。应至迟在2005年之前决定举行这一会议的方式。